调酒之本
鸡尾酒大师的配方密码

起于配方，但不止于配方

〔美〕戴尔·德格罗夫　著

温惠娟　译

河南科学技术出版社
·郑州·

著作权备案号：豫著许可备字-2021-A-0219

图书在版编目（CIP）数据

调酒之本：鸡尾酒大师的配方密码/（美）戴尔·德格罗夫著；温惠娟译.—郑州：河南科学技术出版社，2023.12

ISBN 978-7-5725-1343-5

Ⅰ.①调… Ⅱ.①戴…②温… Ⅲ.①鸡尾酒—调制技术 Ⅳ.①TS972.19

中国国家版本馆CIP数据核字（2023）第197825号

作者简介

戴尔·德格罗夫（Dale Degroff），美国人，生于1948年，被公认为最伟大的调酒师，强调从经典中汲取灵感，擅长通过原材料的完美搭配调制出风味卓越、风格独特的鸡尾酒，以"鸡尾酒之王"的称号闻名于世。20世纪80年代，德格罗夫在纽约彩虹居（Rainbow Room）酒吧担任调酒师时，鸡尾酒无非是混合了劣质果汁、糖浆和利口酒的饮料，是他不仅重新引入鸡尾酒单，而且重新开启了采用新鲜原材料、正确成分和技术、恰当的玻璃杯和装饰调酒的风尚。《纽约时报》誉其"以一己之力推动了鸡尾酒复兴"。德格罗夫曾为全球的饮料公司、酒店和头部餐厅提供咨询和酒吧培训，并赢得了众多行业奖项，他还是美国鸡尾酒博物馆的创始人和馆长。美国鸡尾酒博物馆是全球第一家致力于调酒教学和保存美国鸡尾酒历史文化的博物馆。

本书图片摄影：大卫·克莱斯勒（David Kressler）

出版发行：河南科学技术出版社
        地址：郑州市郑东新区祥盛街27号   邮编：450016
        电话：（0371）65737028   65788613
        网址：www.hnstp.cn
策划编辑：李 洁
责任编辑：李 洁
责任校对：董静云
封面设计：张 伟
责任印制：张艳芳
印   刷：河南瑞之光印刷股份有限公司
经   销：全国新华书店
开   本：787 mm×1 092 mm 1/16 印张：17 字数：420千字
版   次：2023年12月第1版 2023年12月第1次印刷
定   价：158.00元

谨以此书纪念我的好友

乔治·埃尔姆
（GEORGE ERML）

致　谢

　　感谢克里斯·帕沃恩（Chris Pavone）接受我这个调酒师东拉西扯的文字并把它们变成一本生动的书。

　　感谢非凡的"数字先生"——摄影师大卫·克莱斯勒（David Kressler）以及我的儿子里奥（Leo）和布莱克（Blake），感谢你们让我在工作室度过的时光变成一次创意之旅，并最终留下了这些精美的摄影作品。

　　感谢我的经纪人苏珊·金斯伯格（Susan Ginsburg）一直以来对我的支持，并为解决各种问题提出了很好的建议和合理的方法。

　　特别感谢布莱恩·雷（Brian Rea）让我查阅他收藏的非凡的老式鸡尾酒书籍。

　　感谢克拉克森·波特（Clarkson Potter）出版社的编辑里卡·艾伦尼克（Rica Allannic），感谢她那敏锐的眼光和充满智慧的编辑工作，是她一遍遍对本书手稿进行编辑，从中找出歧义和不一致之处。

　　感谢克拉克森·波特出版社，是你们让我有可能与各地读者分享我的鸡尾酒经历。

　　感谢当代鸡尾酒展馆（Contemporary Cocktails）的威尔·夏因（Will Shine）和艾莎·夏普（Aisha Sharpe），感谢他们在"实验室"的帮助。

　　感谢米纳（Minner）设计公司借出他们的古董和经典玻璃器皿。

　　最后，感谢我的妻子吉尔（Jill）对我所有项目的爱和支持，但最主要感谢她以非凡的才能和创造力以及自己的方式对我们的业务所提供的爱和支持。

曼哈顿 MANHATTAN 第33页

粉红佳人 PINK LADY 第96页

乡村姑娘 CAIPIRINHA 第120页

四海为家 COSMOPOLITAN 第73页

吉布森 GIBSON 第107页

内格罗尼 NEGRONI 第94页

格罗格 GROG 第176页

碧血黄沙 BLOOD AND SAND 第68页

薄荷朱丽普 MINT JULEP 第36页

目　录

本书计量说明

1抖（dash），非精确用量，手猛抖一下洒落的量。在本书配方中约相当于6滴。根据个人偏好和经验操作即可。

1洒（splash），非精确用量，随意泼洒一下的量，通常不超出15毫升。在本书配方中直接取15毫升数值。根据个人偏好和经验操作即可。

1茶匙（teaspoon）=1吧匙（bar spoon）=12抖=3.75毫升

1汤匙（tablespoon）=4茶匙=4吧匙=15毫升

2汤匙=1/8杯（cup）=1波尼杯（pony）=30毫升

1烈酒杯（shot）=44毫升

1杯=237毫升

1瓶（wine bottle）=750毫升

引　言

1985年，我为在纽约市开了多家餐厅的大老板乔·鲍姆（Joe Baum）工作，先是在奥罗拉（Aurora）餐厅，后来又到了彩虹居（Rainbow Room）餐厅。鲍姆先生希望找到用新鲜优质食材制作经典酒吧饮品的配方。我为彩虹居临街酒吧开发的饮品单不仅包括20世纪30年代后绝迹的饮品，还具有包含季节性时令成分的特征。这个饮品单引起了媒体和公众的注意，不仅在纽约市爆红，最终还在全美引起了关注。我们当时是要寻求回归，要回归用地道的原料和经典的配方制作纯正鸡尾酒的做法，然而也碰到了意想不到的情况。通常只能在厨房中看到的原材料，开始出现在鸡尾酒中。先是用一片罗勒叶和一颗草莓与少许柠檬、蜂蜜和金酒一起捣碎，后来就更增加了一些非同寻常的成分，像辣椒和日本柚子柠檬汁，甚至在一些餐厅里，人们已经很难分辨出哪里是酒吧哪里是冷盘料理区了。

那些年，我喜欢讲鸡尾酒的历史和传说，希望让年轻的调酒师意识到他们所从事的这个职业有着悠久的历史。鸡尾酒是诞生于美国早期的一种地道的本土饮食艺术，我希望他们能为这一历史遗产感到自豪。像曼哈顿与柯林斯、戴吉利与杰克玫瑰这些经典鸡尾酒背后的故事，能让调酒师找到与顾客联络情感的话题，对鸡尾酒这一伟大的美国饮食艺术产生热情从而去感染顾客。在布莱恩·雷的著作中将后禁酒时代的调酒员称为"饮料搬运工"，年轻的酒吧招待的确还无法达到调酒大师们所应达到的一丝不苟和细致入微的水准，这些故事也许能稍微弥补一下他们的欠缺吧。

在如大卫·温德里奇（David Wondrich）和埃里克·费尔顿（Eric Felton）之类的饮品考古作家的著作中，鸡尾酒的传说和历史备受关注。他们的细致研究，为我们展示了一种酒吧文化，这种酒吧文化与我多年来钻研磨炼手艺的纽约市的酒吧文化并无不同，正是这种酒吧文化孕育了鸡尾酒，并滋养了鸡尾酒当今的蓬勃繁荣。然而，无论鸡尾酒如何演变，一种基本要素始终保持不变，那就是必须好喝。一个好的调酒师必须掌握技巧，不仅能调制出大众普遍喜欢的口味，还要能知道如何使每种饮品适应客人的个人喜好。

本书是一款包含鸡尾酒配方的操作手册，保管上手能用。话虽如此，配方往往只是起点。在1882年出版的《调酒师手册》（*Bartenders Manual*）中，哈里·约翰逊（Harry Johnson）说："调酒师的最大成就在于其准确无误地迎合顾客口味的能力。"鸡尾酒之所以能在整个美食艺术中一枝独秀，便在于鸡尾酒与顾客的联系更加独特，往往要比餐厅菜谱的主菜更加个性化。除了少数经年流传的经典品种外，每个人都想要个性化的饮品。在我当服务员（在当调酒师之前）的几年经历中，很少有顾客让我转告厨师希望他点的荷兰酱做成什么样子。然而，顾客对自己点的曼哈顿、血腥玛丽、古典鸡尾酒等饮品要调什么样的口味，几乎毫无例外地都要给调酒师提要求，甚至是对终极经典的干马提尼鸡尾酒，顾客也有自己的要求。

我对调酒配方进行了微调，试验出了能够满足最广大用户群的版本——但并不是用简化的方式来愚弄顾客。其实，越是简短的成分清单，往往最能够体现调酒师的本领，反倒越是复杂的鸡尾酒对调酒师的要求并没有太高。简单并不意

味着容易。我感到欣慰的是，如今我们已经开始回归，人们已经能够欣赏鸡尾酒的精妙差异所带来的极致体验。当然，这在很大程度上是由于调酒师也回归了根本，开始关注调制鸡尾酒的艺术了。

本书的目标非常简单：就是让每一位调酒师，不管是业余的还是专业的，都能掌握要领制作出大约100种每个酒吧必备的基本的鸡尾酒饮品，并能在此基础上稍加变化调制出另外100种非常重要的鸡尾酒饮品。本书涵盖的鸡尾酒可以概括为以下几类：最早期的在禁酒令前流行的经典款，如布朗克斯、古典鸡尾酒和薄荷朱丽普；20世纪的现代流行经典款，如玛格丽塔和四海为家；各种各样形式的马提尼；酸味鸡尾酒，如柯林斯和莫吉托；热带经典款，如迈泰；果汁潘趣酒，如桑格利亚；餐后甜酒，如亚历山大。此外，还有一些眼光超前的调酒师必须掌握的当代创新款，包括充分利用烹饪原料、泡沫和10年前（译者注：此处指1998年。原版书出版于2008年，本书关于"最近""近20年""10年前""20年前""前些年"等表述，均以2008年为时间坐标。特此说明，同类情况不再一一另行指出）闻所未闻的其他方法来调制的鸡尾酒品种。本书还包括我的许多原创鸡尾酒饮品和对经典鸡尾酒的改造版，这些都在其名称后加*号进行了标识。

书中的配方并不仅仅意味着将各种成分倒入玻璃杯中即可。调酒师必须学会了解各种成分：加什么可以，加什么不可以，还必须懂得调制技术，并知道采用适当的装饰和合适的玻璃器皿。例如，酸味鸡尾酒的条目，只是提供了一个基本

配方，读者可以自行加减成分去适应不同的口味，有点像烹饪中的基础酱汁。本书还涉及鸡尾酒的相关历史以及传说、轶闻和建议。在学习了每种鸡尾酒的调制方法以后，读者不仅能够信心满满地调制出鸡尾酒，甚至还能讲出一两个故事来。因此，本书并不追求涵盖1 000或1 500甚至2 500种鸡尾酒的配方，而是旨在培养读者成为调制鸡尾酒饮品的大师，让读者不仅能调制出很棒的鸡尾酒，最重要的是，还要知道如何能调制出真正的鸡尾酒，并如何巧妙地满足人们的个性化口味。精心调制一杯鸡尾酒需要将创意、历史和表达进行完美融合，请卷起袖子，开始尝试调酒并享受这简单的美食乐趣吧。

基本经典鸡尾酒

苦艾滴酒 ABSINTHE DRIP·美少年鸡尾酒ADONIS COCKTAIL·黑色天鹅绒BLACK VELVET·蓝色火焰BLUE BLAZER·鲍比伯恩斯BOBBY BURNS·布朗克斯鸡尾酒BRONX COCKTAIL·香槟鸡尾酒CHAMPAGNE COCKTAIL·香槟提神鸡尾酒CHAMPAGNE PICK-ME-UP·三叶草俱乐部CLOVER CLUB·东印度鸡尾酒 EAST INDIA COCKTAIL·菲利普鸡尾酒FLIP·杰克玫瑰JACK ROSE·曼哈顿MANHATTAN·薄荷朱丽普MINT JULEP·古典鸡尾酒OLD-FASHIONED·皮姆杯PIMM'S CUP·普施咖啡POUSSE CAFÉ·硬汉ROB ROY·萨泽拉克SAZERAC·托迪TODDY·第八区WARD EIGHT

很多浪漫故事都与美国的禁酒时期相关联，那是喧嚣的20世纪20年代，是充斥着地下酒吧里的美国新潮女郎的时代，是著名美国作家菲茨杰拉德（Fitzgerald）在纽约、欧内斯特·海明威（Ernest Hemingway）在巴黎的时代，是私酒酿制和贩卖的时代。人们经常认为美国禁酒时期是鸡尾酒的经典年代，但真相绝非如此。虽然在禁酒时期人们确实饮用了很多鸡尾酒，但喝的不过是私酿的金酒和稀释的朗姆酒罢了，在地下室里就那么混兑出来，上酒时也没有任何仪式。

事实上，鸡尾酒的经典时代是在禁酒令之前的半个世纪——从1862年杰瑞·托马斯（Jerry Thomas）出版第一本鸡尾酒书籍开始，到1912年禁酒主义者取得实质性进展，在全美2/3的州颁布了禁酒法令为止。潘趣酒、朱丽普和司令酒从殖民时代流传下来，后来由于添加了苦精（译者注：也称苦酒、苦味酒、比特酒。是一种度数较高的添加了药草的酒。可以单独喝，用以助消化），便诞生了一个称为鸡尾酒的新品类。随着工业革命的到来，可以利用机器大量制造廉价冰块和加气的水，啤酒可以经过管道从龙头接出来，公众酒吧便成为可能。最后，美国东北部城市的中心区域欧洲移民的涌入——尤其是爱尔兰和德国人——则是增添了一个必不可少的组成因素：到公共场所饮酒的由来已久的传统。于是，现代酒吧便诞生了。

就是在这些现代酒吧里，马提尼、曼哈顿、古典以及硬汉鸡尾酒被发明了出来。随着酒吧数量的增长，鸡尾酒文化蓬勃发展，无形的市场力量之手又火上浇油，许多家庭自制的混合饮品或以前不为人知的进口产品摇身转变成大众商品进入市场，像水果利口酒和糖浆、烈性甜酒和特色烈酒、美国威士忌等。随着这些商品在全美国流通起来，调酒师可用的成分更多了，调酒时也得以产生更多创意，鸡尾酒调酒行业繁荣起来。那是一个经典的时代，是创意迭出和热情高涨的时代，是鸡尾酒为王的时代。♛

苦艾滴酒 ABSINTHE DRIP

配方

59毫升苦艾酒（absinthe）或苦艾酒替代品（参见本页成分说明）

1或2块糖，按口味添加

将苦艾酒和1个冰块放入大小适中的平底直壁玻璃杯。在玻璃杯顶端横放上一把苦艾酒勺子（带有小孔的平勺）。在勺子上放1块或者2块糖。现在把水一滴一滴滴在糖上，使糖溶化。糖增加甜味，并降低酒精含量。透过未经过滤的香烟烟雾端给顾客，最好戴上贝雷帽。

一杯下肚，你会觉得事事如意；两杯下肚，你明白所见非所是；再喝下去你就看透了万物本质，世上最可怕的事情莫过于此。

——奥斯卡·王尔德（Oscar Wilde）

19世纪的某个时期，苦艾酒是世界上最受欢迎的酒精饮品之一。欧盟放宽了对制作和销售苦艾酒的法律限制后，尽管在许多国家仍然不合法，苦艾酒还是重新风靡起来。苦艾酒之所以让人喜爱，很大一部分取决于那被人们宗教般虔诚地严格遵循的往苦艾酒中滴入冰水的喝酒仪式。往玻璃杯中倒入一点味道浓郁且度数超高（65～70度）的烈酒，在玻璃杯上放上一把特殊的苦艾酒勺子——几乎是没有凹面的纯平漏勺，并且经常有华丽的纹饰。在勺子上放一块方糖，然后把水滴到糖块上，将糖溶化到饮品中。随着糖水的滴入，清澈的绿色苦艾酒变成混浊的黄色，味道变甜了一点，而且酒的烈性稍微得到稀释。如果是优质苦艾酒，糖通常就没有必要，也就不用苦艾酒勺子了，而是要用上一种特殊的配有漏斗形滴嘴的玻璃杯，滴嘴中的冷水会慢慢滴入苦艾酒中。

成分说明

苦艾酒和替代品

从现代众多的苦艾酒替代品里选一种，仍然可以按照仪式调制苦艾鸡尾酒。保乐（Pernod）和力加（Ricard）都产自法国，最受欢迎，并且到处都能买到。19世纪，保乐家族从发明者手中购买了原始的苦艾酒配方，而今天的保乐尝起来更像茴香。力加是一种受欢迎的马赛茴香酒，味道更像甘草。这两种都比苦艾酒更甜，饮用时和优质苦艾酒一样，只加水不加糖。草药圣徒（Herbsaint）最初产自新奥尔良，但现在在肯塔基蒸馏制造，是美国本土出产的完美优质苦艾酒替代品。艾碧思（Absente）产自法国，用艾草的一种变化种南蒿酿制，是一种品质优良的55度利口酒，非常

接近原来的苦艾酒，没有保乐和力加那么甜，是制作苦艾鸡尾酒最好的替代品之一。

有趣的是，最近新奥尔良一位名叫泰德·布罗（Ted Breaux）的化学家，买了两个1901年制造的1 100升的蒸馏器。这两个蒸馏器当年曾被用于制作20世纪早期的保乐苦艾酒配方成分。布罗在法国的康比尔（Combier）点火，用这两个老蒸馏器连同另外八个小蒸馏器一起，重新开始制作苦艾酒。布罗在同一个小镇使用相同的蒸馏器以及相同的成分，而且经常是采用150年前的原始配方中所要求的差不多相同产地的成分来酿制——他从拍卖会上购得一瓶以前禁售的保乐菲尔斯

（Pernod Fils）并用化学方法对其进行了成分分析。泰德的公司捷德利口酒业（Jade Liqueures）生产的一些瓶装酒，全部按照他用化学方法研究和分析出来的原始配方生产，在网上很容易买到。2007年，泰德开始发售的一种名为路西德高级苦艾酒（Lucid Absinthe Supérieure）的瓶装酒，是近100年来在美国100%合法的第一种苦艾酒，可以合法销售、购买和饮用，而且在越来越多的零售店可以买到——因为泰德想出了一种方法，可以不用苦艾草也能酿制出与艾草油风味丝毫不差的苦艾酒。（泰德在酿制苦艾酒之外，还是一个注重环保的微生物学家。）

苦艾酒

在多国禁令发布前的几十年里，苦艾酒可能是全球最著名的烈性酒品种。人们认为苦艾酒可以壮阳，还能治病（曾被医生用来退热），并称其为"绿色精灵"。苦艾酒主要用茴香调味，还会少量加入薄荷、芫荽、洋甘菊及一种叫作艾草的草药来增加风味。据说大量摄入艾草，神经系统会受到影响，有时还会致命。（但最初艾草也被作为药物，其名字的英文Wormwood源自中世纪，由蠕虫和木两词合成，即指它能驱除消化道中的蠕虫。）苦艾酒还一度被认为是导致法国人酗酒成风的罪魁祸首，并且被认为能造成癫痫和自杀。传闻说著名的印象派画家文森特·凡·高（Vincent van Gogh）之所以像疯子一样割掉自己的耳朵，就是因为喝多了苦艾酒。于是各地开始发布苦艾酒禁令——最早是1907年，在苦艾酒的发源地和生产国瑞士，苦艾酒被禁；然后到1912年美国也发布了禁令；最后到1915年，法国也放弃了这种"绿色精灵"。

事实上，当代化学家已经证明艾草和苦艾酒并不应该背上这些罪名，法国人的饮酒问题更可能是由于完全缺乏行业监管造成的——另外很多饮酒带来的负面健康问题，只要是蒸馏酒都可能会引发——而苦艾酒的度数又非常高罢了。

美少年鸡尾酒 ADONIS COCKTAIL

美少年的命名，取自1884年在百老汇首演并长期演出的一部关于美少年阿多尼斯雕像复活的戏剧。下面的配方是我自己的改造版，改造自一款经典鸡尾酒，最能体现维亚（Vya）味美思的魅力。维亚味美思在我看来是第一款具有个性的美国造苦艾酒，是来自加利福尼亚州马德拉（Madera）的酿酒师安迪·扩迪（Andy Quady）于1998年推出的优质开胃酒，为我这款21世纪的阿多尼斯带来了一些风味。我永远不会将维亚加入干马提尼酒中，因为维亚不是传统风味，在传统的马提尼爱好者那里不会讨喜。但单独喝，或混入其他口味调制阿多尼斯这类混合饮品时，维亚就会是一款有趣且绝对让人耳目一新的开胃酒。这里使用的雪利酒是干型的，名为菲诺（Fino），不是那种味道更饱满通常更甜的奥罗索（Oloroso）雪利酒。

配方

30毫升维亚干味美思（Vya dry vermouth，参见第59页成分说明）

15毫升法国干味美思（French dry vermouth）

15毫升菲诺雪利酒（Fino sherry）

30毫升鲜榨橙汁

2抖加里·里根橙味6号苦精（Gary Regan's Orange Bitters No.6，参见本页成分说明）

火焰橙皮（参见第249页），装饰用肉豆蔻（nutmeg，参见第185页成分说明），磨碎（可加可不加）

☛将味美思、雪利酒、橙汁和苦精倒入加冰的调酒杯中摇匀。滤入冰镇过的鸡尾酒杯，然后用火焰橙皮装饰。根据个人喜好，可以将肉豆蔻磨碎撒在表面。

成分说明

苦精

这个配方需要加里·里根（Gary Regan）橙味6号苦精，它与安高天娜（Angostura）苦精绝对不同。安高天娜苦精和贝乔（Peychaud）苦精是最广为人知且最易买到的苦精，是真正意义上的苦味药草酒，有着明显的龙胆草苦味。橙味苦精则有着明显的橙子味并混有药草风味。任何一种苦精只要一点点就能增添浓郁的风味，不同的品种根本不能互换。所以一定要记住，苦精名字中的修饰词是其风味特色。这个配方中，我一直用的是加里·里根橙味6号苦精。不过，你也可以试试人们期盼已久的安高天娜最近发布的橙味苦精，这款苦精已然好评如潮，这并不出乎意料，毕竟过去的180年里，安高天娜的芳香苦精一直都因其浓郁的风格和风味而受到了无与伦比的青睐。

黑色天鹅绒 BLACK VELVET

1861年，维多利亚女王的丈夫阿尔伯特亲王的去世令不列颠群岛陷入了漫长的深切哀悼期；他们甚至还给香槟披上了黑色，这款饮品因此得名黑色天鹅绒。我不得不承认，黑色天鹅绒现在没有，也从来没有在美国广受欢迎，但在国外尤其是在英国却总有人要喝。将啤酒、麦芽酒和黑啤彼此混合或与其他酒精饮品混在一起来喝，如英国的黑与褐鸡尾酒（Black and Tan，黑啤与麦芽酒），是英国人悠久而根深蒂固的传统。黑啤是一种浓郁的深色麦芽啤酒。酿制黑啤需要使用麦芽酒酵母（ale yeast）进行顶部发酵，并且要比用拉格酵母（lager yeast）的啤酒发酵温度更高，发酵速度更快。麦芽酒可以很淡，比如小麦啤酒，也可以很黑，比如黑啤酒，区别在于大麦烤制的程度。黑啤由烤到几乎变黑的大麦酿制，成品非常黑，非常适合将香槟兑成黑色。对大多数人来说，黑啤就是健力士（Guinness）。健力士是由亚瑟·健力士（Arthur Guinness）于1759年在都柏林创立的备受尊敬的爱尔兰啤酒厂。虽然这种黑啤和香槟的组合听起来不可思议，结果却是一如大卫·埃姆伯里（David Embury）在他1949年的著作《调酒的精细艺术》（*The Fine Art of Mixing Drinks*）中所描述的："像蜜糖和辣根一样，实际上，味道非常好。香槟减弱了黑啤的浓稠度，黑啤将香槟的刺激和酸味冲淡。两者完美补充。但是，一是请确保使用好的瓶装黑啤，二是请确保使用特干香槟，最好是原味或天然风味的特干香槟。"

配方

健力士黑啤（Guinness stout）
香槟（Champagne，参见第22页成
　分说明）

☞在皮尔森啤酒杯——或银质大酒杯中，如果你身边有的话——慢慢倒入等份的健力士黑啤和香槟。

蓝色火焰 BLUE BLAZER

好 吧，我必须说实话：我们不会在家里制作这种饮料，除非你是为了比赛而反复练习的专业人士，或者当真是有求死之心的疯狂业余爱好者。为什么？第一，这需要把着火的液体来回倾倒。第二，这需要把着火的液体来回倾倒。而且，蓝色火焰只是托迪的变化款；其全部的特色在于调制过程中的表演。这种表演是首部鸡尾酒著作的作者和调酒行业的教父杰瑞·托马斯首创的。据说，托马斯是在美国旧金山的西方酒店（Occidental Hotel）为一个幸运的淘金者发明的这款蓝色火焰。这位顾客带着他所发现的矿脉中的一大块金子和一夜暴富者的浮夸出现在酒吧里，嚷着："给我来一杯不同寻常的饮料！"托马斯回到了厨房，调制了这杯蓝色火焰，出现在酒吧里，并进行了这一戏剧性的表演。淘金者趁热喝下了这杯热饮，宣称这杯酒非常带劲且给他以刻骨铭心的记忆，于是一种传奇的鸡尾酒便诞生了。

♔ **配方**

1茶匙白糖或更少，按口味添加
44毫升沸水
44毫升温热的苏格兰威士忌
　（Scotch）
螺旋柠檬皮（参见第162页技术说
　明），装饰用

☞ 舀一勺白糖放进伦敦码头杯——就是那种装波特酒（port）或苏特恩白葡萄酒（Sauternes）的带柄的杯子——但适用于热或暖的鸡尾酒。用热水加热两个带有银内衬的杯子。杯子热好后，其中一个倒入沸水，另一个倒入温热的苏格兰威士忌。用长柄火柴（如壁炉火柴或长度合适的厨房火柴）点燃苏格兰威士忌；请注意用燃烧的柠檬皮也可以点燃苏格兰威士忌。这时就是表演技巧的机会了：调暗灯光，将着火的苏格兰威士忌倒入热水杯中，然后再倒回刚才的杯子。将着火的饮品在两个杯子中来回倾倒几次，一方面是为了更好地混合饮料，但主要是为了吸引眼球。每倒一次，就将杯子之间的距离拉大一点——当然，如果你已采取了一切预防措施，并且对自己的技术有信心的话，就不必在意距离。最后，将燃烧着的饮品倒入伦敦码头杯，用螺旋柠檬皮进行装饰，怀揣着加速的心跳和无比的自豪端给客人吧。

避免烫伤

工具： 因为要点燃酒精，并要将着火的酒倒来倒去，所以我们需要合适的容器，也就是说要特别顺手合用的蓝色火焰马克杯，就是那种有谢菲尔德银（Sheffield sliver）内衬的杯子，具有高耐热性，适合加热，并有绝缘把手（杯子不能全是银的，否则会立即传热到无法触摸），并且杯口边缘要薄（倾倒时不会滴滴答答往下流），杯口要够大，方便倒入。你也许找不到真正的蓝色火焰杯子，但为了避免进急诊室，还是请找一个耐热的薄边容器，比如耐热玻璃量杯。（我曾经用一对银制奶油罐试过，也能让火焰飞起来。）来回倒水练习几次，确保能做到干净利落地倒杯，不会往下滴滴答答，再倒入沸水测试一下是否隔热不烫手。

成分： 当托马斯发明这种鸡尾酒时，100％麦芽苏格兰威士忌是唯一可用的苏格兰威士忌；以后又过了20年才出现了混合苏格兰威士忌。在美国苏格兰威士忌很贵，因此不是很受欢迎，而英国人真的很鄙视它，所以当时这是一种特殊的成分。托马斯指定的艾雷岛麦芽（Islay malt），是最烈且烟熏味、泥煤味最重的麦芽苏格兰威士忌。当然，现在的苏格兰威士忌似乎没有太特别，但区别仍然很大。要点燃威士忌并趁热喝，当然需要优质桶强苏格兰威士忌（cask-strength Scotch），这样更容易点燃。如果用的是桶强苏格兰威士忌，热水和威士忌倒入同一个杯子里即可；因为高纯度威士忌即使不预先加热也可以点燃。

地板： 没错——你要调制蓝色火焰的房间的地板，不能是木地板，也不能铺地毯，最好是阻燃瓷砖或类似的材料。

灭火器： 必须在附近。

灯光： 那么，现在你做好了准备——有合适的容器和配方，经过了充分的练习，你的朋友也已经准备好了灭火器。现在，要把灯调暗，好让每个人都能看到火焰的美丽呈现；酒精会燃烧出淡蓝色火焰，正常照明的房间里很难看到哟！如果在昏暗的房间里进行这个表演，效果会非常棒，如果在明晃晃的灯光下，你的心血就要白费了。

鲍比伯恩斯 BOBBY BURNS

世界知名的华尔道夫（Waldorf）与阿斯托里亚（Astoria）酒店合并并离开纽约商业区搬到公园大道之前，就矗立在纽约第五大道现今帝国大厦的位置上，酒店内的大铜轨酒吧（Big Brass Rail）是美国殿堂级的鸡尾酒吧，也是禁酒令前最著名的酒吧，是强盗大亨、政客以及其他纽约市的大佬们光顾饮酒的地方。在此看到安德鲁·卡内基（Andrew Carnegie）和约翰·雅各布·阿斯特（John Jacob Astor）共饮是司空见惯的事情。酒吧一端是牡蛎柜台，另一端是雪茄专卖点，鲍比伯恩斯这款酒就发明于此——其名字取自苏格兰著名游吟诗人罗伯特·彭斯（Robert Burns，彭斯是伯恩斯的另一种译法），并在罗伯特·彭斯纪念日饮用。不要省略曲奇脆饼装饰。这是传统，是苏格兰风俗，而且曲奇脆饼很好吃。

配方

59毫升高地麦芽苏格兰威士忌（Highland malt Scotch）

22毫升意大利甜味美思（Italian sweet vermouth）

15毫升修士甜酒（Benedictine，参见本页成分说明）

曲奇脆饼，装饰用

☛ 将苏格兰威士忌、意大利甜味美思和修士甜酒倒入加冰的调酒杯中搅拌。滤入冰镇过的鸡尾酒杯，然后将曲奇脆饼放在一侧用作装饰。

让其他诗人大声吹捧——
葡萄藤、葡萄酒还有那醉酒的酒神，
讨厌的名字和故事破坏我们的心情，
折磨我们的耳朵，
我赞美苏格兰大麦酿制的琼浆，
装满玻璃杯装满酒坛。
——罗伯特·彭斯《苏格兰烈酒》
（*Scotch Drink*）

成分说明

修士甜酒

这款利口酒即将迎来五百周年纪念，相当长寿的品牌啊！1510年，居住在法国费康市（Fécamp）诺曼底公爵保护下的坚固城堡里的本笃会修士多姆·伯纳特·凡切利（Dom Bernard Vincelli）创制了这种酒。本笃会修士，像许多其他修道院的修士一样，在法国大革命后反天主教的时期就消失了。后来，到了1836年，费康市一位名叫亚历山德拉·葛朗（Alexandra LeGrand）的酒商发现了本笃会的一种利口酒配方，就是将27种草药和香料（其中包括牛膝草、蜜蜂花、肉桂和百里香）注入谷物酒中，然后在橡木桶中存放两年经过熟化，结果制成了一种淡黄色的利口酒，这种利口酒带有微妙的草本香气和一种细腻的风味，可与白兰地、波本威士忌、苏格兰威士忌等棕色烈酒完美搭配。到了1937年，美国顶级酒吧之一的21俱乐部（21 Club）里，顶级的一种鸡尾酒就是白兰地与修士甜酒的混合。这一风靡流行引起了制造商的关注，他们决定将这款鸡尾酒进行瓶装出售，后来就成了大家熟知的B&B酒（Benedictine & Brandy）——就是将修士甜酒和白兰地预先混合起来售卖。这毫不奇怪，毕竟谁愿意丢掉一半销量和展示产品的机会呢？

肯塔基上校 KENTUCKY COLONEL

高端酒店拥有自己装瓶并打上商标的波本威士忌，几十年前还比较常见。比如，我于1979—1984年间在洛杉矶工作的贝尔艾尔酒店（Hotel Bel Air），其自有品牌就是占边波本威士忌（Jim Beam Bourbon）。用这种威士忌调制的鲍比伯恩斯的变化款，就是我们酒店的一种鸡尾酒。

配方

59毫升波本威士忌（Bourbon）
22毫升修士甜酒（Benedictine）
1抖安高天娜橙味苦精（Angostura orange bitters）

将波本威士忌、修士甜酒和苦精加冰搅拌。滤入冰镇过的鸡尾酒杯，不加装饰。或者倒入铺上冰块的岩石杯端给客人，也不加装饰。注：酒吧常客们说，在我之前的30年里，贝尔艾尔酒店的高级调酒师斯宾塞（Spence）调制这个品种一直使用的是迪可派（DeKuyper）橙味苦精，我刚开始也沿用了这个传统，一直到后来我用完了最后一瓶迪可派橙味苦精并想重新订购一批的时候，酒店的高级管事面对我明显的无知并没有留情面，幸灾乐祸地宣布迪可派这个品种已经停产多年了。

修士甜酒泡沫 BENEDICTINE FOAM

保守的苏格兰威士忌制造商可能不会只为了体验另一种质感而把烈酒变成泡沫，但话又说回来，他们对喝加冰的苏格兰威士忌也并不爽快！我把鸡尾酒中的修士甜酒的风味（当然液体部分的配方中要省掉这个成分）抽出来，将其改造为泡沫成分放在饮品上面。更多关于制作泡沫的信息——那得需要一些设备，参见第250页。

用一个1/2升的奶油泡沫罐制作的泡沫足够调制15~20杯鸡尾酒

2张明胶片，每张约23厘米×7厘米
1/4杯超细糖
177毫升修士甜酒（Benedictine）
59毫升乳化蛋清

把拧开盖的空奶油泡沫罐放进冰箱冷藏室，不要放冷冻室。往平底锅里加入296毫升水，开小火加热。慢慢放入2张明胶片，搅拌至完全溶化，关火，加入糖，并继续搅拌直至糖溶解，放置冷却；然后添加修士甜酒和乳化蛋清，搅拌均匀，把混合物用细滤网筛入金属碗中；将碗放入冰桶，不时搅拌一下，直到混合物冷却。

将473毫升混合物加入罐中。拧紧盖子，要确保完全拧紧。再把奶油发泡气囊拧上，这时会听到气体快速逸出的声音，这是正常的。然后把罐子倒过来，用力摇晃均匀，泡沫就做好了。

不用时，储存在冰箱里即可。每次使用前，把奶油泡沫罐倒置并充分摇晃，然后尽量把罐子竖直颠倒起来拿稳了，轻轻地按压压嘴，把泡沫慢慢地沿杯子内沿向中心划圈挤到饮品顶端。罐子空了以后，要对着水槽按压压嘴，确保气体完全喷出，然后取下盖子，按照产品说明书进行清洁。

布朗克斯鸡尾酒 BRONX COCKTAIL

配方

44毫升金酒（gin）

15毫升意大利甜味美思（Italian sweet vermouth）

15毫升法国干味美思（French dry vermouth）

30毫升鲜榨橙汁

1抖安高天娜苦精（Angostura bitters），可选

橙皮，装饰用

☞将金酒、味美思、橙汁和苦精倒入加冰的调酒杯中摇匀。滤入一个大鸡尾酒杯，并用橙皮装饰。

你现在下班离开了市区，身上穿着你最好的西装，鞋子刚擦得锃亮，还没到真正放松的时刻，但你可以确信明天就会大功告成了。所以，现在点香槟来庆祝还为时过早，这时需要在五星级酒店的酒吧点一杯传统烈酒饮品。终于可以长出一口大气了，真希望这无忧无虑的感觉能永远持续。那么请撸起袖子，把穿着尖头皮鞋的脚放在黄铜搁脚轨上，点上一杯布朗克斯吧！就像当年那帮有钱人向约翰尼·索伦（Johnny Solon）那样说出你的要求吧。据说就是约翰尼·索伦在华尔道夫酒店发明了布朗克斯。点布朗克斯时，请抬高下巴，想象你是站在一个没有凳子的长酒吧台前，一端是雪茄柜台，另一端则是牡蛎柜台，而西部第一快枪手野蛮的比尔（Wild Bill Hickok）也恰好在镇上参加狂野西部秀，此刻正与你并肩站在大铜轨酒吧台前。

橙味苦精泡沫 ORANGE BITTERS FOAM

布朗克斯对调酒师来说总是有点挑战性，主要是使用多少果汁才合适不太容易搞定。早期的配方表明，果汁只占很小一部分。但我在彩虹居酒吧工作时很快发现，只有使用至少30毫升橙汁时，这种鸡尾酒才会受到欢迎。在一个21世纪的改造款配方版本中，我使用了下面的泡沫配方，将鸡尾酒中果汁的量从30毫升减少到15毫升，其余的橙子风味则通过橙味泡沫提供。有关橙味泡沫制作的建议包括所需工具，参见第250页。

用一个1/2升的奶油泡沫罐制作的泡沫足够调制15~20杯鸡尾酒

2个脐橙

2张明胶片，每张约23厘米×7厘米

1/4杯超细糖

118毫升鲜榨橙汁，过滤好

59毫升乳化蛋清

89毫升柑曼怡（Grand Marnier，参见第21页成分说明）

10抖安高天娜橙味苦精（Angostura orange bitters）

☞小心切掉橙子皮的白色海绵层，海绵层剩得越少越好，放一边备用。

把拧开盖的空奶油泡沫罐放进冰箱冷藏室，不要放冷冻室。往平底锅里加入237毫升水，开小火加热。慢慢放入2张明胶片，搅拌至完全溶化，关火，加入糖，并继续搅拌直至糖溶解，放置冷却；后加入橙汁、乳化蛋清、柑曼怡和苦精，搅拌均匀；把处理好的橘子皮挤出精油，滴入刚搅拌好的混合

物，继续搅拌混合，然后用一个细滤网筛入金属碗中；将碗放入冰桶冷却。

将473毫升混合物加入罐中。拧紧盖子，要确保完全拧紧，再把奶油发泡气囊拧上，这时会听到气体快速逸出的声音，这是正常的。然后把罐子倒过来，用力摇晃均匀，泡沫就做好了。

不用时，储存在冰箱里即可。每次使用前，把奶油泡沫罐倒置并充分摇晃，然后尽量把罐子竖直颠倒起来拿稳了，轻轻地按压压嘴，把泡沫慢慢地沿杯子内沿向中心划圈挤到饮品顶端。罐子空了以后，要对着水槽按压压嘴，确保气体完全喷出，然后取下盖子，按照产品说明书进行清洁。

撒旦的胡须SATAN'S WHISKERS

这种布朗克斯的变化款，加入了柑曼怡（为什么不呢？），改编自好莱坞大使馆俱乐部（Embassy Club in Hollywood）1930年左右的配方。

配方

30毫升金酒（gin）
15毫升意大利甜味美思（Italian sweet vermouth）
15毫升法国干味美思（French dry vermouth）
15毫升柑曼怡（Grand Marnier）
30毫升鲜榨橙汁
1抖安高天娜苦精（Angostura bitters）或橙味苦精（orange bitters）
橙皮，装饰用

将金酒、味美思、柑曼怡、橙汁和苦精倒入加冰的调酒杯中摇匀。滤入冰镇过的鸡尾酒杯，然后用橙皮装饰。

 成分说明

柑曼怡

柑曼怡是最早的如库拉索和三重浓缩橙皮利口酒这样的橙味利口酒的"表弟"，但很快后来居上，成为大卫·埃姆伯里在他的《调酒的精细艺术》一书中所提到的"利口酒中绝对的王者"。柑曼怡主要用于鸡尾酒，但不加其他东西也适合餐后小口啜饮。

香槟鸡尾酒 CHAMPAGNE COCKTAIL

配方

浸泡在安高天娜苦精（Angostura bitters）中的方糖

香槟（Champagne）

1酒干邑白兰地（Cognac），也可以不加

柠檬皮，装饰用，也可以不加

在香槟杯底部放入浸泡过安高天娜苦精的方糖并装满香槟。这种鸡尾酒有时会淋上1酒干邑白兰地，并饰以柠檬皮，但淋上白兰地饮用通常是英国习惯，用柠檬皮装饰在法国则行不通。

敬酒

虽然是希腊人最早用举杯表示欢迎（其实是为了证明酒没有下毒），但把烤吐司（toast）放入酒杯却是罗马人的传统——为了使口味平平的葡萄酒更好喝些——并成了敬酒（toasting）一词的起源。

香槟和鸡尾酒这两个词是多么魔性和迷人的一个组合——只要说出"香槟鸡尾酒"就会给人一种优雅的感觉。杰瑞·托马斯所著的《如何调制鸡尾酒》（*How to Mix Drinks*）第一版出版于1862年，其中包含有为数不多的几款原创鸡尾酒，"香槟鸡尾酒"就是其中的一款，而且在近150年以来配方一直保持不变。唯一的区别是那个年代没有方糖，所以配方当时要求用1茶匙糖。增加酒性的干邑白兰地是欧洲人的一种添加，起源于伦敦的皇家咖啡馆（Café Royal）。一般来说，美国人不添加干邑白兰地来增加酒性，在美国人们习惯添加柠檬皮装饰，而在法国，无论在哪里喝香槟鸡尾酒，柠檬皮对法国人来说都是破坏口味的东西。法国人有充分的理由相信酸会破坏美酒的完整性。我一般只在客人要求时才添加柠檬皮。

作为一种巧妙的商业表演手段，伦敦的时尚酒吧（style bar）会在玻璃杯口上方用一小块鸡尾酒巾托起方糖，将安高天娜苦精小心地浇到方糖上，将糖块全浸湿。然后将酒巾对半折叠起来，让方糖沿着折叠酒巾形成的斜槽滑入玻璃杯中。

成分说明

香槟

这款酒既然被称为香槟鸡尾酒，而不是起泡酒鸡尾酒（Sparkling Wine Cocktail），那么就要使用货真价实的香槟。香槟是法国北部一个地区的名字，这个地区出产的起泡葡萄酒，自18世纪末开始生产以来，就被称为香槟，无论是完全由霞多丽葡萄制成的白香槟，还是由通常是黑比诺品种的红葡萄制成的红香槟。大多数香槟都不是特定年份的酒，一般是来自不同年份的混酿。如果是干型的，则是原汁原味；还有半干，就是半甜；还有甜型的，就是更甜一些。半干曾经是最受欢迎的类型，但是，从凯歌夫人（Madame Clicquot，凯歌皇牌香槟创始人的遗孀）致力于迎合不太喜欢甜食的英国人的口味开始，香槟酒开始朝干的方向发展，后来干型香槟就比甜型香槟受欢迎了。起泡酒则产自世界其他地方——特别是来自西班牙的起泡酒卡瓦（Cava）、意大利的起泡酒普罗塞克（Prosecco）和阿斯蒂（Asti）、德国的起泡酒塞克特（Sekt）——其中一些相当不错，有时甚至很棒。但除了美国允许国产起泡酒被误标为 "Champagne（香槟）"，这是个显著的例外，其他国家都是用首字母大写的Champagne一词来表示真正的法国香槟葡萄酒，这也才是真正的香槟鸡尾酒所需用的酒。

香槟提神鸡尾酒
CHAMPAGNE PICK-ME-UP

配方

30毫升 VS干邑白兰地（VS Cognac）
44毫升鲜榨橙汁
2抖红石榴糖浆（grenadine，参见本页成分说明）
89毫升香槟（Champagne）或其他起泡酒，干型的
时令新鲜水果或浆果，用于装饰

将VS干邑白兰地、橙汁和红石榴糖浆倒入加冰的调酒杯中摇匀。将上述混合物滤入一个加冰的白葡萄酒杯并加满香槟酒。用任一种最新鲜的水果装饰。

成分说明

红石榴糖浆

你在大多数杂货店货架上以及许多鸡尾酒中发现的鲜红色东西都不过是人工调味并染色的糖水罢了。真正的红石榴糖浆是加了糖的榨石榴汁，以下是制作方法：把3个或4个石榴的籽放入搁在碗上的筛子中。用木勺背面或鸡尾酒捣棒，轻轻按压石榴籽，让石榴果汁流出来。不要太用力，以免石榴籽白色硬芯中的苦涩汁液挤出来。最后应该能得到大约1杯鲜榨石榴汁。将这1杯果汁和1/2杯浓稠的单糖浆（参见第246页）混合在一起，过滤后就可以了。这就是自制的红石榴糖浆。

就那种昨晚灌醉我们的酒，请再让我和伙伴喝上一杯来解酒吧。
——托马斯·海伍德（Thomas Heywood，1575—1641）

香槟是一天中可以随时享用的一种酒精饮品，即使在早上饮用也无妨。这说法今天听起来很陌生，但在18、19世纪，一整天都喝酒是完全司空见惯的，因为当时的水通常不可饮用，而其他不含酒精的饮料通常不那么招人喜欢，人们经常从早餐开始饮酒，香槟鸡尾酒之类较温和且酒精含量较低的饮品，通常就适合在每天较早的时候饮用。这款为大众喜闻乐见的配方来自巴黎的丽兹（Ritz）酒吧，大约发明于1936年。这款酒配方中的起泡酒混合了一些其他味道更明显的成分，所以使用比真正的香槟普通些的品种也可行。

提神酒

以毒攻毒、以酒解醉的哲学，虽然听起来很合理，揭示了一种贪玩的生活，但从生理学角度来看，却完全是胡说八道。不同程度的宿醉就是不同程度的酒精中毒，一如大卫·埃姆伯里在《调酒的精细艺术》中所指出的："我们不能通过服用更多的砷来治疗砷中毒。那么为什么天真地认为多喝点酒能治好酒精中毒呢？"当然不能。治愈宿醉的唯一方法是去除血液中的酒精，最重要的是，只能依靠休息和等待来解决。

既然我们谈论的是过量饮酒的问题，请允许我说说主人对其客人的责任吧，这与法律意义上职业调酒师与其客户的责任是一样的，就是不能让客户过量饮酒。酒精只有离开胃进入血液时才会对身体产生影响，主人可以采取很多办法来减缓酒精进入血液的过程，首先当然是降低酒精消耗的速度。这一点作为主人或调酒师在一定程度上能够控制，重要的办法就是尽量用食物和水来把胃填满，从而减缓酒精进入血液的进程。我认为每给客人端上一种烈性酒精饮品都应该同时搭配上一整杯水——这是近年来常规酒吧服务中被忽视的一个细节。而且为你的客人备上食物和水，将会使整个夜晚变得更加美好。

丽兹鸡尾酒 RITZ COCKTAIL*

这款酒是我向伦敦、巴黎和马德里的丽兹酒店表达敬意的创作，是精致的晚间鸡尾酒，不是提神鸡尾酒。我用亚得里亚海优质白樱桃利口酒和橙味利口酒替代提神酒中的红石榴糖浆，又加入了柠檬汁增加酸味。丽兹鸡尾酒是为我赢得全国赞誉的第一款鸡尾酒，1985年登上了《花花公子》杂志。20多年后，我仍然认为这款酒当得起那些文字的赞誉。

配方

22毫升干邑白兰地(Cognac)
15毫升君度(Cointreau，参见第241页成分说明)
15毫升路萨朵马拉斯奇诺樱桃利口酒（Luxardo Maraschino liqueur，参见第101页成分说明）
15毫升鲜榨柠檬汁
香槟(Champagne)适量
火焰橙皮，装饰用

☛将干邑白兰地、君度、马拉斯奇诺樱桃利口酒和柠檬汁倒入加冰的调酒杯中搅拌。滤入一个大鸡尾酒杯，然后加入香槟。用火焰橙皮装饰。

三叶草俱乐部 CLOVER CLUB

叶芝（Yeats)谨慎地注视着这种新奇的粉红色饮品，原本要挥手让端走的……但尝了一口，咂了下嘴唇，不一样的味道。他的眼睛亮了起来，面露喜悦。但是，令主人惊讶的是，他却没有将酒吞咽下去。这酒要慢慢喝，其中的味道太丰富了，一定要从头至尾品尝到杯底朝天。于是他就坐了下来，开始啜饮三叶草俱乐部鸡尾酒。当有人端来葡萄酒递给他时，他挥了挥手让端走了。

——阿尔伯特·史蒂文斯·克罗克特（Albert Stevens Crockett）《在老华尔道夫酒吧的日子》（*Old Waldorf Bar Days*），1931

这款禁酒令之前的鸡尾酒是费城贝尔维尤－斯特拉特福酒店（Bellevue–Stratford Hotel）的发明。在20世纪初的几十年里，贝尔维尤－斯特拉特福酒店是世界上首屈一指的酒店之一，从19世纪80年代后期到至少第一次世界大战期间，酒店里有个名为三叶草俱乐部的男修士俱乐部，这种酸味风格的饮品即以此命名。这里的配方是从弗兰克·迈耶（Frank Meier）所著的《调酒的艺术》（*The Artistry of Mixing Drinks*，1936年由巴黎丽兹酒店出版）修改而来。从十几岁就在纽约市广场酒店（Plaza Hotel）工作的哈里·麦克艾霍恩（Harry MacElhone）使用的是青柠汁而非柠檬汁。如果在摇晃之前加入一小枝薄荷，就变成了一杯三叶草叶鸡尾酒。如果是覆盆子的季节，想吃些特别新鲜的东西，就不放红石榴糖浆，而是换成6颗新鲜的覆盆子加入单糖浆在摇酒器底部捣碎。此外，将糖浆增加到30毫升，接着加入其余的成分，摇匀，然后过滤两次：先用霍桑过滤器（Hawthorn strainer）将混合物从摇酒器中倒出，再用一个朱丽普过滤器（Julep strainer）过滤掉覆盆子的籽，最后倒入冰镇过的鸡尾酒杯。另外一种变化方法：根据人称"鸡尾酒博士"的泰德·海格（Ted Haigh）披露，三叶草俱乐部的秘密姊妹款，最初的粉红佳人就是通过在此处的配方中加入15毫升苹果白兰地制成的。最后还有一个变化款：同样使用44毫升伦敦干金酒或普利茅斯（Plymouth）金酒，再分别加入2茶匙诺瓦丽·普拉（Noilly Prat）白味美思和马提尼&罗西（Martini & Rossi）的红味美思。请注意：20世纪早期的配方中，三叶草俱乐部和粉红佳人里的红石榴糖浆是唯一的甜味剂。我加了单糖浆，是因为今天我们制作的饮品分量更大，另外由于额外添加了酸味成分，也有必要用单糖浆弥补红石榴糖浆的不足，避免口味太酸。

配方

44毫升金酒（gin）
22毫升单糖浆（simple syrup）
22毫升鲜榨柠檬汁
1/2茶匙红石榴糖浆（grenadine）
1个小鸡蛋（参见第30页成分说明）的蛋清

将金酒、单糖浆、柠檬汁和红石榴糖浆倒入摇酒器混合。在一个小碗中轻轻搅打蛋清。将搅打好的蛋清一半加入摇酒器，另一半保存好可用于另一杯鸡尾酒。大力摇晃——饮品中加了蛋清必须用力且长时间摇晃才能让蛋清乳化，最后滤入冰镇过的鸡尾酒杯。

东印度鸡尾酒 EAST INDIA COCKTAIL

在那个年代（当东印度还只是一个地方的年代），这是一款非常流行的鸡尾酒，每本鸡尾酒书籍中都有其配方。其最早的版本出现在O.H.拜伦（O.H.Byron）1884年出版的经典著作《现代调酒师指南》（*The Modern Bartender's Guide*）中，配方中用的红色库拉索现在已经绝版（其白色版本也高居濒危烈酒清单），而且其中所说的"1葡萄酒杯白兰地"，也不是我们现在使用的计量单位。这里是我对拜伦配方的改编版本，用的是现在的计量单位，而且用橙色库拉索代替了红色库拉索。

配方

59毫升干邑白兰地（Cognac）

1茶匙覆盆子糖浆（raspberry syrup）

1茶匙橙色库拉索（orange Curaçao，参见第241页成分说明）

2或3抖安高天娜苦精（Angostura bitters）

2或3抖路萨朵马拉斯奇诺樱桃利口酒（Luxardo Maraschino liqueur）

螺旋柠檬皮，装饰用

☛往调酒杯中加入干邑白兰地、糖浆、库拉索、苦精和马拉斯奇诺利口酒，与冰块混合并充分搅拌。滤入鸡尾酒杯，把柠檬皮放到杯子上面，端给客人。

菠萝香料泡沫 PINEAPPLE-SPICE FOAM

20世纪80年代，我在彩虹居重新研究东印度鸡尾酒配方时，往里面添加了点香料。20年后，我再次对配方进行了重新研发，使用了人们拆解分析19世纪中叶的经典版本后给出的配方中所用到的同样的香料。如果使用了这种泡沫，就不用加安高天娜苦精了，当然也不需要在饮品上面撒现磨的肉豆蔻粉。不过，却需要一个泡沫罐。多家厂商都生产泡沫罐；我推荐ISI's的冷热两用1/2升不锈钢保温真空奶油泡沫罐。另外还需要奶油发泡气囊。（有关泡沫制作的更多信息，参见第250页。）

用一个1/2升的奶油泡沫罐制作的泡沫足够调制15～20杯鸡尾酒

4颗肉豆蔻，每颗都弄碎

2张明胶片，每张23厘米×7厘米

1/2杯超细糖

237毫升无糖菠萝汁

59毫升乳化蛋清

22毫升安高天娜苦精（Angostura bitters）

☛把拧开盖的空奶油泡沫罐放入冰箱冷藏，不要放冷冻室。往平底锅里加入355毫升水，开小火加热。加入肉豆蔻，煮15分钟。然后放入2张明胶片慢慢搅拌，使其完全溶化。关火，加入糖，继续搅拌至溶解。将混合物细筛滤去固体。冷却后，加入菠萝汁、蛋清和苦精，搅拌均匀。将混合物用细滤网筛到金属碗中；将金属碗放入冰桶，加快冷却过程。

将473毫升混合物加入罐中。拧紧盖子，要确保完全拧紧。再把奶油发泡气囊拧上，你会听到气体快速逸出的声音，这是正常的。然后把罐子倒过来，用力摇晃均匀，泡沫就做好了。

不用时，储存在冰箱里即可。每次使用前，把奶油泡沫罐倒置并充分摇晃，然后尽量把罐子竖直颠倒起来拿稳了，轻轻地按压压嘴，把泡沫慢慢地沿杯子内沿向中心划圈挤到饮品顶端。罐子空了以后，要对着水槽按压压嘴，确保气体完全喷出，然后取下盖子，按照产品说明书进行清洁。

20世纪东印度鸡尾酒 TWENTIETH-CENTURY EAST INDIA COCKTAIL

这款酒的配方来自1930年出版的哈里·克拉多克（Harry Craddock）的《萨沃伊鸡尾酒书》（*Savoy Cocktail Book*），但我自作主张将克拉多克配方中的"份"翻译为具体的容量，并添加了装饰。

配方

44毫升干邑白兰地（Cognac）
7.4毫升无糖菠萝汁
7.4毫升橙色库拉索（orange Curaçao）
1抖安高天娜苦精（Angostura bitters）
火焰橙皮，装饰用

☞将干邑白兰地、菠萝汁、库拉索和苦精倒入加冰的调酒杯中摇匀。滤入一个鸡尾酒杯，用火焰橙皮装饰。

千禧鸡尾酒MILLENNIUM COCKTAIL*

距拜伦发布他的东印度鸡尾酒版本100多年，距一个名叫比尔·凯利（Bill Kelly）的人在一本名为《流浪调酒师》（*The Roving Bartender*）的书中发表了他的东印度鸡尾酒版本50年之际，也就是1999年，我决定重新创作东印度鸡尾酒，并将其称为千禧鸡尾酒，以纪念即将到来的跨世纪新年。我应馥华诗（Courvoisier）之邀，特别使用了其千禧年瓶装酒产品创作了这款鸡尾酒。这款酒的配方比之前的版本果汁味更浓，并额外撒上了现磨的肉豆蔻粉，装饰了火焰橙皮。在宣布自己的天才发明后不久（如第28页展示），我了解到了以前的版本，非常不好意思地承认，这款特殊饮品终究不是我的原创。

配方

44毫升馥华诗千禧干邑白兰地（Courvoisier Millennium Cognac）
30毫升橙色库拉索（orange Curaçao）
44毫升无糖菠萝汁
1抖安高天娜苦精（Angostura bitters）
火焰橙皮，装饰用
肉豆蔻（nutmeg），现磨碎

☞将干邑白兰地、库拉索、菠萝汁和苦精倒入加冰的调酒杯中摇匀。滤入冰镇过的鸡尾酒杯，将橙皮放在饮品上作为装饰，撒上现磨的肉豆蔻粉。

菲利普鸡尾酒 FLIP

配方

59毫升雪利酒（sherry）
1/2个大的鸡蛋，打散
30毫升单糖浆（simple syrup）
肉豆蔻（nutmeg），现磨碎

☞把雪利酒、鸡蛋和糖浆倒入加冰的调酒杯中，用力摇晃很长时间至鸡蛋彻底乳化。滤入伦敦码头杯，撒上现磨的肉豆蔻粉。

菲利普鸡尾酒是可以追溯到莎士比亚时代的一个鸡尾酒品类，当时往往都把雪利酒、牛奶和鸡蛋混合起来饮用，称为奶油雪利酒。到18世纪时，东半球的菲利普鸡尾酒类变得相当复杂，既有葡萄酒又有啤酒，再加入鸡蛋、各种香料和牛奶，但是当菲利普传到新英格兰时，烈酒（通常是朗姆酒）取代了啤酒或葡萄酒。19世纪后半期，菲利普进一步简化成只是将烈酒与糖和整颗鸡蛋进行混合，所有的香料都没有了（除了在上面撒一点肉豆蔻粉），啤酒也不再使用，将滚烫的拨火棍插入饮料中或在炉子上加热饮料的做法也不见了。现代美式菲利普是冷饮，最常见的版本是用白兰地、波特酒或雪利酒制成的，尽管使用朗姆酒、威士忌也是可能的。不管用什么酒制作，菲利普都是早间醒神饮品，在很多饮品被认为是适合一天中特定时间饮用的时代，菲利普几乎可以当早餐——毕竟酒里使用了一整颗鸡蛋。

不能说有很多人点菲利普鸡尾酒，但也并不意味着我没有为很多人调制过菲利普。当年我在彩虹居时，曾经常向客人推荐菲利普（特别在做了菲士，我手头还剩有鸡蛋时）。菲利普无疑是美式蛋奶酒的前身，而且，就像蛋奶酒一样，它是完美的冬季饮品。我喜欢用雪利酒，但绝对不用菲诺风格的，菲诺太干了，与鸡蛋和糖不太适配。相反，我使用浓郁的奥罗索或坚果味的阿蒙提亚多（Amontillado）。半干雪利酒（其名字Dry Sack算是我听过的典型的用词不当的名字，因为它根本不是干型的）或者甚至是像布里斯托尔奶油（Bristol Cream）这样的奶油雪利酒都是不错的选择。如果你打算用干邑或威士忌等烈性酒来调制菲利普，就把用量减少到44毫升。

<hr/>

成分说明

鸡蛋

正确的菲利普配方需要一个小鸡蛋，但现代畜牧业使得在美国小鸡蛋几乎已经绝迹。那么就找一个中等大小的鸡蛋，用掉3/4，或者大个鸡蛋用掉一半即可。无论怎样，我们要的都是大约44毫升打好的鸡蛋。

那么关于使用鸡蛋的一般要求是，调制所有使用生鸡蛋的饮品时摇晃的力度与时间都要比其他饮品增加一倍，以保证鸡蛋完全乳化。当然还必须做到保证卫生和健康。但也请注意，鸡蛋用于鸡尾酒的安全隐忧比用生鸡蛋制作蛋黄酱要小，因为鸡尾酒中的酒精和酸会杀死许多危险的细菌。

杰克玫瑰 JACK ROSE

布莱特还是没有露面。大约六点差一刻，我去了酒吧，与酒吧服务员乔治一起喝了一杯杰克玫瑰。布莱特也没来过酒吧。于是，出门前，我又上楼找了一遍，然后打车去优选咖啡馆。跨过塞纳河时，我看见一列空驳船被拖着顺流而下，船只驶近桥洞的时候，船夫们站立在船头摇桨。塞纳河风光宜人，在巴黎过桥总是叫人心旷神怡。
——欧内斯特·海明威《太阳照常升起》（*The Sun Also Rises*），1926

即使你不是杰克·巴恩斯（Jake Barnes），也没有在克利翁酒店（Crillon）被一生的挚爱放了鸽子，杰克玫瑰在六点差一刻时也是绝佳的饮品。与其说是海明威笔下酒吧里的这种鸡尾酒，不如说是杰克·巴恩斯和酒吧服务员乔治喝上一杯的氛围让我更着迷。下面的配方是我为适应现代口味所改造过的版本，添加了单糖浆，使其更像一种酸味饮品。原来的配方太依赖红石榴糖浆了，而现在市场上99%的红石榴糖浆无非是人工调味和着色糖水。真正的红石榴糖浆——最初版本——实际上是真正的石榴榨汁加工而成的，尝起来应该有石榴的味道（参见第24页成分说明）。

配方

44毫升苹果白兰地（applejack，参见本页成分说明）
22毫升单糖浆（simple syrup）
22毫升鲜榨柠檬汁
7.4毫升红石榴糖浆（grenadine）
苹果片，装饰用
马拉斯奇诺酒浸樱桃（Maraschino cherry，参见第101页成分说明），装饰用

☛将苹果白兰地、单糖浆、柠檬汁和红石榴糖浆倒入加冰的调酒杯中摇匀。滤入一个小鸡尾酒杯，用苹果片和樱桃装饰。

成分说明

苹果白兰地

苹果白兰地，也被称为泽西闪电（Jersey lightning，在新泽西州的名字），是一种可以追溯到殖民时代的类似卡尔瓦多斯（Calvados）的烈酒。事实上，它可能是美洲新大陆最早的蒸馏酒之一。在18和19世纪，从新英格兰到新泽西再到俄亥俄河谷，只要有苹果园，就都出产苹果白兰地。现今市场上仅存的品牌之一，是成立于1780年的莱尔德（Laird），他们声称是美国第一家商业酿酒厂，是获得1号酿酒厂许可证的厂家，并且今天仍然归同一个家族所有。今天的常规莱尔德瓶装酒混合了35%的苹果威士忌和65%的中性谷物烈酒，但他们也生产一种100%的苹果威士忌，名为12年陈珍稀苹果白兰地。

在殖民时代，没有蒸馏器，自制苹果白兰地要在夜间气温降至0℃以下的季节进行，就是把新鲜压榨的苹果汁晾在空气中任其收集天然酵母并开始发酵。苹果汁开始自然发酵后，装入一个浅锅中，夜间放在门廊上。清晨，液体表面会结一层薄薄的冰，把冰（即水）撇除丢弃，留下变浓的苹果酒；连续冷冻脱冰循环后，去除掉大部分的水分，酒精度越来越高的苹果白兰地就留下来了。

曼哈顿 MANHATTAN

配方

59毫升混合威士忌（blended whiskey）

30毫升意大利甜味美思（Italian sweet vermouth）

2抖安高天娜苦精（Angostura bitters）

1颗马拉斯奇诺酒浸樱桃（Maraschino cherry），装饰用（或用你自己特别泡制的新鲜樱桃）

将威士忌、味美思和苦精倒入加冰的调酒杯中搅拌。滤入冰镇过的鸡尾酒杯，并用樱桃装饰。

有些东西永远不会过时，曼哈顿鸡尾酒就是其中之一，且总是位列十大最受欢迎的美式鸡尾酒榜单。曼哈顿是黑麦鸡尾酒（除非你碰巧用白兰地或波本威士忌调制），据说是由曼哈顿俱乐部（Manhattan Club）的调酒师发明于1874年。当时，塞缪尔·詹姆斯·蒂尔登（Samuel James Tilden）当选纽约州长，珍妮·丘吉尔（Jennie Churchill）为其在曼哈顿俱乐部举办了一场庆祝派对，调酒师特别为这个派对调制的饮品后来就被称为曼哈顿。（但是，鸡尾酒权威历史专家大卫·温德里奇，这位喜欢用事实来毁掉完美故事的勤奋的研究人员却发现，蒂尔登派对当天，珍妮正在英国的产房里生产，其子就是日后成为英国首相的温斯顿。）在那些日子里，人们喜欢用库拉索来增加甜味，并对冲烈酒的味道。在O. H. 拜伦所著的《现代调酒师指南》一书中，出现了两个版本的曼哈顿（见第34页），这与法国和意大利味美思进入美国并用于鸡尾酒的时间差不多一致。

黄金年代

第一个曼哈顿配方版本

第一个曼哈顿配方出现在1884年O. H. 拜伦的经典著作《现代调酒师指南》中。

用于曼哈顿鸡尾酒的威士忌

早在19世纪，纽约是一个喝黑麦威士忌的城市，可以肯定地说，早期的曼哈顿是用黑麦威士忌调制的。但是后来的禁酒令打破了一切常规，尤其是改变了美国人对威士忌的口味，因为那13年中美国没有生产任何一种威士忌。当时美国市场上唯一品质可靠又相对便宜的陈年威士忌就是加拿大出产的皇冠威士忌（Crown Royal），这种调和威士忌独占了北美的高端威士忌市场。这就是为什么禁酒后那一代人都喝调和威士忌，并且用调和威士忌调制曼哈顿。这种情形一直持续到20世纪50年代，比加拿大调和威士忌更辛辣的波本威士忌，才开始缓慢回归逐渐成为美国人饮用的棕色烈酒品种。

我们现在处于小批量和单桶波本威士忌时代，饮酒者越来越倾向于不管什么都要用高端或者超高端烈酒，于是各种优质威士忌也就进入了曼哈顿的配方。甚至自20世纪60年代以来销量一直不断下降的黑麦威士忌，也找到了一批新的追随者——尽管人数还很少——主要是依靠超高端瓶装酒，如派比范温克（Pappy Van Winkle）的十三年陈；酩帝诗（Michter's）的十年陈；肯塔基出产的瑞顿房（Rittenhouse）50度二十年陈，以及由著名的铁锚蒸汽啤酒（Anchor Steam Beer）制造商弗里茨·梅塔格（Fritz Maytag）出产的各种老波特雷罗（Old Portrero）瓶装酒，尤其是他们的十一年陈霍塔林黑麦（Hotaling's Rye，参见第164页成分说明）。

最初的曼哈顿鸡尾酒

以下是出现在O. H. 拜伦1884年的著作《现代调酒师指南》中的两个曼哈顿配方。第一个配方没有任何说明；第二个则类似于现代配方，且附有说明。第二个配方后面有一个叫作马丁内斯的条目，没有配方——只有一行"与曼哈顿相同，只是用金酒代替威士忌"。这就是马提尼传奇的开头。（关于度量，请注意1波尼杯约等于30毫升，1葡萄酒杯约等于59毫升。）早期配方中威士忌似乎只是配角而非主角。味美思首次出现在鸡尾酒书中，是在1869年的那本书名超级长的《哈尼的酒吧侍者和老板手册：准备各种普通和高端鸡尾酒及流行饮品的完整和实用指南，是专为酒店、轮船、俱乐部等设计的最受业内认可的配方，附有利口酒、烈性甜酒、苦精、糖浆等的做法》（*Haney's Steward & Barkeeper's Manual: A Complete and Practical Guide for Preparing All Kinds of Plain and Fancy Mixed Drinks and Popular Beverages, Being the Most Approved Formulas Known in the Profession, Designed for Hotels, Steamers, Club Houses, etc., etc., to Which Is Appended Recipes for Liqueurs, Cordials, Bitters, Syrups, etc., etc.*）里。请记住，1884年味美思仍然是最前沿的成分。

曼哈顿鸡尾酒 #1
☛ 往一个小葡萄酒杯里加入
1波尼杯法国味美思（French vermouth）
1/2波尼杯威士忌（whiskey）
3或4抖安高天娜苦精（Angostura bitters）
3抖树胶糖浆（gum syrup）

曼哈顿鸡尾酒 #2
2抖库拉索（Curaçao）
2抖安高天娜苦精（Angostura bitters）
1/2葡萄酒杯威士忌（whiskey）
1/2葡萄酒杯意大利味美思（Italian vermouth）

加细冰沙，搅拌均匀。滤入鸡尾酒杯。

牛市曼哈顿BULL'S MANHATTAN*

《财富》杂志让我调制两款鸡尾酒分别代表牛市和熊市。因为杰克·丹尼（Jack Daniel's）是世界上最畅销的美国威士忌，我想用它来作为牛市饮品再合适不过了。相信我，老7号（Old #7）的品质在昂贵的法国酒中也很少见。

配方

59毫升杰克·丹尼威士忌（Jack Daniel's whiskey）
22毫升法国干味美思（French dry vermouth）
7.4毫升修士甜酒（Benedictine）
柠檬皮，装饰用

☞将威士忌、味美思和修士甜酒倒入加冰的调酒杯中搅拌。滤入冰镇过的鸡尾酒杯，然后用柠檬皮装饰。

东方曼哈顿MANHATTAN EAST*

曼哈顿是将烈酒与葡萄酒产品进行混合，用清酒取代味美思不算是太大的改变，但算是为经典鸡尾酒增添了东方风味。

配方

74毫升波本威士忌（Bourbon）
15毫升肯顿生姜利口酒（Domaine de Canton）
15毫升干清酒（dry sake）
2抖加里·里根橙味6号苦精（Gary Regan's Orange Bitters No. 6）
火焰橙皮，装饰用

☞将波本威士忌、生姜利口酒、清酒和苦精加冰搅拌。滤入冰镇过的鸡尾酒杯，饰以火焰橙皮。

薄荷朱丽普 MINT JULEP

沁人心牌的冰镇朱丽普是第一款国际知名的美国鸡尾酒，于18世纪后期首次亮相全球，当时是将干邑白兰地和桃子白兰地混合调制而成的。（名字来源于阿拉伯语juleb，指的是一种甜味的草药浸泡饮品，用作健康滋补饮品。）但是尽管英国人钟爱这种鸡尾酒——并且自1845年以来，牛津大学都有"薄荷朱丽普酒日"活动——这种饮品却是在炎热的美国夏日一举成名。因为如果不是装满玻璃杯的刨冰和杯子外面的一层薄冰壳给人一种凉透全身的冰冷清爽之感，薄荷朱丽普也就什么都不是了。朱丽普酒被发明之初，美国有黑麦威士忌，但没有波本威士忌——直到18世纪末19世纪初，随着定居者向西迁移到黑麦不那么流行而玉米容易种植的地区，用玉米酿制威士忌的做法才扎根下来。19世纪早期，朱丽普是严格的干邑白兰地和桃子白兰地混合物，直到1869年，在《哈尼的酒吧侍者和老板手册》中，薄荷朱丽普还是一种以干邑白兰地为基础配以橙子和浆果的鸡尾酒；还有一种威士忌的变化款，出于某种原因省略了花哨的水果。

在美国南部，用波本威士忌制成的薄荷朱丽普鸡尾酒曾经广受欢迎，不知何故几乎成了美国肯塔基州的标志性鸡尾酒。自20世纪30年代后期以来，美国每年都有自己的类似"薄荷朱丽普酒日"的活动，庆祝每年于美国肯塔基州路易斯维尔丘吉尔园马场举行的赛马会（Kentucky Derby at Churchill Downs in Louisville）。在其鼎盛时期，围绕薄荷朱丽普鸡尾酒的争论，完全可以与今天围绕马提尼鸡尾酒的争论相比拼。从1934年首次出版的帕特里克·加文·达菲（Patrick Gavin Duffy）的《官方调酒师手册》（Official Mixer's Manual）里如下这段话中可以看出："没有任何一款饮品能像薄荷朱丽普那样引发这么多的争论，要找出两名以上在薄荷朱丽普的调制方法上达成一致的知名调酒师几乎是不可能的事情。我们列出四个比较有名的朱丽普配方，希望其中至少有一款能够满足人们挑剔的味觉。"

配方

2根嫩薄荷枝，最好挑枝叶长势好的
22毫升单糖浆（simple syrup）
74毫升保税波本威士忌（bonded Bourbon，参见本页成分说明）
糖粉，用于撒在表面，可选

用1根嫩薄荷枝轻轻摩擦加了糖浆的调酒杯底——力度要恰到好处，保证能释放出薄荷油，但又不弄碎薄荷叶。添加波本威士忌，但此时没必要搅拌，因为接下来要搅拌很多下。滤入一个装满碎冰（见第38页）的嗨棒杯或你最喜欢的银制朱丽普酒杯，用吧匙搅动冰块，直到玻璃杯外面结霜为止。如果用的是厚玻璃杯，这个过程可能得需要几分钟，如果使用的是合适的银制朱丽普酒杯（一个296毫升的纯银杯）或者类似的杯子则只需要几秒。如果使用玻璃杯，就越薄越好。最后，因为随着搅拌液面会下降，再加一点碎冰，并再次简短搅拌。用剩下的那根薄荷枝进行装饰。如果你喜欢，还可以在饮品顶端撒上细糖粉，会看起来更有霜雪的感觉。另外，如果喜欢，还请插入两根高出杯口约2.5厘米的吸管——最好吸管以及杯子都用银色的。告诉客人要握牢酒杯，因为杯子外面的冰霜会使得杯子很容易从手中滑脱。一个真正的朱丽普酒杯的美妙之处在于其倒锥形的杯身，有时边缘还有沿，让饮用者有机会拯救一杯从手中滑脱的饮品。

成分说明

保税波本威士忌

保税波本威士忌是美国政府认证的纯威士忌，确保在酒厂橡木桶中陈酿至少四年并在酒精度50度时装瓶，因而波本威士忌经得起融化的碎冰对味道的侵蚀。老森林人（Old Forester）是个不错的选择，或者从小批量或者单桶波本威士忌中选一个桶强或者45度以上的品种：找找布克（Booker's）、波兰顿（Blanton's）甚至美格（Maker's Mark）。不要用40度的品种，度数高的品种是搭配碎冰的最佳选择。

除了慷慨地使用保税肯塔基波本威士忌之外，薄荷朱丽普最令人愉悦的方面就是积聚在杯子外面的冰霜了。形成这个冰霜得需要比较好的冰。"好的冰？"你可能会问，"难道冰还有好坏？"是的。从冰库中整块冰上切下来的冰可能非常冰冷、密实且干燥；酒吧里无处不在的制冰机和酒店走廊上的小壁龛里出来的冰则是湿的、温的、很松散。不好的冰都是在尽可能高的温度——刚好在冰点上制成并

保存下来——可以很快生产较大的量，但是却牺牲了质量。从冰库（或者由高档的Kold Draft或Scotsman牌的专业制冰机器）制出来的冰更凉且能更长时间地保持良好的冰冻状态。我们需要的是从较好的冰块上切下拳头大小的一块冰，放在一个叫作刘易斯布袋（Lewis）（没错——你用来碎冰的袋子有一个名字，是帆布材料的，能较好吸收碎冰时产生的水分）的帆布袋里，将袋子折叠好，放在安全

区域的砧板上，确保远离小孩或宠物。不过，碎冰对年龄大些的孩子来说是一份有趣的工作。（如果你有一个非常聪明、听话的黑猩猩宠物，也是可以的。）然后用一个大头大木槌——比如说，2.3~3.7千克——挥开膀子砸吧，一直到把冰块砸成粉末状，这才是合适的冰沙。

燃情威士忌 WHISKEY SMASH*

坦率地说，创作这款鸡尾酒纯粹是因为我对朱丽普薄荷酒有点厌倦，觉得它太甜，且只有威士忌和糖水，太过简单了。于是我把柠檬和薄荷一起捣碎，用库拉索代替糖，然后滤入一个古典玻璃杯。结果……嘿，效果很好，没准儿就凭这个就能把喝伏特加的几个朋友赢过来了。夏天，桃子又甜又便宜的时候，我喜欢在调酒杯中加入几片桃子，然后将它们与薄荷和柠檬混合在一起捣碎，再加一片桃子和新鲜的薄荷枝一起作为装饰。我使用波本或者黑麦威士忌调制这款酒，但使用任何美国或加拿大威士忌都可以，甚至爱尔兰威士忌也可以。不过，不要用苏格兰威士忌，因为苏格兰威士忌的烟熏风味会跟薄荷的味道打架，放到一起会让二者风味尽失。

配方

4片薄荷叶加1根薄荷枝

1个柠檬切4块，取其中3块（注意：柠檬的酸甜度会随着季节的变化而发生显著变化，因此库拉索的用量也必须随之上下调整）

30毫升橙色库拉索（orange Curaçao）

59毫升波本威士忌（Bourbon）或黑麦威士忌（rye whiskey，参见第49页成分说明）

柠檬片，装饰用

将薄荷叶和柠檬块放到调酒玻璃杯底部，添加库拉索，用捣棒把薄荷叶和柠檬块捣碎。加入威士忌和冰块摇匀。把霍桑过滤器嵌入摇酒器，朱丽普过滤器放到岩石杯口，经过这般双重过滤，完全滤掉薄荷和柠檬碎渣。把滤入岩石杯的饮品饰以薄荷枝和柠檬片。

葡萄柚朱丽普 GRAPEFRUIT JULEP*

我的这款原创鸡尾酒是在朱丽普的基础上所做的非常自由的发挥，与我几年前为佛罗里达州的葡萄柚种植者以及为石榴红石榴汁所做的工作不无关系。葡萄柚和石榴的酸味令人愉悦，就像蔓越莓汁一样，酸味成分非常适合混合在鸡尾酒中。当时我在探索如何使用除单糖浆和利口酒以外的甜味剂，便将不同的糖浆混合在一起——蜂蜜糖浆和龙舌兰糖浆，或者将蜂蜜糖浆、龙舌兰糖浆和单糖浆都混在同一种鸡尾酒中。这种不寻常的混合方法产生的甜味，有一种温暖的层次感，非常耐人寻味，这种感觉是仅使用单糖浆无法产生的。所有这些元素组合起来就产生了一种清淡的夏日饮品，非常适合野餐时大量饮用。[或是用来庆祝奥斯卡金像奖颁奖仪式，2005年的颁奖仪式上就是喝的这款酒，当时我给这款酒起了石榴马提尼（Pomegranate Martini）这个名字。]在我创作出葡萄柚朱丽普几年以后，芬兰葡萄柚伏特加面世，在我看来它很可能是同类风味烈酒中最好的一个品种，所以就用在了我的配方里。

配方

2根薄荷枝

15毫升鲜榨青柠汁

15毫升蜂蜜糖浆（honey syrup，参见第247页）

15毫升龙舌兰糖浆（agave syrup，参见第247页）

44毫升伏特加（vodka），最好用芬兰葡萄柚伏特加（Finlandia Grapefruit vodka）

44毫升鲜榨葡萄柚汁

30毫升石榴红石榴汁（POM Wonderful pomegranate）

☞将1根薄荷枝放到调酒杯底部，然后将青柠汁、蜂蜜糖浆和龙舌兰糖浆浇到薄荷枝上，激发出薄荷油的风味，再加入伏特加、葡萄柚汁、石榴汁和冰块，摇匀。滤入装满碎冰的嗨棒杯，并像调制薄荷朱丽普一样搅拌至杯子外面结霜。用剩下的薄荷枝装饰。

配方

1平茶匙超细糖，或1~2块方糖，按
口味添加

3抖安高天娜苦精（Angostura
bitters）

2片橙子

2颗马拉斯奇诺酒浸樱桃（Maraschino
cherry）

1洒水或苏打水

59毫升波本威士忌（Bourbon）

☛小心地将糖、苦精、1片橙子、1颗樱
桃和1洒水或苏打水加入一个古典玻璃
杯，用捣棒轻压，去除果皮和果核，添
加波本威士忌和冰块，搅拌。用剩下的
橙片和樱桃装饰。

肯塔基州路易斯维尔的潘登尼斯俱乐部（Pendennis Club）声称古典鸡尾酒是自己原创的鸡尾酒，关于其做法有两种流派：添加捣碎的水果，或者不添加捣碎的水果。在其他条件相同的情况下，我总是偏爱添加了水果的。如果你翻阅本书，就会注意到很多款鸡尾酒中都混有水果——所以我属于前一种流派，这里是最终的添加水果的版本。但老派的古典鸡尾酒就是简单地将方糖、苦精和水一起搅拌至溶解，然后加入冰块与威士忌混合，并用柠檬皮装饰——没有新鲜水果。1862年出版的杰瑞·托马斯所著的《如何调制鸡尾酒》是第一本鸡尾酒专著，书中设定了鸡尾酒的标准定义：任何种类的烈酒、糖、水和苦精的混合饮品。书中所列的各种鸡尾酒，在制作方法上几乎完全一样。古典鸡尾酒就是指用该书中所提到的第一批鸡尾酒的调制方法制作的。添加水果是20世纪出现的做法，水果的添加使得古典鸡尾酒的风味变得柔和起来，变得更像潘趣鸡尾酒，并成为许多家庭都喜欢的感恩节或圣诞节晚餐前的传统饮品。

变化款

加威姜饼鸡尾酒ROYAL GINGERSNAP*

我受委托为加拿大皇冠威士忌创作一款鸡尾酒，结果很好，就是用橙子果酱代替糖，创作出了一种令人愉悦的节日饮品。

配方

超细糖，涂抹杯沿用

肉桂粉，涂抹杯沿用

2片橙子

1颗马拉斯奇诺酒浸樱桃（Maraschino cherry）

1吧匙（1茶匙）橙子果酱

7.4毫升肯顿生姜利口酒（Domaine de Canton）

59毫升加拿大皇冠威士忌（Crown Royal）

2抖安高天娜苦精（Angostura bitters）

火焰橙皮，装饰用

☛准备一个岩石玻璃杯：在盘子里将等份的超细糖和肉桂粉混合，用1片橙子润湿杯口边缘，使杯沿均匀涂上这种混合粉末（见第137页技术说明），将剩下的橙片和樱桃加入调酒杯底部，与果酱和生姜利口酒混在一起。加入威士忌、苦精和冰块，摇匀。滤入准备好的加了冰块的古典玻璃杯，然后用橙皮装饰。

皮姆杯 PIMM'S CUP

配方

44毫升皮姆杯1号（Pimm's No.1）
七喜柠檬汽水（7UP）
长黄瓜条，装饰用
青苹果片，装饰用

☞ 将皮姆杯1号和七喜柠檬汽水倒入加冰的嗨棒杯中混合。用黄瓜条和苹果片装饰。

1978年，我在贝尔艾尔酒店工作的第一周，一位客人点了玛格丽塔酒。我用标准预混料做好，把酒滑过吧台给他。"我不想要这种，"顾客说，"我想要一杯新鲜的玛格丽塔酒。"我不知道他到底指什么，所以不得不问他。我得到的回答是类似于"用新鲜果汁，你这个白痴"之类的句子。我从未意识到竟然可以这样调制鸡尾酒，同时立刻明白自己的专业储备有多么欠缺。经常光顾这个酒店的是石油大王阿曼德·哈默（Armand Hammer），赫赫有名的导演、制片人和演员劳伦斯·奥利维尔（Laurence Olivier），以及那些名气大到不屑于与比佛利山庄（Beverly Hills）酒店里的小明星和痞子们来往的大亨和巨星们，要在这么一家著名酒店的酒吧台做调酒师——并保住这份工作，我欠缺的显然还很多。我以前在吧台后面从未受到挑战，所以很无知——我不知道苏特恩是什么酒，不知道怎么调制新鲜鸡尾酒，不知道关于鸡尾酒的历史。

于是，我不得不采取一些快速有效的手段，便向曾在好莱坞和比佛利山庄附近的其他高端场所工作过的资深调酒师求教。（他们一定是看出来了，我当时虽然青涩，但日后必定能成长为一名像样的调酒师。）两名贵宾厅的资深服务员拉里（Larry）和理查德（Richard）开始向我介绍那些酒吧常客以及他们爱喝的饮品。其中有一种很奇怪但很受欢迎的鸡尾酒，是从英国传过来的，装在一个大的锡制杯子里，用琉璃苣（herb borage）做装饰，或者，如果没有琉璃苣，就用新鲜的薄荷枝装饰，加上黄瓜、苹果、橙子、柠檬、青柠、草莓——或所有这些水果。多年后我发现那种鸡尾酒一直是温布尔登网球公开赛用的"薄荷朱丽普鸡尾酒"。调制这款皮姆杯鸡尾酒，使用的是以金酒为基酒的开胃酒皮姆杯1号。皮姆杯1号发明于19世纪中叶，发明者是在伦敦金融区经营皮姆牡蛎酒吧的詹姆斯·皮姆（James Pimm）。詹姆斯·皮姆后来卖掉了酒吧及其名下的权利，他的继任者开始将这种酒装瓶出售给其他餐馆和酒吧，并很快远销国外。这个皮姆酒对我来说是全新的——金酒含有植物和奎宁的后味——我立刻就爱上了它，也立刻爱上了我做的皮姆杯鸡尾酒。我用一根长黄瓜条来做装饰，整条黄瓜从杯底伸展到杯口，让整杯饮品都浸润上黄瓜的味道，再加一片青苹果（绝不可以加红苹果）。我喜欢制作精良的皮姆杯鸡尾酒，一方面是因为它的味道，另一方面则是因为它为我开启了调制鸡尾酒的一段新的旅程。

成分说明

希娜利口酒

希娜（Cynar）利口酒虽然有着令人惊讶——甚至可以说令人震惊的风味基础：洋蓟（artichoke），却也是伟大的欧洲苦味开胃酒传统中的一种。希娜像金巴利酒（Campari）（希娜是金巴利酒业旗下的品牌）一样，具有多种草药风味。也像金巴利酒一样，希娜作为鸡尾酒主要成分时，很难讨好美国人的口味，但作为复杂鸡尾酒的辅助成分，却能增添有趣的风味。总体来说，希娜可以作为替代金巴利的一个很好的选择。话虽如此，希娜似乎在美国找到了一席之地，其出现在吧台后面的频率几乎和金巴利一样。

新鲜柠檬水皮姆杯鸡尾酒
FRESH LEMONADE PIMM'S CUP*

当我更习惯使用新鲜果汁后，便开始用新鲜柠檬水制作皮姆杯，而不是用英国人所说的七喜柠檬汽水（或任何柠檬青柠苏打水）。下面的版本将新鲜柠檬水和柠檬汽水混合使用。

配方

44毫升皮姆杯1号（Pimm's No. 1）
22毫升鲜榨柠檬汁
30毫升单糖浆（simple syrup）
苏打水
1洒七喜柠檬汽水（7UP），喜欢偏甜口味可选
长黄瓜条，装饰用
青苹果片，装饰用

☞将皮姆杯1号、柠檬汁和糖浆倒入鸡尾酒摇酒器中，加冰摇匀。滤入加冰的嗨棒杯，洒上苏打水和七喜（如果用的话）。用黄瓜条和苹果片装饰。

意大利风格皮姆杯
PIMM'S ITALIANO*

这款酒是对英式经典皮姆杯所做的意大利风格呈现，创作于2007年庆贺基思·麦克纳利（Keith McNally）的莫兰迪餐厅（Morandi）开业之际。一定要使用瓶装汤力水，不要使用散装售卖的品种。

配方

1个横切的圆黄瓜片和1个纵向切开的英国黄瓜长片
15毫升希娜利口酒（Cynar，参见第42页成分说明）
44毫升皮姆杯1号（Pimm's No. 1）
89毫升汤力水（tonic）
柠檬片，装饰用
青柠片，装饰用

☞将圆黄瓜片和希娜利口酒放入一个高玻璃杯，用捣棒将黄瓜捣碎。加入皮姆杯1号、汤力水和冰块搅拌。用长黄瓜片、柠檬片和青柠片装饰。

普施咖啡POUSSE CAFÉ

配方

7.4毫升红石榴糖浆（grenadine）

7.4毫升深色可可奶油利口酒（dark crème de cacao，参见第225页成分说明）

7.4毫升绿薄荷奶油利口酒（green crème de menthe）

7.4毫升蓝色库拉索（blue Curaçao）

7.4毫升路萨朵马拉斯奇诺樱桃利口酒（Luxardo Maraschino liqueur）

7.4毫升三重浓缩橙皮利口酒（triple sec）

7.4毫升白兰地（brandy）

☛小心地将上述每种成分按顺序沿吧匙背面缓慢倒入甜酒杯，一层一层叠加。（见本页右栏更详细的建议说明。）无须装饰即可端给客人。

在杰瑞·托马斯1862年版的《如何调制鸡尾酒》一书中，"高端鸡尾酒（Fancy Drinks）"部分包括三种普施咖啡配方——真正是终极精美饮品。调制得当的普施咖啡是给人视觉享受的杰作。虽然它喝起来味道可能不是最好的，但肯定是看起来最漂亮的鸡尾酒。调酒时一定得正确操作：手要稳，另外还需要一把吧匙和一个普施咖啡专用酒杯。手稳和不稳是天生的，如果你的手不稳，那么让你来调制普施咖啡和做心脏手术可能不是什么好主意。吧匙很容易找到，但不幸的是，由于这种饮品不流行已经有一段时间了，现在已很难找到完美的普施咖啡杯。普施咖啡杯看起来有点像一个大号的波尼杯，只是杯子顶部向外张开。

无论如何，只要你手稳，且能够找到吧匙和可接受的44～89毫升的普施咖啡杯，就把第一种成分倒入杯中大约0.635厘米的高度。然后把吧匙放进杯子，吧匙尽可能深地插入玻璃杯中，吧匙背面的凸面朝上。调整吧匙尖的位置，让吧匙尖尽量靠近或接触杯子侧壁。现在开始一层层倒入各种成分——每一层都大约0.635厘米高度——倾倒时慢慢地、小心地将液体浇在吧匙背凸面，让每种液体成分顺着杯子侧壁流下，轻轻地漂浮在前一层的上面。倾倒时手一定要稳且速度要非常缓慢，以避免搅动上一层液体。（顺便说一句，普施咖啡杯的形状，允许我们把吧匙背翻过来插入杯中，使得我们可以把液体倒在吧匙背凸面上——玻璃杯顶部的喇叭口使得我们可以把吧匙稳当地放进杯子中。）配方的种类数量实际上无关紧要，但每一种成分都应该是等量的，且含糖量最多的——也就是最重的成分——必须先倒进杯子底部。当你最终小心翼翼地完成操作后，一定要告诉客人喝普施咖啡不能搅拌，要一层一层地喝，如果一搅拌，调酒师就会伤心哟。

B-52

这种现代分层饮品据说是1972年在马里布（Malibu）的爱丽丝（Alice）餐厅发明的，但无论是事实还是餐厅里的任何人都不支持这种传说，所以虽然不无遗憾，我还是不得不承认我们对它的起源一无所知。不过，猜想这款烈性酒的名字与携带核弹的飞机有关也并不离谱。

配方

22毫升甘露咖啡利口酒（Kahlúa）
22毫升百利甜酒（Baileys Irish Cream）
22毫升柑曼怡（Grand Marnier）

☞将甘露咖啡利口酒倒入甜酒杯底部。按照第44页介绍的操作技巧，把百利甜酒倒在吧匙上，让液体沿玻璃杯侧壁滴下来并漂浮于甘露咖啡利口酒的上面，同样的方法倒入柑曼怡。无须装饰即可端给客人。

黄金年代

"唯一的威廉"——是威廉·施密特（William Schmidt）在他1891年出版的《这一大杯酒：喝什么以及何时喝》（*The Flowing Bowl: What and When to Drink*）一书的扉页中对自己的称呼。这本书收集的资料完善详细得令人难以置信，其中一章的标题是"生理学和饮食"，在该章的结尾他非常热情澎湃地呼吁人们反对高涨的禁酒运动浪潮。他的两个普施咖啡配方超越了那个时代的其他人，把各种甜酒一层一层叠加起来，并配以火焰橙皮展示——火焰橙皮技术在一个世纪后成了我在彩虹居临街酒吧的招牌性绝技。

200.普施咖啡

1个雪利酒杯
　1/6玫瑰甜酒（crême de roses）或者木莓糖浆（raspberry syrup），
　1/6马拉斯奇诺樱桃利口酒（maraschino），
　1/6库拉索（curaçao），
　1/6修士甜酒（benedictine），
　1/6查特酒（chartreuse）（绿色的），
　1/6白兰地（brandy），每一种单独倒入。
可以在最上层滴上一两滴苦精（bitters），并点燃白兰地，将一小片橙皮的精油挤出来滴在燃烧的白兰地上，会产生好看的火焰效果。

201."世界"的普施咖啡

1/4马拉斯奇诺樱桃利口酒（maraschino），
1/4玫瑰甜酒（crême de roses），
1/4修士甜酒（benedictine），
1/4白兰地（brandy），每一种单独倒入。在中心滴上一点苦精（bitters），点燃白兰地，端给客人。

硬汉 ROB ROY

配方

59毫升混合苏格兰威士忌（blended Scotch）

30毫升意大利甜味美思（Italian sweet vermouth）

贝乔苦精（Peychaud's bitters）按口味添加，选用

柠檬皮，装饰用

☛将苏格兰威士忌、味美思和苦精倒入加冰的调酒杯中，再像做马提尼一样搅拌。滤入冰镇过的鸡尾酒杯，并用柠檬皮装饰。

比尔·格莱姆斯（Bill Grimes）在他的那部精彩著作《加冰还是不加冰》（Straight Up or On the Rocks）中提到，这种鸡尾酒起源于19世纪90年代百老汇的一场名为《硬汉》（Rob Roy）的戏剧。这款酒发明于老华尔道夫大酒店，也称亲密关系（Affinity），其实就是用苏格兰威士忌取代波本威士忌制成的曼哈顿（这就是年轻的调酒师记忆其配方的方式）。回到1930年，当哈里·克拉多克最初写《萨沃伊鸡尾酒书》时，其标准配方是等份的苏格兰威士忌、甜味美思和干味美思。这口感在今天来说太甜了，所以我在此给出的是更为干型的配方，其中还包括苦精。不过有很长一段时间我没有使用苦精，因为安高天娜苦精的肉桂和多香果味与烟熏苏格兰威士忌不太搭。但后来我熟悉了贝乔苦精之后，发现它的茴香樱桃味其实与苏格兰威士忌是绝配。所以如果你有的话，就用贝乔苦精，或者干脆不用苦精。至于苏格兰威士忌，混合型是传统的选择——通常是像尊尼获加红方威士忌（Johnny Walker Red）这样的中等混合型，甚至是口感更轻盈的款式，如珍宝（J&B）或顺风（Cutty Sark）。但是如果你想使用单一麦芽类型，请避开任何烟熏味重、泥煤味重的艾雷岛麦芽或其同类产品，要使用像格兰杰（Glenmorangie）这样的较轻盈的类型，格兰杰其实是偏离混合麦芽后的第一个等级——也就是说，最接近混合型麦芽的单一麦芽威士忌。格兰杰单独喝可能并不是最理想的品种，但却是与甜味美思混合饮用的上好选择。

其他变化品种

完美硬汉（PERFECT ROB ROY）：59毫升苏格兰威士忌（Scotch），等份干味美思（dry vermouth）和甜味美思（sweet vermouth），每份15毫升，加上贝乔苦精（Peychaud's bitters）。

干型硬汉（DRY ROB ROY）：在我当调酒师的时代非常受欢迎。仅使用22毫升干味美思（dry vermouth），不加甜味美思（sweet vermouth），加上贝乔苦精（Peychaud's bitters）。

萨泽拉克 SAZERAC

贝乔一家是18世纪90年代圣多明戈岛（Santo Domingo）（后来的海地）奴隶起义的难民，安托万·贝乔（Antoine Peychaud）在新奥尔良的皇家街经营一家药店。他是共济会成员，他的药店经常召开分会会议。贝乔会提供一种用干邑白兰地和他专有的苦精调制的饮品作为会议饮品。多年来，围绕着鸡尾酒一词的诞生流传的五彩缤纷的故事，多半以贝乔当年上饮品时所用的双面小蛋杯为中心展开。法国人称这些杯子为coquetries，美国人将这个词改为cocktay，后来到19世纪初期又改为cocktail。很遗憾，贝乔药剂师的故事并不是这个词的真正来源：鸡尾酒一词的定义最早是出现在1806年5月13日出版的《天平与哥伦比亚知识宝典》（*Balance and Columbian Repository*）周报上，当时贝乔才两岁。但是我真心不喜欢用事实来毁掉一个美好的故事。

虽然贝乔的药店不是鸡尾酒这个词的来源，但却是后来被称为萨泽拉克的这款奇妙的鸡尾酒的发源地。当时在新奥尔良，最受欢迎的干邑白兰地由位于法国利摩日（Limoges）的福尔热父子萨泽拉克公司（Sazerac de Forgeet Fils）酿造，这款酒也因此得名。啜饮这款经典美国鸡尾酒，含有各种香料和药草成分的苦精加上柠檬油，和胡椒、黑麦混在一起，与苦艾酒中的苦茴香交相辉映，那感觉实在太美妙了！萨泽拉克需要经过冰镇但不加冰就上桌，随着温度的升高，味道会绵绵延伸开来，每一口都散发出一种新的味道。

这款酒在新奥尔良曾一度成为传奇，那里的酒吧会以这款酒命名，就像1859年开业的约翰·席勒家萨泽拉克咖啡馆（John Schiller's Sazerac Coffee House）。（当地人喜欢把酒吧称为咖啡馆，也欢迎女性与她们的男人一起来喝酒，禁酒令之前在美国其他地方这种风俗并不流行，禁酒期间开张的地下酒吧才对男人和女人一起开放了大门。……为何不呢？反正当时整个酒吧行业都是非法的。）请注意，调制萨泽拉克要用到两个岩石杯，这种传统的产生，不过是当时调酒师没有各式各样的系列混合工具和容器，只好根据常识选取顺手的容器罢了。

配方

1粒方糖，如果喜欢偏甜的口味就用2粒
3或4抖贝乔苦精（Peychaud's bitters）
59毫升黑麦威士忌（rye whiskey）
1洒路西德苦艾酒（Lucid absinthe）或保乐（Pernod）或其他苦艾酒替代品（参见第12页成分说明）
柠檬皮，装饰用

拿两个岩石杯，用其中一个装满冰块进行冰镇供稍后上酒用。在另一个杯子中调制饮品：将方糖和苦精放到杯底，用捣棒将方糖捣碎，让糖溶化；加1洒水可以加速方糖的溶化过程。加入黑麦威士忌和几个冰块，搅拌冷却。取冰镇备用的岩石杯，将冰块倒掉，加入1洒苦艾酒或保乐，旋转杯子使杯体内壁均匀覆盖一层苦艾酒，然后倒出杯中残留酒液，将刚才冷却的混合物滤入杯中。将柠檬皮在杯子上面挤出精油，然后放进饮品中进行装饰。

黑色玫瑰 BLACK ROSE

这种对萨泽拉克的有趣演绎是波本威士忌的变化款——从干邑白兰地饮品到黑麦威士忌再到这款黑色玫瑰鸡尾酒的漫长演变。

配方

59毫升波本威士忌（Bourbon）
1抖红石榴糖浆（grenadine）
2抖贝乔苦精（Peychaud's bitters）
火焰柠檬皮（参见第249页），装饰用

☞用一个古典杯装满3/4杯冰块。加入波本威士忌、红石榴糖浆和苦精搅拌。用柠檬皮装饰。

戴尔的萨泽拉克 DALE'S SAZERAC*

多年来，随着美国人的口味从干邑白兰地转换到威士忌，基于黑麦威士忌而不是干邑白兰地的萨泽拉克便出现了。下面的配方是我自己的改造，综合使用了东西两半球最好的品种调制出来的鸡尾酒。

配方

30毫升 VS干邑白兰地（VS Cognac）
30毫升黑麦威士忌（rye whiskey）
15~22毫升单糖浆（simple syrup），根据口味添加
2抖贝乔苦精（Peychaud's bitters）
2抖安高天娜苦精（Angostura bitters）
1洒路西德苦艾酒（Lucid absinthe）或保乐（Pernod）或其他苦艾酒替代品
柠檬皮，装饰用

☞取两个岩石杯，用其中一个装满冰块进行冰镇供稍后上酒用。在另一个杯子中调制饮品。在调制用的岩石杯中，将干邑白兰地、黑麦威士忌、糖浆和两种苦精进行混合。加入几个冰块，搅拌冷却。取冰镇备用的岩石杯，将冰块倒掉，加入1洒苦艾酒或保乐，旋转杯子使杯体内壁均匀覆盖一层苦艾酒，然后倒出杯中残留酒液，将刚才冷却的混合物滤入杯中。将柠檬皮在杯子上面挤出精油，然后放进饮品中进行装饰。

苦艾酒泡沫 ABSINTHE FOAM

我决定用19世纪的萨泽拉克找点乐子，给它增加一点21世纪的格调，于是便去掉液体成分中的苦艾酒，以另一种形式来呈现风味：将其作为泡沫加到饮品上。如果使用了苦艾酒泡沫，这款酒的配方中就要去掉苦艾酒或苦艾酒替代品。我们需要一个泡沫罐；我建议用ISI's的冷热两用1/2升不锈钢保温真空奶油泡沫罐搭配奶油发泡气囊。（有关泡沫制作的更多信息，参见第250页。）

用一个1/2升的奶油泡沫罐做的泡沫足够调制15~20杯鸡尾酒

2张明胶片，每张约23厘米×7厘米
1/2杯超细糖

118毫升路西德苦艾酒（Lucid absinthe）或苦艾酒替代品
59毫升乳化蛋清

📪 把拧开盖的空奶油泡沫罐放进冰箱冷藏室，不要放冷冻室。往平底锅内加入296毫升水，开小火加热。放入2张明胶片，慢慢搅拌至完全溶化。关火，加入糖，继续搅拌直至糖溶解。放凉后，加入苦艾酒和蛋清，搅拌均匀。用细滤网将混合物筛入金属碗中；将碗放入冰桶冷却。

将473毫升混合物加入罐中。拧紧盖子，要确保完全拧紧。再把奶油发泡气囊拧上，这时会听到气体快速逸出的声音，这是正常的。然后把罐子倒过来，用力摇晃均

匀，泡沫就做好了。

不用时，储存在冰箱里即可。每次使用前，把奶油泡沫罐倒置并充分摇晃，然后尽量把罐子竖直颠倒起来拿稳了，轻轻地按压压嘴，把泡沫慢慢地沿杯子内沿向中心划圈挤到饮品顶端。罐子空了以后，要对着水槽按压压嘴，确保气体完全喷出，然后取下盖子，按照产品说明书进行清洁。

成分说明

黑麦威士忌

从殖民时代一直到20世纪后期，黑麦威士忌一直是在位于宾夕法尼亚州的莫农加希拉河谷（Monongahela River Valley）蒸馏酿造，1794年，反对课征高额酒税的威士忌起义（Whiskey Rebellion）即在此爆发。美国独立战争期间，莫农加希拉河谷的酿酒厂曾为乔治·华盛顿（George Washington）的军队供酒。但到1990年，宾夕法尼亚州引以为豪的蒸馏酿酒传统走到了尽头，之后，美国的黑麦威士忌主要出产自肯塔基州。2006年，随着蓝士兵美式干金酒（Bluecoat dry gin）的畅销，蒸馏酒传统开始回归宾夕法尼亚州，而且由当地土豆制成的土豆伏特加可能要开始发力追赶了。

托迪 TODDY

配方

15毫升黑朗姆酒（dark rum，参见第131页成分说明）
15毫升黑麦威士忌（rye whiskey）或波本威士忌（Bourbon）
15毫升鲜榨柠檬汁
30毫升蜂蜜糖浆（honey syrup）
89~118毫升热茶或热水
柠檬皮，装饰用

☞在一个大高脚杯中，加入朗姆酒、威士忌、柠檬汁和蜂蜜糖浆混合，倒入热茶或者热水并搅拌几次。用柠檬皮装饰。

托迪这个品类——糖、水和任何种类的烈酒——要比鸡尾酒出现的时间靠前（鸡尾酒是采用相同的成分加上了苦精，而司令鸡尾酒是采用相同的成分，但添加了肉豆蔻之类的香料）。最初的托迪要么是热的要么是冷的，更常见的是前者，这是长期流传的主要形式。名字可能来自一种叫作托迪棒的东西，类似于搅拌棒，在酒馆和旅馆中用来捣碎香料。在殖民时代，糖通常是一大块，使用时必须先弄成碎块，然后再将碎块捣碎成粉末，可能就是用托迪棒来捣碎。[传说托迪棒和托迪酒都是以托迪·罗伯特（Robert Toddy）的名字命名，托迪是纽约一家名为"黑马酒馆（Black Horse Tavern）"的殖民特色小酒馆的老板。]无论如何，幸存到今天的热托迪并没有一个确切的配方，因为它只是一个大致的创意。在我看来托迪酒主要还是一款随意的家庭配方：用热茶或热水，甚至是热苹果汁；再加上一种甜味剂，通常是蜂蜜，但也可以是枫糖浆；加上柠檬汁或柠檬皮或两个都加；最后，再加入一种烈酒，最常见的是朗姆酒，但有时在北方是加白兰地，到南方就加波本威士忌，也许还有苹果白兰地。托迪不是在酒吧可以经常点到的鸡尾酒，在某些热衷历史的调酒师的酒单上可能才会有托迪。但它实在适合12月下旬的气氛，在熊熊的火炉前，和一群亲朋好友深陷在舒适的沙发中，人人手捧一杯托迪是再合适不过的了。

热茶托迪 CHAI TODDY*

配方

44毫升香料朗姆酒（spiced rum）
1抖薄荷杜松子酒（peppermint schnapps）
1茶匙蜂蜜
118毫升热茶
薄荷棒，装饰用

☞在马克杯或高脚玻璃杯中，混合朗姆酒、薄荷杜松子酒和蜂蜜。添加热茶并搅拌。饰以薄荷棒。

10年前，我从未听说过鸡尾酒配方里用茶，但突然之间到处都有茶了。热茶与薄荷混合是一种天然的搭配，再加入朗姆酒并不是太大的飞跃。搭配薄荷的风味除了薄荷杜松子酒，其他品种的优质欧洲烈酒，如金箔酒（goldschläger）或黄金水（goldwasser）也会很好用。

热黄油朗姆酒 HOT BUTTERED RUM

配方

30毫升黑朗姆酒（dark rum）或香料朗姆酒（spiced rum）
30毫升淡朗姆酒（light rum）
22毫升单糖浆（simple syrup）
热水或热苹果汁
1/2汤匙假日复合黄油（holiday compound butter，参见第53页成分说明）
肉桂棒，装饰用

☞在高脚杯中，将深色和浅色朗姆酒与糖浆混合。加入热水或热苹果汁并搅拌混合。加入黄油，搅拌几次使其开始溶化。用肉桂棒装饰。

我们可能认为托迪更具有药用效果而并不好喝好玩（我记得生病的时候，奶奶都会给我做托迪喝——每个奶奶都有她自己的托迪版本），但热黄油朗姆酒绝对适合节庆场合饮用。如果是圣诞节前几天，刚刚滑了一整天的雪，回到度假小屋中，又冷又累但心情很好，急需喝一杯让自己暖和起来，那么来上一杯热黄油朗姆酒绝对是正确的选择。现在朗姆酒再度成为流行的烈酒，我们的配方可能包括加香料的或酒体重的朗姆酒，但我们没有理由不能将白兰地或干邑白兰地和朗姆酒混起来喝，也可以用红糖糖浆甚至蜂蜜糖浆代替单糖浆。和血腥玛丽一样，调制这款酒完全可以尽情发挥。

黑醋栗托迪 BLACK CURRANT TODDY*

亨利爵士（Hendrick's）金酒首发之际，他们公司要求我调制一些鸡尾酒在英国推广这个品牌。英国人对果冻和果酱很着迷，于是，我决定使用各种英国原料来做这个推广，选择了伯爵茶（Earl Grey tea）和在伦敦能大量找到的超优质果冻和果酱来进行试验。果冻和果酱是调制鸡尾酒的绝妙原料，几乎与真正的水果加上糖浆捣碎一模一样，还额外具有蜜饯通常都带的一点点香料和柑橘味。最终经过试验和探索，我成功创作出了一种美妙的托迪变化款，一种酸酸甜甜的饮品，凉饮托迪，而非热托迪。

配方

44毫升亨利爵士金酒（Hendrick's gin，参见第244页成分说明）

7.4毫升约翰·D.泰勒天鹅绒法兰勒姆（John D. Taylor's Velvet Falernum，参见第205页成分说明）

15毫升蜂蜜糖浆（honey syrup），水和蜂蜜的比例为2：1

22毫升鲜榨柠檬汁

22毫升冷茶，如伯爵茶或绿茶，或水

1平茶匙优质黑醋栗蜜饯或果冻

火焰橙皮，装饰用

螺旋橙皮，装饰用

将金酒、法兰勒姆、蜂蜜糖浆、柠檬汁、茶以及蜜饯倒入加冰的调酒杯中摇匀。用滤茶器将混合物滤入冰镇过的碗形杯。将火焰橙皮扔进液体中，螺旋果皮插在杯子边缘用作装饰。

成分说明

假日复合黄油

办一个正常规模的派对，需要做假日复合黄油，很容易做得太多，但数量少了做起来并不容易——事实上会更难——那么就干脆放开了去做。用一个搅拌碗软化450克无盐黄油。加入1茶匙肉桂粉、1茶匙现磨肉豆蔻、1茶匙磨碎的多香果粉、1/2茶匙丁香粉和1/4杯红糖，搅拌均匀至彻底融合。用一张蜡纸将上述黄油混合物卷成原木状或长方体——看你的选择了——放置于冰箱成型。当黄油变硬后，把它切成单人份用量的块状——每个1茶匙大小或者干脆每次用多少切多少。无论采用何种方式，每次使用前都要把黄油软化并再次加热后再端给客人——我们不建议把直接从冰箱里拿出的凉黄油放入热饮中。

第八区 WARD EIGHT

关于许多鸡尾酒的发明都流传着未经证实的故事，大体是在某个特定酒吧中的特定调酒师，出于某种原因为某个特定客户量身定制，并且多是受了天知道的某种启发而产生的灵感。细节翔实且又经过证实的真实故事却很罕见，但是，关于第八区鸡尾酒的故事就是这样的罕见情形。1898年大选前夜，为庆祝亨利爵士俱乐部（Hendricks Club）政治机器的成员、民主党人马丁·洛马斯尼 (Martin Lomasney) ——当然是出自第八选区——在选举中即将获胜入主马萨诸塞州总法院，位于波士顿的洛克–奥伯餐酒馆（Locke–Ober Café）的汤姆·哈逊（Tom Hussion）特别调制了这款酒。[埃里克·费尔顿经过勤奋的研究，在其著作《你的酒怎么样？》（How's Your Drink?）中将这次选举的日期从1898年更正为1896年，并对第八区鸡尾酒是不是为了庆祝洛马斯尼先生的选举表示怀疑。也许他的怀疑是对的，但在1898年的波士顿第八区，如果要为了他们的恩主发明一种饮品并举杯庆祝的话，就肯定是为了洛马斯尼先生了！]故事的结局是非常具有讽刺意味的情形，因为洛马斯尼先生竟然是禁酒令的坚定支持者，但他的政治生涯带来的最持久的影响却基本上只是一种含有红石榴糖浆的酸味威士忌。当时，酒吧是政治行动中心，国会议员和参议员组织竞选活动都是在酒吧，而不是在租用的办公室里。在选举后要获得在卫生、警察或消防部门的任职，就要去酒吧——去当地酒吧寻求地方支持。所以对于附近的酒吧你要保持诚实，不仅仅是因为调酒师记住了你最喜欢的饮品，也因为在酒吧作弊意味着更大的后果：这意味着欺骗你的候选人、官员和政党，意味着背叛。

配方

59毫升黑麦威士忌（rye whiskey）
30毫升单糖浆（simple syrup）
22毫升鲜榨柠檬汁
7.4毫升红石榴糖浆（grenadine）
马拉斯奇诺酒浸樱桃（Maraschino cherry），装饰用

☞将威士忌、糖浆、柠檬汁和红石榴糖浆倒入加冰的调酒杯中摇匀。滤入古典玻璃杯或特制的酸酒杯并用樱桃装饰。

基本现代经典鸡尾酒

美国丽人鸡尾酒 AMERICAN BEAUTY COCKTAIL·百加得鸡尾酒 BACARDI COCKTAIL·蜜蜂的膝盖 BEE'S KNEES·贝利尼BELLINI·宝石鸡尾酒BIJOU·碧血黄沙 BLOOD AND SAND·阿尔及利亚鸡尾酒 COCTEL ALGERIA·殖民地鸡尾酒 COLONY COCKTAIL·四海为家COSMOPOLITAN·杜本内鸡尾酒DUBONNET COCKTAIL·总统鸡尾酒 EL PRESIDENTE·吉姆雷特 GIMLET·爱尔兰咖啡 IRISH COFFEE·基尔 KIR·长岛冰茶 LONG ISLAND ICED TEA·玛格丽塔 MARGARITA·含羞草MIMOSA·猴腺 MONKEY GLAND·内格罗尼NEGRONI·粉红佳人 PINK LADY·斯托克俱乐部鸡尾酒 STORK CLUB COCKTAIL·白色丽人WHITE LADY

2O世纪90年代中期我在谈到四海为家这款酒时，第一次用"现代经典"来形容鸡尾酒。虽然四海为家是一种现代配方，但显然绝对不会只是风靡一时——它会流传下来，并且经过各种经典品种的较量，必将成为酒吧标准酒单的永久固定品种。后禁酒时代悠久的鸡尾酒发明传统中那些流传了下来的品种，都可以归入现代经典范畴，四海为家只是其中最新的一个品种。后禁酒时代发明的这些现代经典鸡尾酒不是最初的经典鸡尾酒，却经受住了时间的考验。

20世纪的许多鸡尾酒发明都是广告这一典型的20世纪产物助推的结果。直到禁酒令之后，酒类厂商才发现通过创作鸡尾酒来推广品牌所能产生的力量。血腥玛丽、螺丝刀和莫斯科骡（均在"基本嗨棒鸡尾酒"章节）都诞生于斯米尔诺夫（Smirnoff）伏特加的营销活动；爱尔兰咖啡引起了人们对爱尔兰威士忌的注意；玛格丽塔实际上向美国介绍了龙舌兰酒；科德角是美国蔓越莓公司的创意；杜本内鸡尾酒当然是为了展示杜本内的产品。四海为家本身是为试销一款叫作柠檬味绝对伏特加的新产品而创作的。

倡导废除禁酒令的派别做出了妥协——为了结束禁酒令——给予州和地方政府控制酒精饮品消费和销售的权力。到了后禁酒时代，美国制定了种种拜占庭迷宫式的错综复杂的法律法规，早年丰富的鸡尾酒文化便被扼杀了。在控酒州中对酒类的销售进行严格的指导，政府拥有或控制着酒类零售商店。州政府只购买他们认为畅销的产品，这样一来，调酒师和消费者制作经典鸡尾酒所需的多种成分往往就难以买到了。在另外一些州里，往往整个县都禁止销售酒类。于是很多酒类生产商便懒得生产纽约、伊利诺伊和加利福尼亚这几个大市场以外所需的任何品种了。这样一来，鸡尾酒文化便远没有禁酒令之前那么丰富多彩了。更何况接下来就是波及全国的大萧条——紧接着又是一场相当大规模的战争。

因此，直到二战结束后，鸡尾酒文化才终于开始复兴，美国开始从威士忌和金酒转向伏特加，在接下来的半个世纪里，美国发明的火爆流行的鸡尾酒中有很大一部分都是基于伏特加而创作的。但在20世纪50年代，曼哈顿、金酒马提尼以及波本长老会和威士忌嗨棒酒，加上颇有名气的殖民地（Colony）餐厅、斯托克（Stork）俱乐部，还有其他一些夜总会里提供的自家特色鸡尾酒，也仍然有其消费群体。然后，到20世纪60年代，随着很多嗨棒类以及像玛格丽塔和含羞草这种异国情调的鸡尾酒的推出，整个蔓越莓系列的鸡尾酒品种开始大受欢迎。

这一切到了20世纪70年代戛然而止，当时整整一代年轻人的兴趣来得快去得也快。葡萄酒大举进军美国市场，因此像基尔的配方获得了新的人气，吸大麻者喜欢喝的大壶廉价葡萄酒也大火特火。但是突然之间，人们的首选饮品变成了霞多丽白葡萄酒（chardonnay）、巴黎水（Perrier，一种天然含气矿泉水）和泰布汽水（Tab，可口可乐公司推出的首款无糖汽水）。全国几乎没有熟练的调酒师。苏打喷射枪毁掉了嗨棒，粉状混合物毁掉了酸味鸡尾酒，美国人干脆不再点比嗨棒复杂的任何其他品种的鸡尾酒了。

一直到20世纪80年代中后期，烹饪革命如火如荼地开展起来——强调新鲜的时令食材、融合美食、十足的风味和无限的餐饮选择——开始影响鸡尾酒。于是上述令人遗憾的状况才得以结束。人们开始对酒吧里腐烂的平庸文化说不，开始拒绝掩盖调酒技巧不足的人工合成品，开始讨厌为了快捷而创造出来的产品，开始要求饮品中使用真正的、新鲜的时令原料。优质进口伏特加，如芬兰伏特加（Finlandia）、苏联红（Stolichnaya）以及绝对（Absolut）伏特加进入了美国；美国的威士忌制造商开始生产高价单批量瓶装酒。奢侈高端品牌酒的时代开始了。

乔·鲍姆来聘请我为奥罗拉高级餐厅开发酒水单，他对我说："戴尔，咱们要想办法调制出绝妙的鸡尾酒，让人们重新开始喝鸡尾酒。"如果发现可以喝到使用新鲜的青柠汁加上苦精恰当调制的皮斯科酸酒，人们下次就还会来喝。这就是我在奥罗拉的工作。之后，为了1987年彩虹居的重新开放，我创造了一个经典鸡尾酒单，开启了鸡尾酒的新时代。记者开始报道这些鸡尾酒的优秀品质，当然还有彩虹居本身的魔力——令人惊叹的天际线景观、旋转舞池、摇摆乐团的现场演出、经典服务、经典菜肴，再配以经典鸡尾酒，完完全全地回归浪漫。全国的年轻调酒师都开始重新发掘经典配方——在纽约、旧金山以及两地之间的小城市里无不如此。被称为四海为家的现代经典诞生了，让鸡尾酒在一个世纪中的起起落落以圆满收场——而且，谢天谢地，到今天仍得以继续风靡。♛

美国丽人鸡尾酒
AMERICAN BEAUTY COCKTAIL

在这款绝妙的美国丽人鸡尾酒中，甜味成分用量很小，只是作为辅助的风味点缀；因为使用了干味美思、白兰地和橙汁，这款酒整体上的风味并不甜；红宝石波特酒赋予的外观特征很可能就成了这款酒命名的缘由。这是一款平衡而复杂的饮品，有着粉红色外观和细腻的质地，不管是观看还是啜饮这款酒都是让人愉悦的事情。

成分说明

味美思

当需要味美思时，我使用法国干味美思或意大利甜味美思。这是个人喜好，也是我这一代或更老一代的许多调酒师的信条。味美思（它是一种葡萄酒产品而不是烈酒）需要在冰箱存放，不过即使它颜色变黑了，也仍然可以在煎小牛排后用它来浸泡去除粘在平底锅上的碎渣，只是不能再用来调制鸡尾酒了。我的建议是，除非你经营商业酒吧或很喜欢加很多味美思的马提尼酒，你应该买小瓶的味美思，不然就会浪费太多。坚持使用诺瓦丽·普拉等法国品牌干味美思和马提尼&罗西等意大利品牌甜味美思。味美思是在桶中陈酿、调味、过滤、煮熟并用酒精强化保存的葡萄酒产品——发明于18世纪意大利的都灵，可能是由卡帕诺（Carpano）一家在与他们同名的咖啡馆里发明出来的。第一张都灵味美思许可证于1840年颁发给了那家后来成为马提尼&罗西的公司。甜味美思是意大利人最早开始生产的，并且至今仍然是意大利产的最好。

配方

22毫升白兰地（brandy）
22毫升法国干味美思（French dry vermouth）
22毫升鲜榨橙汁
2抖红石榴糖浆（grenadine）
2抖单糖浆（simple syrup），选用
1抖绿薄荷奶油利口酒（green crème de menthe），选用
15毫升红宝石波特酒（ruby port）
1片玫瑰花瓣，有机的或仔细洗干净

☞将白兰地、味美思、橙汁、红石榴糖浆和单糖浆（可选）以及绿薄荷利口酒倒入加冰的调酒杯中摇匀。滤入一个小鸡尾酒杯，在顶部轻轻倒入红宝石波特酒并用玫瑰花瓣装饰。

百加得鸡尾酒 BACARDI COCKTAIL

配方

115毫升百加得白朗姆酒（Bacardi white rum，参见第61页成分说明）
22毫升单糖浆（simple syrup）
22毫升鲜榨柠檬汁
1茶匙红石榴糖浆（grenadine）

☛将朗姆酒、单糖浆、柠檬汁和红石榴糖浆倒入加冰的调酒杯中摇匀。滤入小鸡尾酒杯。

百加得鸡尾酒多年来一直备受争议，而且是纽约州最高法院于1936年4月28日判决的对象，此次判决要求，只有使用百加得朗姆酒制作的鸡尾酒才可以被称为百加得鸡尾酒。（在那个时代，司法部门承认了使用百加得朗姆酒的优先权。）但不管它叫什么名字，也不管用了什么牌子的朗姆酒，有些人会断言百加得只不过是一种使用红石榴糖浆代替糖的戴吉利酒。但那些人忘记了百加得鸡尾酒是后禁酒时代的四海为家鸡尾酒，是很多酒吧里广受欢迎的一种特色鸡尾酒，也正因此，百加得（Bacardi）公司才提起了并不当真但却获得成功的诉讼。那款大萧条时期的鸡尾酒与这里的版本略有不同，它使用的唯一的甜味剂是用石榴制作的红石榴糖浆。我觉得太酸了，因为真正的石榴做的红石榴糖浆几乎不可能找到，我便使用红石榴糖浆作为着色剂，并用单糖浆来增甜。

百加得鸡尾酒，丽兹版
BACARDI COCKTAIL,RITZ VERSION

这是改编自弗兰克·迈耶的著作《调酒的艺术》（1936）中的配方，其中包括迈耶所做的一个有趣的添加成分，可能是为了在酒中引入法国产品：味美思。

配方

44毫升白朗姆酒（white rum），最好是百加得（Bacardi）白朗姆酒
15毫升法国干味美思（French dry vermouth）
15毫升鲜榨柠檬汁
15毫升单糖浆（simple syrup）
1茶匙红石榴糖浆（grenadine）

☛将朗姆酒、味美思、柠檬汁、单糖浆和红石榴糖浆倒入加冰的调酒杯中摇匀。滤入冰镇过的鸡尾酒杯。

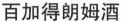

成分说明

百加得朗姆酒

百加得公司于1862年在古巴圣地亚哥成立，在1960年古巴大革命之前一直在那里，逐渐发展成为世界上最受欢迎的朗姆酒品牌。百加得公司现在位于巴哈马的新普罗维登斯（New Providence），半个世纪以来仍然在朗姆酒市场占有绝对的主导地位，其品牌的长寿的确是引人注目的。其创始人唐·费昆多·百加得（Don Fecundo Bacardi）采用了当时的新技术，使用了柱式蒸馏器，彻底改变了朗姆酒的生产方式，生产出了一种纯粹的中性风格朗姆酒。这种朗姆酒在桶中陈酿一年，然后经过滤去除老化过程产生的各种颜色，为鸡尾酒带来了一种清透的基酒。但在当今追求浓郁风味的时代，强调工匠风格的朗姆酒开始回归，如法国农业朗姆酒（由甘蔗糖浆而不是糖蜜蒸馏），就从差不多由百加得发明的中性风格朗姆酒市场中分走了一部分小众市场。然而，作为中性朗姆酒风格的典范，百加得在进入市场150年后仍然是世界上最畅销的朗姆酒。

蜜蜂的膝盖 BEE'S KNEES

配方

59毫升金酒（gin）
22毫升蜂蜜糖浆（honey syrup）
15毫升鲜榨柠檬汁
柠檬皮，最好用火焰柠檬皮，装饰
　用

☞将金酒、蜂蜜糖浆和柠檬汁倒入
加冰的调酒杯中摇匀。滤入冰镇过
的鸡尾酒杯，并用柠檬皮装饰。

早在以金酒为主导的20世纪30年代，在伏特加盛行之前，蜜蜂的膝盖是一种新奇的鸡尾酒，让调酒师开始考虑自殖民地时期以来首次使用蜂蜜为鸡尾酒增加甜味。蜂蜜糖浆赋予单糖浆根本无法提供的温暖和风味，加上花香，可以很好地平衡柑橘类的酸味以及芳香剂和烈酒中的苦味。调制如戴吉利或玛格丽塔之类的以纯净、简单为风味特征的鸡尾酒时，你不会想用蜂蜜作为甜味剂，因为其甜美的花香风味会破坏鸡尾酒风味的纯度。但事实上，蜜蜂的膝盖是以蜂蜜为基础的鸡尾酒，所以就不碍事了——蜂蜜就定义了这款酒的风格。

变化款

蜜蜂之吻 BEE'S KISS

这种白朗姆酒版本用奶油制成，是一种更浓郁的鸡尾酒。

配方

44毫升白农业朗姆酒（rum agricole，参见本页成分说明）

30毫升高脂浓奶油

22毫升蜂蜜糖浆（honey syrup）

将朗姆酒、奶油和糖浆倒入加冰的调酒杯中摇匀。滤入冰镇过的鸡尾酒杯。

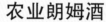

成分说明

农业朗姆酒

这款酒中用的朗姆酒，我推荐工匠风格的农业朗姆酒，如尼散（Nies-san）或心仪（La Favorite）。圭亚那的德梅拉朗姆酒也能调出很棒的蜜蜂之吻，但是用德梅拉拉糖（参见第247页成分说明）制成的单糖浆代替蜂蜜糖浆将更为理想，只是如此调制出来的饮品也许不应该被称为蜜蜂之吻，却可以被称为美味之吻。

贝利尼 BELLINI

配方

44毫升白桃泥，冰镇好

118毫升普罗塞克起泡酒（Prosecco，参见本页成分说明），最好是米娜多（Mionetto）普罗塞克起泡酒

7.4毫升优质桃子利口酒（peach liqueur），最好是玛丽·布里扎德（Marie Brizard）桃子利口酒，可选

取一只玻璃杯，将冷冻的果泥放在杯底——调这款酒仅用玻璃杯就够了，千万不要用波士顿摇酒器的金属杯件来装果泥，这会妨碍客人享受你调酒的表演。一只手拿吧匙，用另一只手慢慢将酒沿玻璃杯内壁倒进杯中，尽量防止起泡酒起泡。用吧匙慢慢把果泥沿玻璃杯内沿提拉到表层，一直这样轻柔地搅动；不要快速搅拌，不然普罗塞克将失去它的泡腾作用。滤入细长的香槟杯，并让桃子利口酒（如果用的话）漂浮在最上层。

很难找到不喜欢贝利尼的人——为什么不喜欢呢？——所以如果要做，就还是多做一些吧。找一个大玻璃罐——1 360毫升左右——罐子的顶部要比底部更宽阔。在罐子底部放237~296毫升的桃泥，并用上述方法（和一个很长的吧匙）将整瓶750毫升起泡酒添加进罐子。最上层的桃子利口酒根据个人需要添加进个人的杯子里。

1945年，在威尼斯大运河附近一个偏僻的广场上，朱塞佩·希普利亚尼（Giuseppe Cipriani）发明了贝利尼。也就是说，这款神奇的鸡尾酒是在1945年第一次被人调制出来并端给客人的。但是一直到三年后，在威尼斯举办的一次关于文艺复兴时期的艺术家乔瓦尼·贝利尼（Giovanni Bellini）的展览期间，希普利亚尼才以画家的名字命名了这种鸡尾酒。又过了几十年，这款酒才似乎最终出现在全球每家饭店的早午餐菜单上。这是一款很棒的午前提神酒。事实上，这款酒在做任何事情之前喝都非常适合。

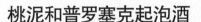

成分说明

桃泥和普罗塞克起泡酒

最初，一年中只有四个月可以调制贝利尼，因为当时只有那几个月里有甜白桃子。但是今天的大多数配方都使用速冻桃泥，就是厨师用来制作冰淇淋的东西，于是我们全年都可以喝到贝利尼了。这些高品质果泥——来自加利福尼亚州的纳帕完美果泥公司（Perfect Purée of Napa）和来自比利时的卢匝（Looza）、来自英国芳劲（Funkin）等公司的果泥刚刚开始出现在零售市场——有了这些产品，许多家庭调酒师和冰淇淋制作者能够在长期以来一直被专业人士独占的领域里对这些配方进行二次创作。

要制作正宗的意大利贝利尼，你需要使用名为普罗塞克的意大利起泡酒，是阿斯蒂甜白起泡酒的成人版。因为20世纪70和80年代过甜的阿斯蒂广受欢迎，美国人便认为所有的意大利起泡酒都很甜腻。其实，普罗塞克是一种更接近香槟的干型葡萄酒，有着细腻的花香，口感却不甜，气泡的风格像香槟或者微气泡酒（frizzante）一样，只是轻度碳酸化。我调制贝利尼更喜欢用微气泡酒的风格，因为这不会冒一堆泡沫（调酒时就不必花费时间等待泡沫消退）；但却能赋予舌头愉悦的感觉，而不是给玻璃杯上留下一道气泡线。好的微气泡酒可能很难找到，所以要提前计划并咨询你最喜欢的葡萄酒商店。

哈里酒吧

"哈里酒吧"（Harry's Bar）听起来肯定不像威尼斯最独一无二的餐厅，更不用说像3/4个世纪以前由朱塞佩·希普利亚尼所开办的传统的饮食店了。但它的名字实际上却是来自名叫哈里·皮克林（Harry Pickering）的美国人。哈里当时为了度过大萧条来到威尼斯安顿下来，与朱塞佩成了朋友，并最后向其借了一万里拉。然后哈里消失了。一年后，他重新露面还了钱并加上了一些回报，还表示自己渴望拥有一家酒吧。他的酒吧于1931年开始营业，因为是哈里投入的钱，所以酒吧以他命名。但却是朱塞佩创办了餐厅，并带领这间装饰成航海风格的餐厅取得了巨大的成功。

就像有些餐厅的情况那样，哈里酒吧刚开始受到了当地人的青睐，然后吸引了一些当地富人，之后又引来了一些精英游客，再后来吸引来了欧内斯特·海明威，海明威还把他的烂小说《过河入林》（Across the River）的很多场景设定在这个餐厅。于是，几乎是瞬间工夫这个餐厅便享誉国际了，电影明星、国王和王后以及其他世界著名的阔佬们便过来了。

同时，朱塞佩策划出了两个奇妙招牌品种，为哈里酒吧在21世纪的餐馆版图上赢得了一席之地。一个是一款捣得很薄的生菲力牛排，来适应经常光顾的顾客的需要；另一个是一款起泡的鸡尾酒，发明这款鸡尾酒就是为了消耗过剩的新鲜桃子。两个招牌品种都以画家的名字命名——固体的生牛排以画家维托雷·卡巴乔（Vittore Carpaccio）的名字命名，液体的鸡尾酒以画家乔瓦尼·贝利尼的名字命名。

宝石鸡尾酒 BIJOU

配方

44毫升普利茅斯金酒（Plymouth gin）

15毫升绿色查特酒（Chartreuse，参见本页成分说明）

15毫升意大利甜味美思（Italian sweet vermouth）

1抖橙味苦精（orange bitters）

马拉斯奇诺酒浸樱桃（Maraschino cherry）或鸡尾酒橄榄（olive，参见第105页成分说明），装饰用

柠檬皮，装饰用

☛将金酒、查特酒、味美思和苦精倒入加冰的调酒杯中摇匀。滤入冰镇过的鸡尾酒杯。用一个樱桃或橄榄装饰，将一块柠檬皮挤出精油滴在饮品上面，端给顾客。（注意：上述做法说明引自克拉多克先生，其中的柠檬皮挤汁后就丢弃了。）

有史以来出版的第一本包含鸡尾酒配方的著作，是1862年出版的杰瑞·托马斯所著的《如何调制鸡尾酒》，这本书尽管是后来多本鸡尾酒书籍的鼻祖，但其中所含鸡尾酒配方数量之少也令人震惊。该书第一版中只包含了十款鸡尾酒配方。其中之一是高端金酒鸡尾酒，添加两种重要的成分就是"宝石"鸡尾酒了：一种成分是味美思，在许多19世纪中叶的鸡尾酒书中逐渐取代了库拉索成为鸡尾酒首选的特色甜味剂；另一种成分是查特酒。

味美思早在1838年就经新奥尔良港到达了美国的海岸，但在接下来的35年里美国市场上却并不能轻易见到味美思——事实上，托马斯1862年的书中没出现过一滴味美思。19世纪后期随着市场上味美思的销售逐渐多起来，两款标志性经典鸡尾酒品类出现了：曼哈顿和马提尼。宝石鸡尾酒也正是这时发明的。这里的配方改编自哈里·克拉多克所著的《萨沃伊鸡尾酒书》，该书最初出版于 1930年。克拉多克则是从1900年版的哈里·约翰逊的《调酒师手册》中借用了这款酒的配方。我在其配方基础上增加了金酒的量，减少了味美思和查特酒的用量。（管它呢，我还是更喜欢自己的方式。）请参阅第67页弗兰克·迈耶本人关于宝石鸡尾酒的做法。正如美国爵士之王路易斯·阿姆斯特朗（Louis Armstrong）在对一个主题进行精彩的即兴创作后所说的那样："我从来没有遇到过不需要完善的旋律。"

成分说明

查特酒

查特酒是最经典的甜酒品种之一。与修士甜酒和修道院甜酒（Certosa）一样，查特酒也是僧侣的发明，其发明者是卡尔特教派（Carthusian Order），先前只在他们位于法国阿尔卑斯山中的大查特山隐修院（Grande Chartreuse）酿造。……不幸的是，卡尔特教派在世纪之交后就被从法国流放到了西班牙，在西班牙的塔拉戈纳（Tarragona），他们又重操旧业，开始用秘密配方酿制滋补药酒，配方由珍奇的草药、水、糖以及优质烈酒组成。……自然而然地，整个法国都开始仿制这种药酒。精通化学的人士宣称这种药酒含有以下成分：菖蒲、橙皮、薄荷油、干牛膝草尖、香脂、香脂叶、欧白芷种子和根、苦艾、零陵香豆、小豆蔻，以及人们所知的香料，如肉豆蔻干皮、丁香和肉桂。不错，这就是其简单的小配方！

——引自小查尔斯·E.贝克（Charles E. Baker Jr.）著《绅士的伙伴》（*The Gentleman's Companion*），1939

宝石鸡尾酒，丽兹版 BIJOU, RITZ VERSION

这个配方引自弗兰克·迈耶所著《调酒的艺术》（1936）。迈耶曾掌管巴黎丽兹酒店的酒吧。请注意宝石酒的法国版本中是没有查特酒的。在我看来，按这个配方的比例做出的宝石鸡尾酒很棒。但今天更喜欢干型酒的广大人群，可能更喜欢用74毫升金酒以及各15毫升库拉索和味美思制成的宝石鸡尾酒。

配方

44毫升金酒（gin）

22毫升橙色库拉索（orange Curaçao）

22毫升法国干味美思（French dry vermouth）

1抖橙味苦精（orange bitters）

马拉斯奇诺酒浸樱桃（Maraschino cherry），装饰用

☛将金酒、库拉索、味美思和苦精倒入加冰的调酒杯中摇匀。滤入冰镇过的鸡尾酒杯，用樱桃装饰。

碧血黄沙 BLOOD AND SAND

配方

22毫升混合苏格兰威士忌（blended Scotch）

22毫升彼得希林希林樱桃利口酒（Peter Heering Cherry Heering，参见本页成分说明）

22毫升意大利甜味美思（Italian sweet vermouth）

22毫升鲜榨橙汁

橙皮，装饰用

将苏格兰威士忌、希林樱桃利口酒、味美思和橙汁倒入加冰的调酒杯中摇匀。滤入鸡尾酒杯并用橘皮装饰。

成分说明

彼得希林希林樱桃利口酒

有些产品的最好品牌根本无可争议，希林樱桃利口酒就是其中之一：丹麦制造商彼得希林（Peter Heering）的名为希林樱桃或者彼得希林或者干脆就叫希林的专利产品，由丹麦的樱桃品种制成。樱桃利口酒，在美国通常被亲切地误称为樱桃白兰地——连同着杏子白兰地（apricot brandy）和其他不是白兰地的产品一起——往往有点甜腻，但彼得希林的樱桃利口酒有点偏干也有点酸，很适合用来调制鸡尾酒。市场上不是很容易能买到彼得希林，但可以到大点的店里找找，没有什么可以替代这种世界级的干型且可以用于多种场合的利口酒；如果找不到，就不要做碧血黄沙了。

传说碧血黄沙这款鸡尾酒发明于20世纪20年代，是为鲁道夫·瓦伦蒂诺（Rudolph Valentino）主演的同名默片电影所做的创作。而根据绰号为"海滩闲人（Beachbum）"的提基酒（tiki drinks，指岛屿文化影响下的一系列热带风情饮品）专家杰夫·贝里（Jeff Berry）的说法，1941年，为了泰隆·鲍华（Tyrone Power）与丽塔·海华丝（Rita Hayworth）合演的火爆的有声版电影——史诗般的斗牛故事《碧血黄沙》，菲律宾调酒师雷·布恩（Ray Buhen）创作了这款鸡尾酒的龙舌兰酒版本。雷，当时在新开张的德累斯顿酒屋（Dresden Room）工作，他早些时候曾是唐恩·比奇（Donn Beach）的传奇酒吧海滩流浪汉唐恩（Don the Beachcomber）里的一名调酒师。后来，他杰出的职业生涯几乎囊括了洛杉矶20世纪40年代、50年代和60年代所有以提基为主题的热点酒吧。1978年，当我搬到好莱坞时，我就住在海滩流浪汉唐恩酒吧的麦卡登广场（McCadden Place）店所在的街道上，当时这个酒吧已经经营了半个世纪，还仍然健在——这在好莱坞这样一个以声名繁华难以持久而著称的地方，确实令人称奇——尽管它已经只剩下了破败的空壳，早已不复昔日光彩。雷·布恩当时已是他自有酒吧的掌舵人，他于1961年在好莱坞的日落大道开了一家名为提基–提（Tiki–Ti）的提基酒吧，并一直在那里干到20世纪90年代中期，才结束了他60多年的酒吧调酒职业生涯。他服务过的电影明星从巴斯特·基顿（Buster Keaton）开始一直延续到后来的尼古拉斯·凯奇（Nicolas Cage）。提基–提酒吧如今还在那里，调酒师是雷的儿子和孙子；雷于1999年去世，享年90岁差几个月。

阿尔及利亚鸡尾酒 COCTEL ALGERIA

这 款鸡尾酒是米其林餐厅拉方达德索（La Fonda del Sol）菜单中独一无二的皮斯科酒的配方。传奇的拉方达德索餐厅是乔·鲍姆大约于1960年在纽约市的杰作。当时，除了一些清淡、不那么辣的墨西哥菜之外，拉丁风味尚未成为美国美食的主流，但是乔以之前从未听闻的泛拉丁风味美食为特色，菜单中包括来自南美洲和中美洲各地方的菜，其中就有一些非常新奇的菜肴，如墨西哥魔力鸡（Chicken Mole）（配以巧克力为基础的酱汁）。这些菜在纽约不仅闻所未闻，而且非常冒险。在时代生活大楼（Time-Life Building）的餐厅中央，有一个巨大的烤架——形状像阿兹特克金字塔，架在一个巨大的坑上，坑里填满了缓慢燃烧的硬木，整个装置上有一个巨大的罩子——烤架上两位大厨不停地忙乎着，在这间优雅的房间中央创造出不可思议的戏剧效果。鸡尾酒不仅有阿尔及利亚鸡尾酒，还有皮斯科酸酒和莫吉托，以及其他一些在其后的几十年中都还没有在美国形成气候的鸡尾酒。我记得在20世纪60年代后期那里就有添加了伏特加的桑格利亚汽酒，而当时的美国还没有伏特加或桑格利亚汽酒。乔是一位真正的有远见的人，而拉方达德索餐厅可能是他最前卫的创作，领先于鸡尾酒和烹饪发展曲线40年。

阿尔及利亚鸡尾酒的基础烈酒是皮斯科酒，皮斯科酒是美洲大陆所独有的几种烈酒品种中的一种，世界上其他任何地方都没有。我认为皮斯科酒已蓄势待发，必将成为鸡尾酒界的下一个宠儿（有关皮斯科酒的更多信息，参见第132页）。

配方

44毫升酷斑妲巴索尔皮斯科（Bar Sol Pisco Quebranta，参见第132页成分说明）

15毫升君度（Cointreau）

15毫升杏子利口酒（apricot liqueur，参见本页成分说明），最好是玛丽·布里扎德（Marie Brizard）杏子利口酒

30毫升鲜榨橙汁

2个楔形青柠块

☞将皮斯科、君度、杏子利口酒和橙汁倒入加冰的调酒杯中摇匀。滤入冰镇过的鸡尾酒杯。将两块青柠的汁挤入杯中，丢掉一块青柠，剩下一块青柠放进酒中。

 成分说明

杏子利口酒

杏子利口酒在美国经常被错误地打上杏子白兰地的标签。通常，我避免使用这些产品，更愿意用它们的"欧洲表兄弟"，欧洲那些产品的标签上写的都是杏子利口酒；其中最好的是玛丽·布里扎德（Marie Brizard）公司的产品。

殖民地鸡尾酒 COLONY COCKTAIL

配方

44毫升伏特加（vodka）

30毫升金馥利口酒（Southern comfort）

15毫升鲜榨青柠汁

柠檬皮，装饰用

☛将伏特加、金馥利口酒和青柠汁倒入加冰的调酒杯中摇匀。滤入小鸡尾酒杯，用柠檬皮装饰。

不管你是谁，都不敢肯定会在帕瓦隆酒店（Le Pavillon）受到很好的对待，但在殖民地餐厅，每个人都受到了很好的对待——好吧，大部分时间都会受到很好的对待。

——西里奥·马乔尼（Sirio Maccioni）、彼得·艾略特（Peter Elliot）《西里奥：我的生活和剧场餐厅的故事》（*Sirio: The Story of My Life and Le Cirque*），2004

当乔·鲍姆于1985年开始对彩虹居进行大修时，我正在他的奥罗拉高级餐厅的酒吧工作。因为奥罗拉就在附近——东四十九街——乔需要一个工作的地方，于是我所在的酒吧就变成了他为期两年、耗资3 500万美元的翻新工程的控制中心。在这里，他会见了厨师、承包商，甚至还有美国单簧管演奏家、爵士乐音乐家本尼·古德曼（Benny Goodman），本来打算让本尼的管弦乐队在盛大的开幕式上进行驻场演出（但是，唉，本尼没能等到开幕式就去世了）。随着这各色人物在我眼前来来去去，我目睹了对这个充满传奇的美国地标进行的富于创意的改造过程，深受感染和激励，于是，我决心要成为其中的一部分。但我知道我不能就那样简单地去向乔要一份新的工作；我需要一种方法来说服他，让他相信他的彩虹居酒吧没有我就开不了。那么我想，如果我创建一个类似菜谱或者葡萄酒单一样的鸡尾酒单是否可行呢？早在1985年，曼哈顿就没人有鸡尾酒单——就是没人做过这个事情。那是一个一种酒杯搞定整个酒吧的时代（当时，端给客人的都是同一种酒杯，无论杯中的内容、分量或配比如何不同，都是通用的高脚杯来装——通用往往意味着几乎无法做到恰到好处）——当时正处于专业酒吧精神的低潮期和调酒学的黑暗时代，就在洛克菲勒中心（Rokefeller Center）大厦的彩虹居酒吧附近，昔日市中心区沿街两边的晚餐俱乐部已然风光不再。要是用新开业的彩虹居鸡尾酒单作为献礼，向昔日那些晚餐俱乐部的鸡尾酒致敬会怎样呢？要是我认真对过去那些历史做些研究呢？要是我们只使用新鲜果汁呢？要是……

"好吧，"乔回答，"我已经做了很多工作。但是请你做一些研究，并让我看看你能发现些什么。"于是，我把关于旧时晚餐俱乐部、餐厅和酒吧的书买回来或者借回来，认真读完，并做了多次配方试验。然后，我制作了一份鸡尾酒单，提交给了乔。而且——令人惊讶的是——他同意了。

这就是重新开业的彩虹居酒吧的鸡尾酒单的来历——那个酒单是极其昂贵的全彩印刷品，由著名平面设计师米尔顿·格拉塞（Milton Glaser）设计——上面有不少于26种精选鸡尾酒品种，几乎每一种都很复杂：拉莫斯菲士、萨泽拉克、僵尸。也许地球上没有任何地方能找到更多这类完全不切实际的饮品了。如果可以这么说，这对我本人来说，是一场彻底的灾难。我还没有想出如何能够大批量调制出品质一样的鸡尾酒，但我们不得不为贵宾休息室的124个座位以及我酒吧的16个座位提供调酒服务，而且通常情况下这些座位上都坐满了等着喝酒的人。最终，仅仅几个月后，我不得不绞尽脑汁来解决使用新鲜水果和果汁所带来的问题——新鲜水果品质不稳定且很容易变质——我得想出法子来避免倒掉大量昂贵的酒类，并弄清楚哪些成分和饮品可以大批量准备，并搞定一个品种少一些、更能降低成本且可以及时调制并端给顾客的鸡尾酒单。结果，我不得不重新设计和印制了另一份昂贵的酒单。

两份酒单上都有殖民地鸡尾酒，这是我在泰德·索西尔（Ted Saucier）所著的《干杯》（*Bottoms Up*）这本奇妙的著作中读到的。泰德去了斯托克俱乐部和殖民地餐厅并问出了两家各自的鸡尾酒配方，让我们得以享受这款琥珀色美酒给我们带来的美好时刻。1969年我搬到纽约时，殖民地餐厅以及许多古老的爵士俱乐部、晚餐俱乐部和酒吧都还在营业，比如时代广场（Times Square）的格兰特餐厅（Grant's）（在一个巨大的房间里，面对面设有两个巨大的酒吧，边上还有蛤蜊柜台、牡蛎柜台和雪茄摊）已经开业了几十年，而所有这些几乎无一例外，在接下来的几年里便全关门大吉了，因为20世纪70年代纽约市许多最古老的设施都遭到了严重破坏。但是起源于禁酒时期一间地下酒吧的殖民地餐厅仍然占据着麦迪逊大道和六十一街交叉口，人行道上的黄铜牌匾上有名字，里面有梵克雅宝（Van Cleef & Arpels）的展位，恰好位于时尚精品店和百货公司中间——为女士们提供了最佳午餐场所。（殖民地餐厅一度还有一个狗舍，女士们可以在午餐期间将她们珍贵的狗寄存在那里；那时在二楼还有一个赌博窝点，再上楼去还有私人"医院"，供某个群体的先生和女士们在整容或者酒瘾戒断症状发作后进行相对隐秘的休养。）那些女士们当时绝对非常喜欢那里的领班——那个名叫西里奥·马乔尼的英俊且温文尔雅的年轻意大利人。西里奥很快就声名鹊起，并进入了过去半个世纪里最有传奇色彩的剧场餐厅（Le Cirque），开始了他的传奇职业生涯。……不过，我跑题了。这里要讲的是殖民地餐厅里以伏特加为基酒的自制鸡尾酒，这款酒刚被发明出来时，一定是一种非凡的新奇事物，因为当时的美国几乎还没有伏特加。

四海为家 COSMOPOLITAN

配方

44毫升柑橘伏特加（citrus vodka）
22毫升君度（Cointreau）
30毫升蔓越莓汁
7.4毫升鲜榨青柠汁
橙皮，最好是火焰橙皮，装饰用

☛将伏特加、君度、蔓越莓汁和青柠汁加冰摇匀。滤入冰镇过的鸡尾酒杯，然后用火焰橙皮进行装饰并制造一点吸引眼球的效果。

四海为家算是夺了新时代鸡尾酒的头奖，很少有哪款鸡尾酒在那么长久的时间和那么广大的范围里维持那么火爆的热度。四海为家起源于优鲜沛公司（Ocean Spray company）在20世纪60年代为了推广蔓越莓汁所设计的营销活动，他们推出了一系列用蔓越莓汁调制的鸡尾酒，其中一种称为渔叉（Harpoon）的鸡尾酒，以伏特加、蔓越莓汁和青柠汁为特色，再加上橙味利口酒（三重浓缩橙皮利口酒或君度）和柑橘伏特加酒，就变成了四海为家。这种做法由在佛罗里达州南海滩做调酒师的谢里尔·库克（Cheryl Cook）发明于20世纪80年代，当时是为了试销一款名为柠檬味绝对伏特加的还没有名气的产品。不知何故，《纽约杂志》（New York）最终把发明四海为家鸡尾酒的功劳加到了我头上，这不符合事实。虽然我使用君度和新鲜青柠汁制作的四海为家的鸡尾酒版本火爆到几乎变成了四海为家的标准版本。无论如何，20世纪80年代后期，这款酒开始出现在相距近五千公里的几家热门餐厅的酒单上——旧金山的雾城餐厅（Fog City Diner）和纽约特里贝克区（Tri Beca）的奥汀餐厅（Odeon）。这款酒后来还走上了电视屏幕，超级美剧《欲望都市》中的角色们在剧中点四海为家这款鸡尾酒的频率会让人感觉像是植入式广告，当然如果要是有产品可以植入其中的话。今天，四海为家虽然不再是纽约和伦敦的潮流引领者的首选饮品，但仍然是全球最受欢迎的鸡尾酒之一。

变化款

大都会鸡尾酒METROPOLITAN

这款四海为家的"表兄"是由迈克·休伊特（Mike Hewett）在纽约市鲍里街上的马里昂酒吧（Marion's Bar）发明的，但这并不是大都会这个名字第一次被用于鸡尾酒。在禁酒令之前，一种类似曼哈顿，但使用了白兰地而不是黑麦威士忌的鸡尾酒就被称为大都会，与下面的配方是完全不同的鸡尾酒品种。

配方

44毫升黑加仑味绝对伏特加（Absolut Kurant vodka）
22毫升蔓越莓汁
7.4毫升鲜榨青柠汁
15毫升罗斯青柠汁（Rose's lime juice，参见第78页成分说明）
青柠片，装饰用

☛将伏特加、蔓越莓汁、新鲜的以及瓶装的青柠汁倒入加冰的调酒杯中摇匀。倒入冰镇过的鸡尾酒杯，用青柠片装饰。

杜本内鸡尾酒DUBONNET COCKTAIL

配方

30毫升杜本内红色款（Dubonnet Rouge）
30毫升伦敦干金酒（London dry gin）
柠檬皮，装饰用

☞将杜本内和金酒倒入加冰的古典玻璃杯中搅拌，用柠檬皮装饰。

杜本内鸡尾酒是源自19世纪的开胃酒之一。19世纪法国军中普遍相信，用葡萄酒加奎宁可以预防疟疾，并因此产生了几种开胃酒，杜本内鸡尾酒就是其中的一种。这款酒是由一位名叫杜本内·约瑟夫（Joseph Dubonnet）的化学家于1846年的发明，他将这款鸡尾酒命名为杜本内奎宁（Dubonnet Quinquina），意指其中的苦味奎宁根是其主要成分。杜本内的甜度超过金巴利之类的大多数其他苦味开胃酒，是将橙皮、咖啡、肉桂、曼赞尼拉（manzanilla）橄榄和洋甘菊等加入葡萄酒，然后用白兰地和甜葡萄汁进行强化，最后经过三年的熟化，便形成了其风味。结果不管是白色还是红色的，都会是味道鲜明的药草味开胃酒，饮用方法通常也很简单，就是加上柠檬——柠檬汁或以果皮的形式添加柠檬油——再加冰即可。20世纪20年代和30年代有一种叫咂砸（ZaZa）的很有名气的鸡尾酒，但后来消失了，流传下来的是杜本内鸡尾酒；杜本内菲士（Dubonnet Fizz），是用苏打水和柠檬汁调制，或者用更昂贵点的希林樱桃利口酒、橙汁和柠檬汁调制的版本；还有宾利（Bentley）版本，就是将等量杜本内和苹果白兰地混合摇匀即可。

变化款

杜本内之吻 DUBONNET KISS*

事实上，杜本内之吻与杜本内鸡尾酒并没有那么大的关系——其实它是一种非常不同的鸡尾酒。但是，世界上没有多少基于杜本内的鸡尾酒，我就想把这个也算上吧，于是就列在这里了：

配方

30毫升杜本内红色款（Dubonnet Rouge）
15毫升酸苹果杜松子酒（sour apple schnapps）
30毫升苹果汁
7.4毫升鲜榨柠檬汁
7.4毫升单糖浆（simple syrup）
红蛇果薄片，装饰用

☞将杜本内、杜松子酒、苹果汁、柠檬汁和单糖浆倒入加冰的摇酒器中摇匀。滤入冰镇过的鸡尾酒杯，饰以红蛇果薄片。

总统鸡尾酒 EL PRESIDENTE

配方

1片橙子

1洒鲜榨柠檬汁或青柠汁

44毫升白朗姆酒（white rum）

22毫升橙色库拉索（orange Curaçao）

15毫升法国干味美思（French dry vermouth）

1抖红石榴糖浆（grenadine）

☞在调酒玻璃杯底部，将橙片与柠檬汁或青柠汁一起捣碎。加入朗姆酒、库拉索、味美思、红石榴糖浆和冰块，摇匀。滤入一个小鸡尾酒杯。

戴吉利酒、自由古巴、莫吉托、总统等以古巴朗姆酒为基础的鸡尾酒，无疑为美式鸡尾酒增添了许多特色。这款鸡尾酒是禁酒期间在哈瓦那的维斯塔阿尔格力酒店（Vista Alegre）的发明，取名是为了纪念古巴的卡门·梅诺卡尔将军（General Carmen Menocal），将军曾在巴蒂斯塔（Batista）总统之前（译者注：1913—1921年间）担任古巴总统。美国禁酒令导致鸡尾酒文化在距迈阿密不远的哈瓦那蓬勃发展起来，很长一段时间里，哈瓦那的塞维利亚酒店（Hotel Sevilla）都是世界上最负盛名的调酒师学校之一，培养出了一些训练有素、技术老练且举止优雅的调酒师。在我看来，原始版本的总统鸡尾酒是一种有缺点的鸡尾酒，太甜而且没有酸味。这是我的版本，添加了捣碎的橙子和新鲜柑橘汁。

变化款

显赫鸡尾酒PRESTIGE COCKTAIL*

我在拿总统鸡尾酒的成分进行各种尝试时，调制出了显赫鸡尾酒，后来发现做出来的产品已经和原版没有太多相似了。我的这一创作于2002年在西班牙举行的百加得马提尼大奖赛（Bacardi Martini Gran Prix）上获得了最佳高端鸡尾酒（"竞赛头奖"）的第一名；在前一年的比赛上，也就是2001年，我成为第一个在这已有着数十年历史的国际鸡尾酒比赛上获奖的美国人，2001年我获奖的作品是往日激情。显赫鸡尾酒是我对禁酒时期的伟大古巴朗姆酒饮品的致敬。

配方

30毫升百加得八年陈朗姆酒（Bacardi eight-year-old rum）

7.4毫升马提尼&罗西干味美思（Martini & Rossi dry vermouth）

22毫升约翰·D.泰勒天鹅绒法兰勒姆（John D. Taylor's Velvet Falernum）

30毫升无糖菠萝汁

♛7.4毫升鲜榨青柠汁

楔形菠萝块，装饰用

青柠圆形片，装饰用

☞将朗姆酒、味美思、法兰勒姆、菠萝汁和青柠汁倒入加冰的调酒杯中摇匀。滤入一个大的冰镇过的鸡尾酒杯，用菠萝块和青柠片装饰。

吉姆雷特 GIMLET

配方

59毫升金酒（gin）或伏特加（vodka）

22毫升罗斯青柠汁（Rose's lime juice）

黄瓜片或楔形青柠块，或两者都要，装饰用

☞将金酒或伏特加、青柠汁倒入加冰的调酒杯中摇匀。滤入一个小鸡尾酒杯或加冰的古典玻璃杯。用黄瓜片或青柠块装饰。

成分说明

罗斯青柠汁

英国海军终于意识到长途航行中需要某种柑橘来抵御坏血病了，但问题是如何保存柑橘类果汁。显而易见的答案是用酒精。当时，英国海军的朗姆酒货源充足，调制海军朗姆酒的一种成分是来自圭亚那的德梅拉拉朗姆酒，正好可以用来保存青柠汁。但人们仍在继续寻找不用酒精保存果汁的方案。毕竟因为喝酒而从索具上掉下来的水手，已经开始危及甲板上的军官的安全了。最后，在1867年，名叫劳克林（Lauchlin）的苏格兰商人罗斯（Rose）获得了不使用酒精保存青柠汁的工艺专利。他的专利正赶上好时机，当年英国政府立法强制要求所有英国商船必须每日为船员配给青柠汁，以防止坏血病发生。罗斯的产品立即获得成功。

如果你坚持用最好的新鲜食材，那么做吉姆雷特时就会倾向于使用新鲜青柠汁代替加工产品，但资深的吉姆雷特顾客会感到失望。所以这是我建议不要使用鲜榨果汁的极少数情形中的一次，挤压青柠果用作装饰时除外。这个配方实际上是基于加工过的青柠汁的风味特征。数百年前发明的青柠汁有助于防止水手得坏血病（维生素C缺乏症）。士兵喝的是青柠汁加朗姆酒（格罗格，差不多是2/3个现代戴吉利酒了），而军官们喝的则是青柠汁加金酒。

加利福尼亚吉姆雷特 CALIFORNIA GIMLET

如果有人想要一杯吉姆雷特，在问清楚之前，请不要先给他提供这个使用新鲜水果的变化品种。这里用新鲜青柠汁调制出来的酒味道非常不同，绝不是每个人心目中用加工过的青柠汁做出来的标准的吉姆雷特的味道。在这里加一点罗斯青柠汁，可能会恰当地提醒顾客他们点的鸡尾酒是从哪里演变而来的。

配方

59毫升金酒（gin）
22毫升鲜榨青柠汁
1抖罗斯青柠汁（Rose's lime juice），可选
30毫升单糖浆（simple syrup）
青柠圆形片，装饰用

☞将金酒、青柠汁和糖浆倒入加冰的调酒杯中摇匀。滤入一个小鸡尾酒杯或加冰的古典玻璃杯，用青柠片装饰。

日本柚子味吉姆雷特 YUZU GIMLET*

当我和主厨达里尔·藤田（Daryl Fujita）在夏威夷的哈勒库拉尼酒店（Halekulani Hotel）工作时，我创作了这款吉姆雷特的衍生品种，用以搭配柯那卡姆帕奇酸橘汁腌鱼和嫩芽苗菜以及日本柚子罗勒酱汁这些听起来像是很复杂的食物。不可否认，这款酒本身并不像传统的吉姆雷特那样简单，因为要用到一些可能在你的酒吧货架上找不到的甜味剂——至少，现在还没有。此外，在这款酒中用到了三种酸味——柚子、新鲜青柠和加工过的青柠——还用三种甜味来进行平衡。这是在一款简单配方上的任意发挥，把调酒过程复杂化了，也增加了风味的层次，但却尽最大可能保留了原版吉姆雷特的精髓。

配方

44毫升普利茅斯金酒（Plymouth gin）
7.4毫升路萨朵马拉斯奇诺樱桃利口酒（Luxardo Maraschino liqueur）
7.4毫升日本柚子提取物或15毫升日本柚子汁
7.4毫升罗斯青柠汁（Rose's lime juice）
15毫升鲜榨青柠汁
15毫升鲜榨葡萄柚汁
30毫升三重糖浆（triple syrup，参见第248页）
青柠圆形片，装饰用

👑 无籽黄瓜薄片，装饰用

☞将金酒、马拉斯奇诺樱桃利口酒、柚子提取物、罗斯青柠汁、鲜榨青柠汁、葡萄柚汁和三重糖浆倒入加冰的摇酒器中摇匀。滤入冰镇过的鸡尾酒杯，用青柠片和黄瓜片装饰。

爱尔兰咖啡 IRISH COFFEE

配方

不加糖的高脂浓奶油

44毫升爱尔兰威士忌（Irish whiskey）

118毫升现煮咖啡

30毫升红糖糖浆（brown-sugar syrup）或常规的单糖浆（simple syrup）

☛将奶油搅打至表面气泡不再聚集，变得非常黏稠，但倾倒时仍能流动的程度。在一个爱尔兰咖啡杯或小的白葡萄酒杯中，搅拌混合威士忌、咖啡和糖浆。留约2.5厘米厚的奶油轻轻放在咖啡混合物上面，然后马上端给客人。

爱尔兰咖啡是有史以来最棒的冬季鸡尾酒之一，尤其适合晚饭后或早午餐时喝，也是在粗心大意的调酒师手中最受虐的鸡尾酒品种之一。玻璃杯的尺寸很关键，经典的爱尔兰咖啡杯是郁金香形状的237毫升（容量）高脚玻璃杯，用这种杯子几乎就不可能搞砸这款酒了。这种玻璃杯迫使你保持正确的比例，就是不要犯一个常见的错误，把咖啡倒得太多——咖啡与威士忌的比例不能大于3：1，不然，酒就会被咖啡的味道盖住了。因为很难找到合适的爱尔兰咖啡杯，所以可以用一个小的白葡萄酒杯。此外，还要往咖啡里加甜味，但千万不要往奶油里加甜味。奶油要搅打到有点黏稠但仍然可以倾倒出来——要比标准掼奶油的质地松散很多（并且千万不要使用喷雾罐装掼奶油）；最终我们要的是1.9～2.5厘米厚的奶油层干净地漂浮在咖啡上，形成黑白清晰的界线。还有就是，虽然有些配方要求添加绿薄荷奶油，但我们不必听从这种要求。

伏特加意式浓缩咖啡 VODKA ESPRESSO

这款美妙的鸡尾酒由迪克·布拉德赛尔（Dick Bradsell）在开创性的伦敦球赛酒吧集团（Match Bar Group）发明。要紧的是记得提前煮好一杯意式浓缩咖啡，并放凉——热的浓缩咖啡会融化太多冰，导致整杯酒稀释得太厉害就不好喝了。甘露咖啡利口酒和添万利利口酒各用一半，可以降低甜味。非常非常用力地摇晃后，会在酒上面形成一层久久不会散去的细密泡沫（这是新鲜制作的浓缩咖啡顶部的泡沫），非常美丽，看起来像马提尼酒杯装满了浓缩咖啡——其实，这款酒看起来太漂亮了，所以不需要装饰。但我总是喜欢漂亮的装饰，于是便经常再撒上些磨碎的可可粒，不过这东西有点不容易找到；如果你找不到或懒得去找，就不用任何装饰，直接将这杯已经很漂亮的酒端给顾客吧。

配方

不加糖的可可豆碎粒，装饰用，可选

橙片，给杯沿沾上可可粒用，可选

30毫升伏特加（vodka）

30毫升浓缩咖啡（espresso），冷藏

22毫升甘露咖啡利口酒（Kahlúa）

22毫升添万利利口酒（Tia Maria）

☛如果你使用可可粒，请在上酒前至少15分钟，用研钵和杵或电动香料研磨机研磨几汤匙可可粒。按照第137页技术说明利用橙片将鸡尾酒杯沿沾上可可粒，然后将杯子放入冰箱冷藏，让杯沿的可可粒变干并固牢。杯子准备好后，将伏特加、浓缩咖啡、甘露咖啡利口酒和添万利利口酒加冰摇匀。滤入准备好的玻璃杯。

其他变化款

爱尔兰咖啡的基本概念——将热咖啡与烈酒混合——可以灵活变通，以下是国际上较受欢迎的一些变化款，都是加100多毫升的热咖啡：

卡里普索咖啡（CALYPSO COFFEE）： 朗姆酒（rum）和甘露咖啡利口酒（Kahlúa）

牙买加咖啡（JAMAICAN COFFEE）： 朗姆酒（rum）和添万利利口酒（Tia Maria）

墨西哥咖啡（MEXICAN COFFEE）： 龙舌兰酒（tequila）和甘露咖啡利口酒（Kahlúa）

西班牙咖啡（SPANISH COFFEE）： 西班牙白兰地（Spanish brandy）和甘露咖啡利口酒（Kahlúa）

皇家咖啡（COFFEE ROYAL）： 干邑白兰地（Cognac）和糖

乔治咖啡（KEOKE COFFEE）： 白兰地（brandy）和甘露咖啡利口酒（Kahlúa）

总统咖啡（PRESIDENT'S COFFEE）： 樱桃白兰地（cherry brandy）

基尔 KIR

配方

白葡萄酒（white wine），最好是清爽的勃艮第（Burgundy）

15毫升黑醋栗香甜酒（crème de cassis）

柠檬皮，装饰用，可选

倒一杯白葡萄酒，然后小心翼翼地将黑醋栗香甜酒倒入白葡萄酒中。基尔有时会饰以柠檬皮，但法国人从来不要任何装饰！

变化品种

皇家基尔（KIR ROYALE）由起泡葡萄酒，通常是香槟调制。

帝王基尔（KIR IMPERIALE）就是用香槟调制的皇家鸡尾酒，但用覆盆子白兰地酒（Framboise）代替了黑醋栗香甜酒。

尽管杰克·巴恩斯更喜欢坐在巴黎克利翁酒店的晚餐桌前来上一杯杰克玫瑰，但如果你六点差一刻时，坐到了巴黎人行道边的咖啡馆，点上一杯鸡尾酒，那么很可能就是——或者就应该是——基尔鸡尾酒。这款白葡萄酒鸡尾酒中只略含一点点烈酒，得名于菲利克斯·基尔神父（Canon Felix Kir，1876—1968），当他担任法国第戎市（Dijon）市长时，为了推广当地的产品法式黑醋栗香甜酒，曾经用这款酒来招待来访的政要。这款鸡尾酒实际上早在基尔担任市长之前、19世纪初期在第戎市首次商业化生产出来黑醋栗香甜酒之后就已经存在，当时的名字是白葡萄黑醋栗酒（blanc cassis）。但的确是基尔市长推广了这款鸡尾酒，以他来命名这款酒是理所应当的。

长岛冰茶 LONG ISLAND ICED TEA

配方

15毫升伏特加(vodka)

15毫升金酒(gin)

15毫升朗姆酒(rum)

15毫升龙舌兰酒(tequila, 参见第88页成分说明)

15毫升三重浓缩橙皮利口酒(triple sec)

22毫升单糖浆(simple syrup)

22毫升鲜榨柠檬汁

89毫升可口可乐

楔形柠檬块, 装饰用

☛将伏特加、金酒、朗姆酒、龙舌兰酒、三重浓缩橙皮利口酒、糖浆和柠檬汁倒入加冰的调酒杯中搅拌。滤入加了冰块的大冰茶杯,顶部倒入可口可乐,搅拌。饰以楔形柠檬块。

这种普遍受到欢迎的鸡尾酒——尤其是在兄弟会之家挤满了人的地下室里——据说是由绰号为"玫瑰花蕾"的调酒师罗伯特·C.巴特(Robert C. Butt)发明于汉普顿湾(Hampton Bays)臭名昭著的橡树海滩旅馆(Oak Beach Inn)中。橡树海滩旅馆有全长岛最受欢迎且最大的酒吧,一直经营了几十年,前些年才关闭。橡树海滩旅馆有一个大码头,上面有一个酒吧,客户乘船或者开车或者骑摩托车、自行车甚至步行都可以过去。这是一个很棒的放松去处,长岛冰茶是很棒的放松饮品——如果制作得当的话。尽管关于这款酒是在橡树海滩旅馆酒吧发明出来的故事流传已久,但曾于1976—1979年间在纽约大颈镇(Great Neck)的一家名为伦纳德(Leonard's)的餐厅里照管酒吧的克雷格·韦斯曼(Craig Weisman)先生最近联系到了我,他声称,在大型婚宴上,伦纳德餐厅里年长的调酒师会推出威士忌酸酒,但是年轻的调酒师——韦斯曼当时18岁(当时纽约州的法定饮酒年龄是18岁)——意识到年轻人的新婚派对不喜欢要酸味酒,于是,他们准备了很多罐被称为伦纳德冰茶(Leonard's Iced Tea)的鸡尾酒。这种鸡尾酒用诸多品牌的优质烈酒制成:斯米尔诺夫、百加得、必富达(Beefeater)、科沃(Cuervo)和君度(Cointreau)。按照韦斯曼的说法,是伦纳德的调酒师把这种鸡尾酒的做法教给了橡树海滩旅馆的人。直到多年后,韦斯曼才意识到他和他的伙伴们发明的鸡尾酒现在竟以长岛冰茶的名字闻名于世——这个名字中对发明者的说法并不准确。

无论你相信哪个故事,制作出令人愉悦的长岛冰茶的关键都是要适量使用各种烈酒,创造出一种口感细腻、均衡且各种烈酒加起来总含量仅为75毫升的饮品,这与许多其他鸡尾酒并无区别。另一方面,过量使用烈酒的话,必然会造成灾难性后果——难喝的鸡尾酒和醉酒的顾客——且是年轻调酒师经常爱犯的错误,就是将30毫升的每种烈酒和一点可乐一起倒入玻璃杯中,调制出一种难喝的饮品,整杯下来一共含有150毫升的烈酒。(调酒师有时也会加入酸味混合物,但也无济于事。)我在彩虹居自学了如何正确制作长岛冰茶,出于某种原因,这款酒非常受欧洲尤其是德国游客的欢迎,而我们的客人中很大一部分都是来自欧洲的游客。我们的版本的长岛冰茶使用了优质烈酒,游客们总是一杯又一杯点这款饮品,我们这款饮品用的是大冰茶杯。我可不希望我的顾客喝得要"去厕所吐",你肯定也不希望如此。

全蒙特 FULL MONTE

技艺精湛的奥得利·桑德斯（Audrey Saunders）用绝妙的香槟取代可乐创造了这款衍生品。

配方

7.4毫升伏特加（vodka）
7.4毫升金酒（gin）
7.4毫升朗姆酒（rum）
7.4毫升龙舌兰酒（tequila）
7.4毫升路萨朵马拉斯奇诺樱桃利口酒（Luxardo Maraschino liqueur）
15毫升鲜榨柠檬汁
15毫升单糖浆（simple syrup）
2抖安高天娜苦精（Angostura bitters）
香槟（Champagne）
马拉斯奇诺酒浸樱桃（Maraschino cherry），装饰用

☛将伏特加、金酒、朗姆酒、龙舌兰酒、马拉斯奇诺樱桃利口酒、柠檬汁、糖浆和苦精倒入加冰的调酒杯中摇匀。滤入长笛杯，上面浇上香槟，并用一个不带梗的马拉斯奇诺酒浸樱桃插在鸡尾酒饰针上进行装饰（请确保针尖不会扎到任何人）。

伦敦冰茶 LONDON ICED TEA

这个品种实际上是精简版，只有两种烈酒，有意思的是添加了意大利苦杏酒。

配方

22毫升金酒（gin）
22毫升朗姆酒（rum）
15毫升意大利苦杏酒（amaretto）
22毫升鲜榨柠檬汁
15毫升单糖浆（simple syrup）
可口可乐
楔形柠檬块，装饰用

☛将金酒、朗姆酒、苦杏酒、柠檬汁和糖浆倒入加冰的调酒杯中混合。滤入加了冰块的柯林斯玻璃杯，淋上可口可乐，搅拌，并用楔形柠檬块装饰。

玛格丽塔 MARGARITA

配方

粗盐，涂抹杯沿用

青柠片，涂抹杯沿用

44毫升纯龙舌兰酒（pure agave tequila）

30毫升君度（Cointreau）

22毫升鲜榨青柠汁

7.4~15毫升龙舌兰糖浆（agave syrup），可选（但对那些喝20世纪70年代那种过甜的冰冻玛格丽塔酒长大的人来说，可能是必需的）

☛用粗盐和青柠切片，涂抹半圈玻璃杯沿（参见第87页技术说明）；把玻璃杯冰镇起来。将龙舌兰酒、君度、青柠汁和糖浆（可选）倒入加冰的调酒杯中摇匀。将饮品滤入准备好的玻璃杯。

注意：玛格丽塔酒可以在岩石杯中加冰饮用，也可以不加冰在鸡尾酒杯或经典玛格丽塔酒杯中饮用。

如果你相信科沃公司的说法的话，这种非常受欢迎的鸡尾酒发明于1948年的圣诞节，是得克萨斯州社交名媛玛格丽塔·萨姆斯（Margarita Sames）在其位于墨西哥阿卡普尔科（Acapulco）的别墅举办派对时的创意。她的这座位于阿卡普尔科的别墅毗邻火烈鸟酒店（Flamingo Hotel）和美国知名演员约翰·韦恩（John Wayne）的房子。不管上述说法是否属实，多年以后，萨姆斯女士确实成了科沃公司的一员，并声称这个故事属实。结果是好莱坞也确实敞开怀抱接受了玛格丽塔——尤其是知名演员宾·克罗斯比（Bing Crosby），他在墨西哥安了一个家，非常喜欢龙舌兰酒，美国第一个流行的龙舌兰酒品牌"马蹄铁（Herradura）"即由他引进。

但是关于这款酒的名字有很多不同的理论。一个非常有说服力的说法是：在20世纪20年代，位于墨西哥蒂华纳市（Tijuana）的阿瓜卡连特（Agua Caliente）赛马场供给一种名为龙舌兰雏菊（Tequila Daisy）的饮品，这种饮品由柠檬汁、龙舌兰酒和甜味成分调制而成——玛格丽塔的原料——雏菊在西班牙语中翻译为玛格丽塔。但不管是谁发明的，60年后玛格丽塔已经不再是好莱坞电影殖民地的一种不为人知的内部饮品，而是美国最受欢

给杯子抹盐

这是一件如果不动脑筋就往往做不好的事情。首先，你可能不想在整个玻璃杯口都抹上盐粒，如果玻璃杯口一整圈都沾上盐，就意味着饮酒者不仅需要盐（有些人不需要），而且每喝一口都会有盐，而实际上大多数人都不需要。你也不希望盐粒弄到玻璃杯内壁上，因为那样的话盐就会渗入饮品中。

那么下面就是我们需要做的：首先，在浅碟子或小盘子里倒入大量的粗盐——不要加碘盐，加碘盐太细太咸。切一片非常多汁的新鲜青柠，青柠片的厚度就是你希望盐霜覆盖的厚度——如果想要涂0.635厘米厚的盐霜，柠檬片就切成0.635厘米厚。然后把杯子倒过来拿，这样多余的果汁就不会顺着杯身流进杯子里。用青柠片先把半圈杯口外沿涂湿。把湿润的半圈杯沿轻轻按在盐碟中，让玻璃杯尽可能多地沾到盐粒，然后轻拍玻璃杯抖掉多余的盐粒。至此，涂抹了盐粒的玻璃杯就准备好了。如果把沾好盐粒的杯子放在冰箱里冷冻几分钟会更好些，不仅是为了冷却玻璃杯，还有助于盐汁混合物在杯沿形成结晶并固化在杯沿上。

迎的鸡尾酒了。虽然玛格丽塔引入英国只有35年，并且一直到最近5年才不再那么神秘，但现在已经能与英格兰最受欢迎的鸡尾酒比拼了。这当然也与禁酒令期间美国酿酒厂停业时，龙舌兰酒与加拿大威士忌和加勒比海朗姆酒一起大受欢迎密切相关。二战期间龙舌兰酒再次风靡美国，因为当时的美国酒精从制作饮品变成了造火药的原料。然后，从20世纪60年代后期到70年代，人们对它的兴趣再次激增。但在所有这些时间里，龙舌兰酒的风靡几乎都完全局限于美国西部，一直到20世纪70年代，在美国东海岸纽约的酒吧里都很难找到一瓶龙舌兰酒。

后来，玛格丽塔鸡尾酒流行开来。这是一种简单的包含三种成分的饮品，不太费事，最重要的是要有优质龙舌兰酒。优质龙舌兰酒是用100%的蓝色龙舌兰酿制成的一种绿色带胡椒味的烈酒，有矿物质和植物的风味。要制作出好喝的玛格丽塔酒不需要——也不希望要——陈年的龙舌兰酒，因为陈年的橡木味干扰了龙舌兰、青柠和橙子纯正的味道。调制玛格丽塔酒要使用陈化60天以下（如果发生了陈化现象的话）的纯正白色龙舌兰；还要用新鲜的青柠汁——用加工的混合果汁是做不出好的玛格丽塔酒的；另外还要用君度，君度是所有橙味利口酒中味道最干净且度数最高的品种（不是说柑曼怡不好，只是它的白兰地味和橡木味太明显，与玛格丽塔不搭配）。虽说如此，也有一些很棒的玛格丽塔酒变化款，但没有什么能比得上最简单的原始版本。

大罐高级玛格丽塔酒

对于喜欢派对的人来说，下面是大批量制作玛格丽塔酒的方法：

1. 首先加入大约1/4罐的鲜榨青柠汁。

2. 按两倍于青柠汁的量添加君度。尝一下味道，应该还是有点酸。你可以再加一点君度，但是不要太多；要保持它的酸味特点，罐子现在应该半满了。

3. 添加你选择的龙舌兰酒到罐子3/4的位置。

4. 用龙舌兰糖浆或单糖浆调整甜度，但不要使用更多君度（或它的"小表弟"，三重浓缩橙皮利口酒），太多君度会改变橙味利口酒与龙舌兰酒的平衡。

5. 品尝一下。到此饮品味道应该仍然有点冲，因为最后的成分还没有添加。

6. 加入冰块把罐子装满，这样不仅能冷却整罐饮品，还能减弱烈酒的冲劲，让口感更加柔和。用力搅拌好，让客人自助饮用即可。这是最容易的方式。我更喜欢把冰添加到鸡尾酒摇酒器（而不是罐子）里，每个客人到达后，就单独为其用摇酒器加冰混合，不管是从摇酒器里还是从罐子里，倒入新加了冰块且半圈杯口外沿沾了盐的岩石杯或是高脚玛格丽塔酒杯中。

冰冻玛格丽塔 FROZEN MARGARITA

配方

44毫升纯龙舌兰酒（pure agave tequila）

22毫升君度（Cointreau）

30毫升鲜榨青柠汁

44~59毫升单糖浆（simple syrup）或龙舌兰糖浆（agave syrup）

青柠圆形薄片，用于装饰

☞在搅拌机中，将龙舌兰酒、君度、青柠汁和糖浆与1杯碎冰搅拌至浓稠光滑。倒入传统的玛格丽塔酒杯或鸡尾酒杯中，饰以青柠片。

这款火爆的替代品种需要进行几次配比调整。因为加了冰块就添加了更多的水，所以需要更多的甜味和酸味来抵消味道的稀释，否则整杯酒就会尝起来有点像变味的兑水龙舌兰酒。

成分说明

龙舌兰酒

调制玛格丽塔酒，我建议用在墨西哥装瓶且完全由蓝色龙舌兰蒸馏酿制的纯正龙舌兰酒。这种酒可不像你想象的那么普遍。全世界饮用的超过90%的龙舌兰酒都是从墨西哥装进罐车中运出，然后在当地装瓶，往往还肆无忌惮地兑入了中性烈酒和水。所以要注意寻找带有"Hecho en Mexico"（墨西哥制造）以及"100% blue agave"（100%蓝色龙舌兰）字样的品种。如果你对制作玛格丽塔酒讲究的话，我建议你就像买其他品种的烈酒时经常做的那样，也先买几瓶来

尝一下，看是不是你喜欢的风格。

最好的龙舌兰酒通常都出自知名酿酒商，这些酿酒商一般都拥有自己的龙舌兰基地，或者仅从按照他们的标准管理龙舌兰种植过程的种植者手中购买龙舌兰，这些酿酒商与那些采购、包装和销售过程分属于不同供应商的厂家区别很大。有许多著名的龙舌兰酒生产商；我最喜欢的一些品种包括卡萨科沃传统（Casa Cuervo's Tradicionale）和经典百年（Gran Centenario）龙舌兰瓶装酒（其酒瓶标签上没有Cuervo的字样），还

有非常具有前瞻思维的马蹄铁公司或宝藏（El Tesoro）和唐胡里奥（Don Julio）等非常古老且采用传统方法的老牌厂商所出产的任何一个品种（宝藏龙舌兰酒业公司甚至还在使用一种古老的称为tahona的石头轮子来磨碎龙舌兰，在木桶中发酵，并采用罐式蒸馏器技术）。另外，一定要尝试帕蒂达（Partida）龙舌兰酒——他们世代相传一直在种植龙舌兰，现在也生产成品的龙舌兰酒。

红宝石帕蒂达鸡尾酒 RUBY PARTIDA*

帕蒂达龙舌兰酒是一种优质龙舌兰酒，由100%的自有庄园种植的蓝色龙舌兰酿造，为企业家加里·善斯比（Gary Shansby）与种植者恩里克·帕蒂达（Enrique Partida）共同打造的产品。该酒所用龙舌兰由帕蒂达家族几代人在历史悠久的墨西哥龙舌兰山谷的中心地带种植。位于特基拉（Tequila）地区的阿马蒂坦山谷（Amatitán Valley）拥有异常肥沃的火山土壤，能出产极好的龙舌兰，而帕蒂达家族的土地就在龙舌兰生产区的中心区域。他们制作的低地风格（lowland-style）龙舌兰酒分四种不同的瓶装：白龙舌兰酒blanco、陈酿6个月的微陈reposado、陈酿十八个月的陈年龙舌兰酒añejo（阿乃卓）和2007年首发的高端的极品龙舌兰酒elegante。我创作的红宝石帕蒂达鸡尾酒是为了展示帕蒂达龙舌兰酒，但是关于这种鸡尾酒的创意可以追溯到20世纪20年代早期的龙舌兰鸡尾酒配方：黑醋栗有着酸甜的浆果味，龙舌兰酒则具有药草、矿物质和植物风味，两者一直是最佳搭配。找到与龙舌兰酒搭配的东西并不容易——简直是调酒师在创作中面临的最大挑战之一。与格拉巴酒（grappa）、茴香风味的烈酒和其他具有鲜明风味特色的烈酒一样，龙舌兰酒往往会压倒与之混合的几乎任何东西的味道，所以黑醋栗绝对是龙舌兰酒的天赐绝配。

配方

44毫升帕蒂达微陈龙舌兰酒（Partida reposado tequila）
15毫升君度（Cointreau）
15毫升鲜榨红宝石葡萄柚汁
15毫升鲜榨柠檬汁
15毫升法式黑醋栗香甜酒（French crème de cassis），最好选择特伦内尔酒庄（Trenel Fils）、约瑟夫卡特龙（Josoph Cartron）或朱尔斯特里耶（Jules Theuriet）黑醋栗香甜酒

☛将龙舌兰酒、君度、葡萄柚汁和柠檬汁倒入加冰的鸡尾酒摇酒器中摇匀。滤入冰镇过的鸡尾酒杯，然后缓慢滴入黑醋栗香甜酒。在杯子边放上搅棒端给客人。

其他变化品种

其他一些玛格丽塔酒的变化款式也值得一提：

凯迪拉克（CADILLAC）是在基本的玛格丽塔酒配方上，将30毫升君度替换为君度和柑曼怡各15毫升。

百万富翁（MILLIONAIRE）就采用凯迪拉克的配方，但用的是超级优质的龙舌兰和百年典藏瓶装柑曼怡。

我喜欢用新鲜的草莓做**草莓玛格丽塔（STRAWBERRY MARGARITA）**（注意：不是冰冻玛格丽塔），在标准配方的基础上，在摇酒器底部将几颗新鲜草莓捣碎，务必过滤干净——最好使用滤茶器进行过滤——避免草莓籽残留在酒里。无论何时，只要使用新鲜水果，可能都需要增加甜味成分的使用量，在这里可以尝试加一茶匙龙舌兰花蜜。

冰冻草莓玛格丽塔（FROZEN STRAWBERRY MARGARITA），按照先前描述的冰冻玛格丽塔酒的基本配方，加入3~4个新鲜的去蒂草莓，与其余成分混合搅拌。一定要长时间用力搅拌，直到草莓果肉和种子完全碎成泥。

含羞草 MIMOSA

配方

59毫升鲜榨橙汁
118毫升香槟（Champagne）
15毫升君度（Cointreau），淋到最
　上层，可选
橙皮屑，装饰用

将橙汁倒入长笛杯中，轻轻倒入香槟，两种成分自会混合，没必要搅拌，搅拌只会让气泡消散得更快。顶部淋上15毫升的君度，可以增添一点额外的令人愉悦的小小刺激感，并用橙皮屑装饰。

 有场合我就喝酒，有时没场合我也要喝酒。

——米格尔·德·塞万提斯 (Miguel De Cervantes,1547—1616)

如果没有喝酒的场合，但你却仍然在喝酒，那你的杯子里很可能是香槟了。起泡酒是一天中任何时间都适合（或至少不是完全不适合）喝的酒——非常可能是完美的饮品。而含羞草无疑证明了香槟在中午前受欢迎的程度——在几乎所有的早午餐菜单上，都有含羞草鸡尾酒，还有血腥玛丽。在我看来使用鲜榨橙汁对于调制含羞草鸡尾酒绝对是至关重要的，不然效果会大不相同。如果你用的是优质的法国香槟，再将其与纸盒装果汁混合起来还有意义吗？不，绝对没有意义。

芒果含羞草MANGO MIMOSA*

这是我对经典起泡酒的热带诠释，将水果和药草与酒精结合在一起，是一种多年来一直让我着迷的组合。

配方

3或4小块芒果
15毫升芒果味格拉巴酒（mango-infused grappa）
2茶匙贝沃尔芒果甜酒（Bevoir mango cordia）
118毫升普罗塞克起泡酒（Prosecco）
橙皮，装饰用

☛在波士顿摇酒器的玻璃杯件中，加入芒果块、格拉巴酒和芒果甜酒，用捣棒捣碎芒果块并混合均匀。沿玻璃杯侧壁慢慢地倒入普罗塞克起泡酒，同时用长柄吧匙轻轻将底部的成分提拉到上面。用滤茶器将混合物滤入长笛杯，并用橙皮装饰。

巴克菲士鸡尾酒 BUCK'S FIZZ

含羞草的祖先是巴克菲士鸡尾酒，发明于20世纪20年代伦敦克利福德街（Clifford Street）的巴克俱乐部（Buck's Club）。这家绅士俱乐部的调酒师麦加里（McGarry）想出了一款将金酒和樱桃白兰地与起泡酒搭配的组合。

配方

59毫升鲜榨橙汁
1洒金酒（gin）
1洒彼得希林希林樱桃利口酒（Peter Heering Cherry Heering）
89毫升香槟（Champagne）
螺旋橙皮，装饰用

☛将橙汁、金酒和希林樱桃利口酒倒入加冰的调酒杯中搅拌冷却。滤入长笛杯，顶部淋上香槟。用螺旋橙皮装饰。

猴腺 MONKEY GLAND

配方

1酒苦艾酒（absinthe）或苦艾酒替代品
橙片，可选
44毫升金酒（gin）
30毫升鲜榨橙汁
7.4毫升红石榴糖浆（grenadine）
橙皮，装饰用

将苦艾酒泼入调酒杯中。加入橙片、金酒、橙汁、红石榴糖浆和冰块，然后摇匀。滤入一个小鸡尾酒杯，用橙皮装饰。注意：新鲜果汁总是首选，但如果使用纸盒装果汁，摇匀时要加入橙片。

这名字很奇怪，不是吗？不过，让我们把它想象成维多利亚时代的伟哥即可。20世纪初，一位名叫谢尔盖·沃罗诺夫（Serge Voronoff）的俄罗斯医生发明了一种奇怪的外科手术，将猿的睾丸移植到老人——人类男性，老年智人（homo sapiens）身上——希望能重新唤起他们的性冲动。这种医疗方案令人怀疑吧？肯定值得怀疑了。但也许烈酒可以唤起一个年长男人的性能力（尽管遗憾的是，大多情况下效果完全相反），这就是猴腺这个名字的来源。这款酒的发明者哈里·麦克艾霍恩是位于巴黎的哈里纽约酒吧（Harry's New York Bar）的老板和《鸡尾酒调酒入门》（ABC of Mixing Drinks）一书的作者，当初调制这款酒使用的是自1912年以来在美国非法的茴香味烈酒苦艾酒。这款酒是19世纪的一种叫作雏菊（daisies）的鸡尾酒品种的派生品种，其配方是往烈酒中加入果汁和石榴汁之类的甜味剂。在传入大西洋彼岸后，美国调酒师开始使用修士甜酒，一种甜味草药利口酒，来取代苦艾酒。所以这款有着奇怪名字的鸡尾酒有两种绝对令人尊敬的版本：用修士甜酒的美国版和用茴香或甘草味利口酒的哈里版。我偏爱原版，所以这是哈里的猴腺配方。

变化款

橙花 ORANGE BLOSSOM

配方

44毫升干金酒（dry gin）
15毫升君度（Cointreau）
44毫升鲜榨橙汁
橙皮，最好是螺旋橙皮，装饰用

将金酒、君度和橙汁倒入调酒杯中，加冰摇匀。滤入冰镇过的小鸡尾酒杯。要纪念禁酒时代的风格，就用高脚杯。饰以橙皮。

将橙汁与烈酒混合的做法起源于19世纪后期的布朗克斯鸡尾酒。禁酒令期间，当然很难买到好酒，制作精良的布朗克斯——用甜味美思和干味美思加上高品质的金酒制成——不可能找到，于是诞生了橙花鸡尾酒。目的是用甜橙汁和其他任何一种利口酒来掩盖私酿金酒的味道。如果你想特别感受一下禁酒时期的感觉，就请蒙上眼睛，随机选择一种利口酒取代君度，倒入15毫升，来感受一下喧嚣的20世纪20年代那种不可预测的率性吧。

内格罗尼NEGRONI

配方

30毫升金巴利（Campari，参见第145页成分说明）

30毫升意大利甜味美思（Italian sweet vermouth）

30毫升金酒（gin）

橙皮，装饰用

☞将金巴利、味美思和金酒倒入冰镇过的古典玻璃杯中搅拌。用橙皮装饰。

1925年，在意大利佛罗伦萨位于亚诺河畔（Arno River）的巴廖尼酒店（Hotel Baglioni）的酒吧里，卡米洛·内格罗尼伯爵（Count Camillo Negroni）发现自己的美国佬鸡尾酒喝起来太不够劲，就请调酒师给他加入一点金酒，于是就诞生了这款著名的鸡尾酒。随即，这个创意流传开来，这款内格罗尼伯爵风格的美国佬鸡尾酒风靡起来，其名字最终缩短为内格罗尼。原来的配方是等比例的金酒和金巴利加冰，但最近内格罗尼酒已经进化成为金酒为主的饮品，直接将金酒倒入鸡尾酒杯中，开胃酒逐渐减少到一半的比例甚至只是少许几滴。有时伏特加会代替金酒。我更喜欢原来的1：1：1比例，并且更喜欢用岩石杯。融化冰块的影响——请用大一点的冰块——在这样全是烈酒的组合里会非常重要。金巴利对于那些不熟悉苦味开胃酒的人来说可能是一个挑战，我认为以这种混合方式喝起来更容易。最后，有些人用柠檬皮作装饰，但我更喜欢橙皮与金巴利这种令人愉快的搭配。

往日激情 OLD FLAME*

我原创的这款鸡尾酒在2001年西班牙马拉加百加得马提尼大奖赛获奖。这次获奖在我看来完全是走了超级好运，因为这款酒的发明纯粹出于偶然。当时我正在参加一个全国鸡尾酒晚餐巡回展演，就是为厨师的作品匹配合适的鸡尾酒，达拉斯是其中一站。我当时调制了内格罗尼与鱼籽小面包搭配，并为一位美食记者与她的随行摄影师南希各端了一杯。她们两个都啜饮了几口，并回我以经典的"咦"的表情，通常情况下，喝甜汽水口味长大的美国人喝下苦味开胃酒为主的鸡尾酒时都是这样的反应，因为口味大相径庭。于是我拿了内格罗尼回到调酒师那里，让他加入新鲜的橙汁和君度，再摇一摇，重新滤过，再次给她们端过去两杯。这一次，两个女人都回我以微笑。我因此把这种酒以那个摄影师的名字命名为雅致南希（Fancy Nancy）。不久后我决定将这款酒也加入比赛，并为其起了一个更通用的名字"往日激情"，于是，就真没想到了……

配方

30毫升孟买白标金酒（Bombay white-label gin）
15毫升马提尼＆罗西甜味美思（Martini ＆ Rossi sweet vermouth）
15毫升君度（Cointreau）
7.4毫升金巴利（Campari）
44毫升鲜榨橙汁
火焰橙皮，用于装饰

☛将金酒、味美思、君度、金巴利和橙汁倒入加冰的调酒杯中摇匀。滤入冰镇过的鸡尾酒杯，饰以橙皮。

粉红佳人 PINK LADY

配方

44毫升金酒（gin），最好是亨利爵士金酒（Hendrick's gin）

7.4毫升红石榴糖浆（grenadine）

22毫升单糖浆（simple syrup）

30毫升高脂浓奶油

马拉斯奇诺酒浸樱桃（Maraschino cherry），装饰用

☛将金酒、红石榴糖浆、单糖浆和奶油倒入加冰的调酒杯中摇匀。滤入一个小鸡尾酒杯，并用樱桃装饰。

在哈德逊河（Hudson River）沿岸，格林威治村（Greenwich Village）的最西边，现在有美国现代建筑大师理查德·迈耶（Richard Meier）设计的建筑，包括美国著名演员玛莎·斯图尔特（Martha Stewart）的住所和世界名厨让·乔治斯·冯格里奇顿（Jean-Georges Vongerichten）拥有的餐厅。但在20世纪70年代，当我和妻子与另一对夫妇沿着河边骑自行车时，除了车库和仓库以及沿着克里斯托弗街（Christopher Street）的几家酒吧外，周围再没有其他东西了。那天很热，我们骑车骑得口渴，于是，便走进了一个叫工具箱（Tool Box）的酒吧。吧台后面是一个戴着摩托车帽的家伙。"你们确定来对地方了吗？"他怀疑地问道。"我们只是口渴了，"我说，"我们喝杯啤酒就走。"于是他给了我们几个易拉罐，这就是当时同性恋酒吧常见的营业状态。这样子的话，如果他们必须快速从营业场所永久性撤出的话，就不必担心酒桶、装在墙上的酒龙头或其他昂贵的重型设备了。

我们的啤酒喝到一半时——而且我们喝得很快——听到外面传来了震耳的轰鸣声，15或20辆摩托车停了下来。一群全身皮衣的人进来了。领头的那个人环顾房间，看看我们，又看看他的朋友们，然后吼道："全都要粉红佳人。"那是要我们离开的暗示[译者注：英语文化中，pink（粉红）有"与同性恋者有关"的含义]。那时我到纽约才没几年，碰巧我有时会在餐后点这款奶油味十足的酒，因为我真的不知道还能喝什么——粉红佳人是当时流行文化的一部分，漫画和戏剧里都经常提到，我就想它肯定不错。事实上，以亨利爵士金酒中的玫瑰和黄瓜风味，取代伦敦干金酒那强烈的杜松风味之后，这款酒非常好喝了。只不过并不太适合于中午骑自行车休息时在一个满是穿皮衣的同性恋的酒吧里饮用罢了，你知道的，只要不是那么荒谬的情况就可以。

原版粉红佳人 THE ORIGINAL PINK LADY

泰德·海格，人称"鸡尾酒博士"，是《佳酿烈酒和被遗忘的鸡尾酒》（*Vintage Spirits and Forgotten Cocktails*）一书的作者，他将日常工作（作为好莱坞电影的美工）之余的每一分钟都投入了对鸡尾酒的满腔热爱之中。他发现他收录于书中的是粉红佳人的原始配方，这是一种比后来的配方更偏干型的鸡尾酒。为了让这款历史久远的古怪配方更可口，我建议使用2大抖以上的红石榴糖浆，也许再加上几滴单糖浆会更好些。

配方

44毫升金酒（gin）
15毫升苹果白兰地（applejack）
15毫升鲜榨柠檬汁
1个小鸡蛋的蛋清
2大抖红石榴糖浆（grenadine）

☞将金酒、苹果白兰地、柠檬汁、蛋清和红石榴糖浆加冰充分摇匀，滤入冰镇过的鸡尾酒杯。

苹果白兰地石榴泡沫 APPLEJACK-POMEGRANATE FOAM

"鸡尾酒博士"泰德·海格对鸡尾酒的酷爱体现在冷静的思考分析中。通常情况下在鸡尾酒方面，定量分析是几乎无法做到的事情，因为即使是最聪明的评论家，喝酒时也无法清醒到可以记录下来什么东西。但博士对各种数据进行了分析，并给出了严谨准确的结果！往粉红佳人中添加苹果白兰地，是他为了找到早期鸡尾酒配方中想要的味道所做的尝试。制作粉红佳人鸡尾酒还能提供绝佳的机会，采用泡沫装饰来展示不同质地的风味。如果你决定使用泡沫，就省略掉鸡尾酒配方中的苹果白兰地。有关泡沫制作、所需相关设备的信息，参见第250页。

用一个1/2升的奶油泡沫罐制作的泡沫足够调制15~20杯鸡尾酒

2张明胶片，每张约23厘米×7厘米
3/4杯超细糖
177毫升石榴汁，最好是石榴红牌（POM Wonderful）石榴汁
59毫升乳化蛋清
118毫升莱尔德珍藏苹果白兰地（Laird's Reserve apple brandy）

☞把拧开盖的空奶油泡沫罐放进冰箱冷藏室，不要放冷冻室。往平底锅里加入177毫升水，开火加热。拌入2张明胶片，慢慢搅拌至完全溶化，关火，加入糖，并继续搅拌直至糖溶解，放置冷却；然后添加石榴汁、乳化蛋清和苹果白兰地，搅拌均匀，把混合物用细滤网筛入金属碗中；将碗放入冰桶，不时搅拌一下，直到混合物冷却。

将473毫升混合物加入罐中。拧紧盖子，要确保完全拧紧。再把奶油发泡气囊拧上，这时会听到气体快速逸出的声音，这是正常的。然后把罐子倒过来，用力摇晃均匀，泡沫就做好了。

不用时，储存在冰箱里即可。每次使用前，把奶油泡沫罐倒置并充分摇晃，然后尽量把罐子竖直颠倒起来拿稳了，轻轻地按压压嘴，把泡沫慢慢地沿杯子内沿向中心划圈挤到饮品顶端。罐子空了以后，要对着水槽按压压嘴，确保气体完全喷出，然后取下盖子，按照产品说明书进行清洁。

斯托克俱乐部鸡尾酒
STORK CLUB COCKTAIL

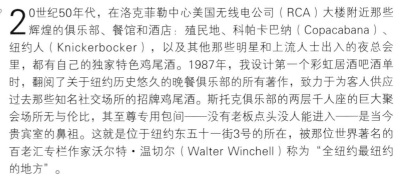

配方

44毫升金酒(gin)
22毫升君度(Cointreau)
30毫升鲜榨橙汁
15毫升鲜榨青柠汁
1抖安高天娜苦精(Angostura bitters)(新款安高天娜橙味苦精是很好的替代品)
火焰橙皮,用于装饰

☛将金酒、君度、橙汁、青柠汁和苦精倒入加冰的调酒杯中摇匀。滤入冰镇过的鸡尾酒杯,用橙皮装饰。

20世纪50年代,在洛克菲勒中心美国无线电公司(RCA)大楼附近那些辉煌的俱乐部、餐馆和酒店:殖民地、科帕卡巴纳(Copacabana)、纽约人(Knickerbocker),以及其他那些明星和上流人士出入的夜总会里,都有自己的独家特色鸡尾酒。1987年,我设计第一个彩虹居酒吧酒单时,翻阅了关于纽约历史悠久的晚餐俱乐部的所有著作,致力于为客人供应过去那些知名社交场所的招牌鸡尾酒。斯托克俱乐部的两层千人座的巨大聚会场所无与伦比,其至尊专用包间——没有老板点头没人能进入——是当今贵宾室的鼻祖。这就是位于纽约东五十一街3号的所在,被那位世界著名的百老汇专栏作家沃尔特·温切尔(Walter Winchell)称为"全纽约最纽约的地方"。

斯托克俱乐部鸡尾酒是最经典的,如果制作得当的话——这意味着,至少,不用任何东西(如三重浓缩橙皮利口酒或柑曼怡)替代君度——君度是迄今为止最复杂、最和谐、最平衡的橙味利口酒。君度干净而且苦中带甜,没有柑曼怡那种白兰地催发的木头味;我喜欢柑曼怡,但不喜欢用它来调制大多数柑橘风味鸡尾酒。当然,这款酒的缺点就是成本太高,就像很多类似情形,好东西总是价格不菲。

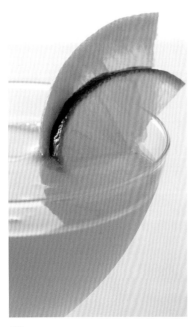

天鹅绒雾 VELVET FOG*

这里会用到风味烈酒（见本页下方成分说明），我认为调味伏特加最好的使用方法是与新鲜水果成分结合使用，就像在下面这款我原创的鸡尾酒配方中，就是将橙味伏特加和鲜榨柑橘汁搭配使用。

配方

44毫升雪树橙味伏特加(Belvedere Pomarnacza vodka)
15毫升约翰·D.泰勒天鹅绒法兰勒姆 (John D.Taylor's Velvet Falernum)
30毫升鲜榨橙汁
15毫升鲜榨青柠汁
2抖安高天娜苦精 (Angostura bitters)
火焰橙皮, 装饰用
肉豆蔻(nutmeg), 装饰用

☞将伏特加、法兰勒姆、橙汁、青柠汁和苦精倒入加冰的调酒杯中摇匀。滤入冰镇过的鸡尾酒杯。用橙皮装饰，并撒上现磨碎的肉豆蔻粉。

成分说明

风味烈酒

在训练有素的鸡尾酒调酒师的圈子里，势利的阵营可能会对越来越多的风味烈酒嗤之以鼻。新品牌和新品种不断推陈出新，占据了越来越大的市场份额。但给酒增加风味的做法实际上有着非常非常古老的历史，可追溯到约500年前最初的风味伏特加，就是往伏特加里加入蜂蜜、香草和花香精华，来掩盖早期那些蒸馏产品的可怕味道；朗姆酒从一开始就加了香料和焦糖来调味和着色。如果往更专业方面说的话，2000多年前的希腊人就给他们的葡萄酒增加各种调味了。所以

给酒调味的做法并不新鲜，新鲜的是调味的工艺技术。的确，现代调味品是在实验室中而不是在厨房里创造的（当然你会发现今天有很多厨师怀疑两者有何区别）。如果制造商将糖和人造香料与烈酒混合，结果很可能会令味道很不自然；但如果使用昂贵的精油并努力平衡口味和保持质量，那么最终的产品可以有不错甚至是很棒的味道。柠檬味绝对伏特加是当代的一款精心制作的风味烈酒产品（就是在这款产品试销时，发明了我们当代最受欢迎的现代鸡尾酒四海为家）。近日，

芬兰伏特加推出了一种葡萄柚风味伏特加，我认为很棒。甚至最好的风味烈酒品种——当然最糟糕的品种也不例外——也只有和新鲜风味结合起来才能产生令人愉快的效果（例如，四海为家鸡尾酒就是将柠檬味绝对伏特加与青柠汁混合）。因此，对于所有这些风味烈酒我都推荐要和新鲜风味结合应用——不是作为新鲜风味的替代品，而是为了增加新鲜风味的口感。

白色丽人 WHITE LADY

哈里·克拉多克原是高端餐厅霍夫曼之家（Hoffman House）的一名出色的调酒师，因禁酒令而失业，于是前往伦敦的萨沃伊酒店（Savoy Hotel）就职，成了那里的美式酒吧的头号调酒师；并在那里写下了史上最伟大的调酒著作之一《萨沃伊鸡尾酒书》，该书于1930年首次出版。克拉多克先生在萨沃伊酒店工作时还发明了以当时流行的玫瑰命名的白色丽人鸡尾酒，白色丽人玫瑰的名字则是来自1807年的白木香玫瑰（White Lady Banks）。有趣的是，另一位因禁酒令失业的著名调酒师哈里·麦克艾霍恩（他曾是纽约市广场酒店的调酒师），在位于巴黎的哈里纽约酒吧也创作了一款名叫白色丽人但却是不同品种的鸡尾酒，并写了另一本著名的书《鸡尾酒调酒入门》，且在书中发布了其配方。两个哈里的白色丽人鸡尾酒配方实际上很不一样——麦克艾霍恩版本是白兰地、薄荷利口酒和君度，而克拉多克的则是金酒、君度和柠檬汁。幸存下来且成为流行鸡尾酒的是后者。

撇开词源不谈，白色丽人是一种很好喝且制作方法简单的鸡尾酒，只包含三种成分，橙味利口酒与柠檬汁和金酒中的所有植物成分相结合产生了一种均衡而复合的风味，口感极佳。但是说起来口感均衡，在此请注意一个有趣的地方：克拉多克的版本使用的是等份的君度和柠檬汁。然而，克拉多克的鸡尾酒杯肯定比今天的杯子要小，因为他那个时代所有的鸡尾酒杯都很小。现在玻璃杯的容量至少增加到了163或177毫升，那么调制某些类型的鸡尾酒时，要注意重新分配不同成分的比例，越是简单的鸡尾酒，平衡就越重要——酸味的成分往往会随着鸡尾酒分量变大而变得过于明显。所以在现代版本中，甜味的君度要比酸味的柠檬汁用量略大。这算是与时俱进吧。

配方

44毫升金酒（gin）
30毫升君度（Cointreau）
22毫升鲜榨柠檬汁

☞将金酒、君度和柠檬汁倒入加冰的调酒杯中摇匀。滤入鸡尾酒杯。

飞行 AVIATION

飞行首次出现在1916年出版的《调酒配方》(*Recipes for Mixed Drinks*)一书中,该书作者雨果·恩斯林(Hugo Ensslin)是位于纽约时代广场的沃利克酒店(Hotel Wallick)的首席调酒师。原始配方包括一小烈酒杯金酒、15毫升柠檬汁外加马拉斯奇诺樱桃利口酒和紫罗兰甜酒(crème de violette),这两种甜酒各1茶匙。在刚进入飞行时代的时候,紫罗兰甜酒曾被用来调制了一款天空蓝色饮品——我们这款鸡尾酒因此得名。唉,现在没有紫罗兰甜酒了,还没有其他能填补市场空白的可口的紫色利口酒,所以今天调制的飞行可能不像原来的蓝色饮品了。但基于互联网的鸡尾酒极客小队(cocktail geek squad)重新挖掘出了飞行这款鸡尾酒,现在可以在许多先锋(或者,更确切地说,是复古)鸡尾酒单上的"经典鸡尾酒"部分找到它。事实上,甚至还有一种产自俄勒冈州波特兰的新金酒品种,起名叫飞行(aviation),其目的显然是想用来调制人们最爱的这款古老的鸡尾酒。致力于挖掘被遗忘的鸡尾酒的大师泰德·海格曾一再发声,说这本书上架之际我们的海岸就可能会再次享受到紫罗兰甜酒或巴菲甜酒(Parfait Amour)的美味了。

配方

59毫升金酒(gin)
22毫升路萨朵马拉斯奇诺樱桃利口酒
　　(Luxardo Maraschino liqueur)
15毫升鲜榨柠檬汁

☞将金酒、马拉斯奇诺樱桃利口酒和柠檬汁倒入加冰的调酒杯中摇匀。滤入冰镇过的鸡尾酒杯。

成分说明

马拉斯奇诺樱桃利口酒和马拉斯奇诺酒浸樱桃

马拉斯奇诺樱桃利口酒由生长在亚得里亚海沿岸的马拉斯卡樱桃制成;最初是因为用来调制19世纪的香槟潘趣酒类(Champagne punches)而流行开来。像大多数利口酒一样,有着花香风味的甜味马拉斯奇诺酒从未被用作鸡尾酒基酒——一直只是作为增添风味的成分。从19世纪80年代开始,美国的马拉斯奇诺樱桃利口酒是由路萨朵公司(Luxardo company)装瓶的,用真正的马拉斯奇诺利口酒加上马拉斯卡樱桃制成,但美国公司后来开始用杏仁油、红色食用色素和糖的混合物来替代马拉斯奇诺樱桃利口酒了。到1920年,美国版的调味马拉斯奇诺樱桃利口酒已经很大程度上取代了意大利进口的马拉斯奇诺利口酒。路萨朵还是最好的马拉斯奇诺樱桃利口酒商标——令人难过的是,现在已经很难买到用真正的马拉斯奇诺利口酒泡制的马拉斯卡樱桃了。不过,你可以购买最喜欢的各种新鲜樱桃来自己制作马拉斯奇诺酒浸樱桃。把新鲜樱桃加上糖装在罐子里放一天,然后把路萨朵的马拉斯奇诺利口酒倒满罐子。腌制一周,然后品尝。再腌制几天,应该就制成马拉斯奇诺酒浸樱桃了。

基本马提尼鸡尾酒

干马提尼DRY MARTINI · 维斯帕VESPER · 爱之火焰FLAME OF LOVE ·
法式马提尼FRENCH MARTINI

很少有——可能就没有——哪种鸡尾酒比马提尼酒引发的争论更多了。是摇晃还是搅拌？用伏特加还是金酒？装饰是用橄榄还是用螺旋柠檬皮？味美思要添加30毫升，还是1抖？或者干脆学习温斯顿·丘吉尔（Winston Churchill）那众所周知的做法，在喝马提尼酒时仅仅只是对房间角落里那瓶味美思挥手致意而已，却并不触碰一下，任其继续受到冷落。

近年来，关于马提尼酒的争论范围已经扩大到了整个新时代的马提尼鸡尾酒品类，也就是20世纪90年代进入美国酒吧的以法国马提尼酒为首的鸡尾酒品类——以伏特加、龙舌兰酒甚至是干邑白兰地为基酒，添加风味利口酒、新鲜水果、香料和药草来调和口味的鸡尾酒品类。新时代的马提尼鸡尾酒品类引发了整个20世纪90年代中期风味马提尼[卡津马提尼（Cajun martini）、巧克力马提尼（chocolate martini）以及诸如此类的]的风靡，并因而极大地泛化了马提尼这个令人尊敬的名字的词义，而且令人难以置信的是降低了马提尼的身份。一个多世纪以来，马提尼酒意味着某种特定的鸡尾酒及其以伏特加或金酒为基酒的变化款，如干马提尼、肮脏马提尼或者吉布森等，还有烟熏味马提尼（加一点苏格兰威士忌）。一直以来，包含15种不同马提尼酒的酒单却并不存在，因为并不存在15种不同的马提尼酒。不过，自20世纪90年代中期起，人们开始把所有装在V形鸡尾酒杯里的鸡尾酒都称为马提尼酒，将一种特定饮品的名字泛化成了一种鸡尾酒的类别。（一个世纪前同样的事情也发生在"鸡尾酒"这个词上：鸡尾酒最初被狭义地定义为一种包含有苦精的饮品，但后来成了任何一种混合酒精饮品的代名词。）于是，现如今确实能找到包含15个不同品种的马提尼酒单这样的东西，只不过这样的酒单上列出的只是一系列法式马提尼风格的鸡尾酒罢了，可能并没有一种是真正的马提尼酒。传统主义者大概会为这种情形哀叹，但玫瑰即使不叫玫瑰，依然芳香如故。……对于马提尼这个名字的两种含义，我可以很轻松分辨出来。要我来判断新时代鸡尾酒的好坏，唯一的标准就是看其味道如何：如果味道好，你尽可以随便用什么名字来命名它。如果我点了干金酒马提尼，端给我的仍然是地道的干金酒马提尼，这就没什么问题了。👑

干马提尼 DRY MARTINI

配方

4抖法国干味美思（French dry vermouth）

74毫升伦敦干金酒（London dry gin）或伏特加（vodka）

去核西班牙鸡尾酒橄榄（olive），不带甜椒，冰镇过，装饰用

螺旋柠檬皮，装饰用

往调酒杯中——我的意思是一个玻璃杯，因为马提尼酒应该总是在整个房间的注视下调制——加冰。先加味美思，然后是金酒或伏特加。如果使用大块且结构致密的冰块，就搅拌50次；如果使用小块且开始融化的冰块，则搅拌30次。（我们希望冰块融化的水能稀释饮品；这一点非常关键，可以有效弱化酒精对味蕾的刺激。）滤入冰镇过的鸡尾酒杯。传统上用去核橄榄装饰，然后在杯子上方将柠檬皮挤出精油，再放入饮品。

螺旋柠檬皮装饰的重要性

有些人更喜欢用螺旋柠檬皮而不是橄榄来装饰马提尼酒，大卫·埃姆伯里在他1949年出版的精彩著作《调酒的精细艺术》中对此给出了完美的说明："在玻璃杯上将柠檬皮挤几下，就像用雾化器将鸡尾酒的表面喷洒了柠檬油。这个简单的操作能将一款平庸的鸡尾酒改造成一款好喝的鸡尾酒，将一款好喝的鸡尾酒提升至乳香和没药那样的至臻圣品！"

如果一款马提尼接近于比干马提尼还要干的理想状态，那么对金酒的选择就至关重要了；干马提尼鸡尾酒可以变成什么也不加的冰镇金酒。如今，金酒的选择范围相当广泛，包括经典的伦敦干金酒，如添加利（Tanqueray）和必富达，使用的是大圣诞树香料，有显著的杜松风味。还有口感明亮的添加利10号，除了杜松和芫荽的干植物香味外，还含有葡萄柚、橙子、柠檬皮等新鲜植物成分；重新焕发活力的普利茅斯金酒[实际上自成一个类别，被认为是AOC（原产地命名控制）产品，与伦敦干金酒不同]，最明显的风味是芫荽而不是杜松，能强化柑橘的风味；米勒（Miller）的新瓶装酒，以草本和茴香为特色；还有来自苏格兰的亨利爵士金酒，富含黄瓜和玫瑰的味道。后面这些金酒调制不出经典的伦敦干马提尼，但却值得一试，尤其是对于新手来说，因为他们对伦敦干金酒的风格没有长期感官记忆，味觉还未在大脑中设定固化标准。

说到非标准的做法：我有时喜欢用最多7.4毫升的菲诺雪利酒来替代味美思，与金酒或伏特加都非常搭配，并用橙皮代替柠檬皮，橙皮与雪利酒是绝佳的天然搭配；雪利酒和橙子的组合有助于软化酒精的冲劲，所以对于那些不习惯马提尼的巨大冲劲的人来说，这样的搭配更加易于接受而且好喝。（这种组合如果用金酒制成，就是瓦伦西亚；如果用伏特加酒调制就是爱之火焰。）请记住，无论你在酒吧里放的是干味美思还是菲诺雪利，这些品种都是葡萄酒，必须存放在冰箱中。

无论你要制作哪种版本的马提尼，我认为最好当着客人的面来调制——仪式和期待是享用马提尼的重要组成部分。请始终记得将玻璃杯在冰箱中冷藏至少一两分钟。（或者，要做一名彬彬有礼、准备充分的主人，要始终记得在冰箱里冰上两个杯子。因为你永远不知道何时会需要。）至于装饰，我认为柠檬皮和橄榄在经典马提尼中都是完全可以接受的——这两种装饰我都喜欢——但大多数人更喜欢其中一个，而且他们一定会告诉你他们的偏好。喝马提尼酒，人们往往会让你知道他们认为什么是对的，什么是错的。答案是，无论喝酒的人想要什么都是对的，他们不想要的都是错的。但我建议如果用橄榄，在玻璃杯中不要放超过三个小橄榄，但你可以单独提供额外的橄榄。当年在加利福尼亚州韦斯特伍德（Westwood）的曼尼·马特奥的沙龙（Manny Mateo's Saloon）里，著名美国演员和歌手弗兰克·辛纳特拉（Frank Sinatra）对调酒师的那种蔑视经历，我们还是要尽量避免。当那个调酒师调制了一杯马提尼酒端给弗兰克时，弗兰克命令道："给杯子里扔几颗橄榄，孩子。"年轻的调酒师渴望取悦客人，便问道："您还要洋葱吗，辛纳特拉先生？"却没想到自己犯了一个致命的错误。弗兰克对他的问话嗤之以鼻："嘿，孩子，如果我要一份沙拉，我会点的。"

以上就是我最喜欢的干马提尼酒。

特干马提尼 EXTRA–DRY MARTINI

干或特干马提尼的干度是一个不断变化的目标。在1888年版的哈里·约翰逊的《调酒师手册》中，马提尼的配方要求使用树胶糖浆、苦精、库拉索、老汤姆（Old Tom）金酒和味美思——也就是甜味美思，这是当时最容易买到的品种。在世纪之交位于纽约的纽约人酒店，干马提尼则是用普利茅斯干金酒与诺瓦丽·普拉干味美思等量搭配，加上少许橙味苦精——与20世纪后期的干马提尼相去甚远。直到禁酒令之后，3:1的马提尼才流行开来；40年后，在冷战的高峰期，出现了真正的按11:1的比例调制的特干马提尼酒（紧随其后便是伏特加马提尼酒的出现，通常是干型或特干型）。最近出现了回归偏甜口味马提尼酒的趋势，但仍然会有很多人要求要特干马提尼。这里提供的配方的比例比较理想。

配方

- 2抖法国干味美思（French dry vermouth）
- 74毫升金酒（gin）或伏特加（vodka）
- 鸡尾酒橄榄（olive），不带甜椒，冰镇过，装饰用

将味美思、金酒或伏特加倒入加冰的调酒杯中搅拌。如果使用大冰块就搅拌50次；如果使用小冰块则搅拌30次。如果要连冰块端给客人，就将调酒用的玻璃杯原杯端给客人即可；否则，就将其滤入冰镇过的鸡尾酒杯。无论哪种方式，都饰以冰镇橄榄。

成分说明

橄榄

完美的马提尼橄榄比曼赞尼拉橄榄略大，或者是用最小的大粒橄榄。当然，橄榄要去核，但我认为用带有甜椒（pimiento）或其他任何馅料的橄榄一般是错误的。[虽然我确实认为蓝纹奶酪（blue cheese）是马提尼酒很棒的搭档——但可以在杯子边上放一小块，而不是塞进橄榄里然后任其掉入酒中。]我也认为几乎所有的橄榄在与鸡尾酒搭配时都可以稍微处理一下，以下是处理方法：从腌制的水中取出调制一轮马提尼酒所需数量的橄榄；将它们放入一杯矿物质水中泡90秒，时间不能再长了，这样可以去除腌制盐水的醋酸，却还能保留橄榄的咸味。无论如何，重要的是橄榄要冰镇，尤其是较大颗粒的橄榄品种，或者用到不止一颗橄榄的时候冰镇尤为重要。使用室温橄榄无异于故意将冰镇好的饮品放热来喝。这不是个好主意。请注意，由于某些莫名其妙的原因，少数人坚持在他们的马提尼中用标准罐装的黑橄榄，这种加黑橄榄的变化款称为七叶树（Buckeye）。如果你选择使用带核的美味意大利绿橄榄，请提前提醒客人，否则他们可能会一口咬下去，而造成令人不愉快的后果。

玻璃杯

1925年，在巴黎举办的著名的国际装饰艺术及现代工艺博览会，向人们展示了我们今天所熟知的装饰艺术风格。经典的V形鸡尾酒杯便是博览会上的一种展品，后来成为鸡尾酒时代的标志。这种玻璃杯当时并没有立即流行开来——而是直到二战结束后才得到广泛应用——但当这种杯子最终成为主流后，其流行的时间之长却很少见。直到今天，这种杯子仍然是各种马提尼酒的绝对必搭和标志性容器。

肮脏马提尼 DIRTY MARTINI

配方

1抖法国干味美思（French dry vermouth）

74毫升金酒（gin）或伏特加（vodka）

22毫升腌橄榄盐水

鸡尾酒橄榄（olive），不带甜椒，冰镇过，装饰用

☛将味美思、金酒或伏特加、橄榄盐水倒入加冰的调酒杯中搅拌。滤入冰镇过的鸡尾酒玻璃杯，并用冰镇过的橄榄装饰。

美国第32任总统富兰克林·德拉诺·罗斯福（Franklin Delano Roosevelt）尝试了许多奇怪的马提尼酒变化款，一种比一种难喝。在宣布废除禁酒令时，是富兰克林·罗斯福在白宫的台阶上举起13年来第一杯合法的马提尼酒并让人拍下了照片。（此外，他手里还拿着一个装着纸烟的烟嘴。今天的你能想象出来这种情景吗？）这个罗斯福总统可能是肮脏马提尼酒最忠实的饮用者。这种名字听起来有点令人不适的鸡尾酒需要使用正确的腌橄榄汁来调制——你绝不想使用腌橄榄罐中的盐水，这种盐水里都是醋。我认为市场上最好的橄榄汁是一款叫肮脏苏（Dirty Sue）的产品，不是很咸。另一种做法是从腌橄榄罐中倒出一半盐水扔掉，将剩下的另一半盐水与味美思混合，用这种混合汁液调制的肮脏马提尼味道还可以接受。

马丁内斯 MARTINEZ

配方

2抖安高天娜苦精（Angostura bitters）

2抖库拉索（Curaçao）

1/2玻璃杯金酒（gin）

1/2葡萄酒杯意大利甜味美思（Italian sweet vermouth）

☛所有配方成分加入冻得结实的冰块充分搅拌，滤入鸡尾酒杯。

这是最初的马提尼鸡尾酒，其命名可能是（也可能不是）来自一个名叫马丁内斯的旅行者，据说马丁内斯是杰瑞·托马斯这个调酒创意的享用者。在19世纪60年代和70年代有一款非常相似的变化款称为高端金酒鸡尾酒（Fancy Gin Cocktail），但直到1884年O. H. 拜伦所著的《现代调酒师指南》出版时，金酒味美思鸡尾酒（虽然是甜味美思），也就是马丁内斯鸡尾酒才正式出现在出版物中。有趣的是，虽然人们经常把马丁内斯鸡尾酒的发明归功于杰瑞·托马斯，但在1862年初版的由其撰写的《如何调制鸡尾酒》一书中却并没有提到马丁内斯；马丁内斯鸡尾酒最终出现在1887年再版的《如何调制鸡尾酒》一书中——这要比拜伦的书晚了三年。一直到1888年，在再版的哈里·约翰逊的《调酒师手册》一书中，马提尼的配方才被单独列为一个独立的鸡尾酒品种（而不再是曼哈顿的变化款）。大约就在这个时候，即19世纪后期，法国干味美思才真正进入美国鸡尾酒世界。在此之前，几乎所有的鸡尾酒都是用库拉索酒、马拉斯奇诺樱桃利口酒、意大利甜味美思或树胶糖浆来增加甜味或突出风味。但自拜伦的著作开始，我们看到味美思最终成为曼哈顿和马提尼之类鸡尾酒首选的甜味剂和风味增强剂。

　　如果你要制作马丁内斯，请尝试使用O. H. 拜伦的做法，在配方中用金酒来替代威士忌。虽然拜伦忽略了装饰，但我建议用螺旋柠檬皮在上面装饰。

吉布森GIBSON

吉布森是一种马提尼酒,其装饰物是鸡尾酒洋葱而不是橄榄。故事是这样的:在19世纪后期因为创作了吉布森女孩(Gibson Girls)的系列形象而走红的美国画家查尔斯·吉布森(Charles Gibson)来到球员俱乐部(Player's Club),请调酒师为他调制一款特别的鸡尾酒。在进行了一些雄心勃勃的原创性尝试之后,调酒师最终的选择不过是用鸡尾酒小洋葱来装饰干马提尼酒。另一个故事,根据阿尔伯特·史蒂文斯·克罗克特在《在老华尔道夫酒吧的日子》一书中的说法,这种鸡尾酒以职业拳击比赛承办人比利·吉布森(Billie Gibsons)的名字命名。这两个故事都没有解释洋葱为什么或怎么进入了这款鸡尾酒。

成分说明

金酒和伏特加

对于像马提尼这样的纯酒类饮品,对烈酒的选择和处理是最重要的。显然,我们会希望按自己喜欢的风格选择优质金酒或伏特加,并可能会想把瓶子储存在冰箱里,认为这在调酒时能节省几秒钟时间。其实这样一来就大错特错了。调制马提尼酒的一个关键是水分含量——将室温烈酒与冰块混合产生的水分含量。如果烈酒已经是冰冷了,与冰块混合时就无法将冰融化成水,于是调制的饮品就会因为酒精没有得到稀释而口感太过于冲。因此,把伏特加和金酒放在酒柜中即可。

维斯帕 VESPER

他认真地看着调酒师。

"一杯干马提尼，"他说。"一杯。装在一个深香槟杯中。"

"好的，先生。"

"等一会儿。三份哥顿金酒，一份伏特加，半份基娜利莱特。充分摇匀，到整杯饮料变得冰凉了，再加入一大片柠檬皮。知道了吗？"

"知道了，先生。"调酒师似乎对这个主意很满意。

——伊恩·弗莱明（Ian Fleming）《皇家赌场》（*Casino Royale*），1953

跳 过去几页后，是邦德与一位女特工一起喝鸡尾酒的场面，他们喝的那一瓶在冰碗中冰镇着的鸡尾酒尚未命名。那个女特工的名字是维斯帕（Vesper，意为薄暮）。

"我可以借用你的名字吗？"邦德向维斯帕介绍了他发明的这款特别的马提尼酒，并说他正在为这款酒寻找一个名字。"就叫维斯帕吧！"他说，"这听起来非常完美，暮色降临时，一切笼罩上一层紫罗兰色，让全世界都来享用我发明的这款鸡尾酒，简直太合适了。我可以用这个名字吗？"

1952年，当记者伊恩·弗莱明在他的名为"黄金眼（Goldeneye）"的牙买加庄园度假期间写下了上述语句，于是，一个传奇开始了。弗莱明不仅创造了有史以来最著名的虚构人物之一，而且迅速捧红了伏特加。短短20年内，伏特加在美国从默默无闻一跃成为最受喜爱的烈酒。在现实生活中，原版的维斯帕鸡尾酒——伏特加和金酒与利莱特（不是味美思）的组合——是由吉尔伯托·普雷蒂（Gilberto Preti）发明于伦敦公爵酒店（Duke's Hotel），也就是弗莱明家附近的酒吧。（也许这句话应该说成"在现实风格的生活中……"，因为这个世界上几乎没有人会认为这是现实生活。）弗莱明后来继续写了另外十几本关于007邦德的书，且自1962年《诺博士》（*Dr. No*）上映开始，每本书都拍成了电影。风靡荧屏的007特工总是点上一杯伏特加马提尼。这就是斯米尔诺夫公司的营销活动天才约翰·马丁（John Martin）的策划。为了将伏特加引入美国市场，约翰·马丁联系了邦德系列电影的制片人阿尔伯特·布罗科利（Albert Broccoli），提出在电影中植入广告的方案。为了替斯米尔诺夫公司做宣传，邦德点马提尼酒的台词最终被缩短为"来杯伏特加，摇匀，不要搅拌"。斯米尔诺夫公司支付了大笔钱财，才得以让他们公司的酒瓶子与肖恩·康纳利（Sean Connery）或罗杰·摩尔（Roger Moore）一起出现在屏幕上。奇怪的是，这就是烈酒潮流的转变方式。在我的第一本书《鸡尾酒工艺》（*The Craft of the Cocktail*）（编者注：该书已由北京科学技术出版社引进出版，书名改为《调酒的细节》）中，我为了迎合人们爱喝伏特加的口味，改变了金酒和伏特加的比例，以为这样调制出来的鸡尾酒人们更爱喝，这是我犯的错误。现在我有机会来纠正这个错误的判断。

这里是邦德的原始配方，我对装饰进行了改动。

 配方

3份哥顿金酒（Gordon's gin）
1份伏特加（vodka）
1/2份利莱特（Lillet，参见本页成分说明）
火焰橙皮，装饰用

☞将金酒、伏特加和利莱特倒入加冰的调酒杯中摇匀。滤入冰镇过的鸡尾酒杯，然后用橙皮装饰。

 成分说明

利莱特

邦德喜欢的基娜利莱特酒（Kina Lillet）——温莎公爵夫人（Duchess of Windsor）也同样喜欢喝，她不管去哪里访问都会让人预先将一箱子基娜利莱特酒送过去——更加苦涩，奎宁味道比今天的利莱特重。1985年，这款发明于19世纪的开胃酒进行了改良，今天的利莱特版本实际上很甜（并且商标中去掉了基娜的名字），名字只叫作利莱特白色酒（Lillet, blanc）或利莱特红色酒（Lillet, rouge）（后者很难找到），产自波尔多地区，通常冰镇后饮用。

爱之火焰 FLAME OF LOVE

配方

15毫升菲诺雪利酒（Fino sherry），最好是缇欧佩佩（Tio Pepe）或拉伊娜（La Ina）菲诺雪利酒

3片橙皮，切成适合做火焰橙皮的形状

59毫升伏特加（vodka）

将雪利酒倒入冰镇过的鸡尾酒杯旋转几圈，相当于将整个杯子内壁冲洗一遍，然后倒掉杯中残留酒液。将2片橙皮用火焰烧出精油滴入空杯子里，并用烧过的橙皮将杯子内壁涂抹一遍，再扔掉烧过的果皮。将伏特加在调酒杯中加冰搅拌（虽然佩佩·鲁伊斯更喜欢摇匀）。滤入先前准备好的鸡尾酒杯。在杯子上方燃烧剩下的橙皮，之后将橙皮扔进杯子中。

位于好莱坞的查森酒吧（Chasen's）在20世纪中叶的鼎盛时期，是电影明星和大亨的俱乐部，还是火爆的"鼠帮（Rat Pack）"演唱组合经常光顾的地方，洛杉矶的本土英雄佩佩·鲁伊斯（Pepe Ruiz）就是当时的查森酒吧的首席调酒师。一天晚上，迪恩·马丁（Dean Martin）告诉佩佩说他这么多年一直都来查森喝酒——只要他们不在拉斯维加斯，全体鼠帮人员都来查森——他们终于想要一款自己专属的饮品了。于是，下次马丁进来时，佩佩从一个橙子上切下四大片橙皮并将其点燃，营造了一个火光秀，将整个玻璃杯内部涂上橙皮燃烧后出的油。然后佩佩用菲诺雪利酒——最干的雪利酒品种且与橙子是很好的搭配——加上冰块。最后，他调制好鸡尾酒，并倒入准备好的玻璃杯中，然后在杯子上方燃烧了最后一片橙皮。马丁非常喜欢这种饮品，对佩佩表示了热切的感谢，当天晚上到后来，他还把弗兰克·辛纳特拉拖到酒吧里——并不是说辛纳特拉需要被拖拽才来酒吧——来尝试这种神奇的鸡尾酒。辛纳特拉也被这种鸡尾酒彻底征服了，便买单为餐厅里的每个人点了一杯这种鸡尾酒——至少两百个人。佩佩把厨房工作人员叫到吧台帮忙，完成了这一轮所有两百杯酒的调制工作。这就是我所说的给全场浇水了。

瓦伦西亚 VALENCIA

这款酒也被称为西班牙马提尼，是已故的洛杉矶贝尔艾尔酒店的老板乔·德朗（Joe Drown）喜欢的鸡尾酒。贝尔艾尔酒店的场地曾经是一个名叫阿方索·贝尔（Alfonso E. Bell）的很有远见的人的马厩和销售办公室，他于1922年购买了占地2.43平方公里的但泽格庄园（Danziger Estate），并在圣莫尼卡山脉（Santa Monica Mountains）中最美丽的一些峡谷中集聚了18.21平方公里土地，然后在这片土地上建起了占地4000多平方米的产业，并将其统一命名为贝尔艾尔（Bel Air）。所有峡谷中最美丽的是石头峡谷（Stone Canyon），1946年（贝尔死前一年），乔在那里建造了贝尔艾尔酒店。我于 1978 年来到贝尔艾尔，当时，乔已年迈多病，但每晚仍然来喝他的马提尼，就是严格依照从20世纪40年代传下来的做法调制：金酒加上菲诺雪利酒而不是苦艾酒，盛入一个118毫升的玻璃瓶，放在一个装满碎冰块的小盘子中。乔会一次往他的杯子里倒一点点，也许只是几滴，确保喝到的每一口酒都是冰冷的。这里就是乔喝的鸡尾酒的配方，只是乔喝的酒中没有我今天用的火焰橙皮。

配方

15毫升菲诺雪利酒（Fino sherry），最好是拉伊娜（La Ina）或缇欧佩佩（Tio Pepe）菲诺雪利酒
74毫升金酒（gin）或伏特加（vodka）
火焰橙皮，装饰用

👉 将雪利酒、金酒或伏特加倒入加冰的调酒杯中搅拌。如果使用大冰块就搅拌50次；如果使用小冰块则搅拌30次。滤入冰镇过的鸡尾酒杯，用火焰橙皮装饰。

由火焰橙皮想起的往事

我第一次看到火焰橙皮是在纽约剧院区的热门旅游餐厅妈妈利昂（Mama Leone）那里，服务员在意式浓咖啡上使用火焰柠檬皮，其上咖啡的方式与递支票的方式非常相似。我当时正在做一个广告活动，跑到每一张桌子前去做一些愚蠢到我只好说我记不清是什么的事情——当时的我是一个有抱负的演员，做了很多份零工。

快进十年，我与来自查森酒吧的佩佩·鲁伊斯以及来自华盛顿特区的威拉德酒店（Willard Hotel）的吉姆·休斯（Jim Hewes）一起，参加了汤姆·斯奈德（Tom Snyder）的电视节目。佩佩曾在查森干了将近四十年，是汤姆的老朋友，并且是这个调酒师三人组里的资深元老。所以即使我在彩虹居因为火焰橙皮得到了一些关注——那是四海为家鸡尾酒突然爆红之际，我就像一个疯狂的纵火犯一样不断点燃果皮来装饰鸡尾酒——在节目中轮到我的片段时，我决定不再烧任何东西，以避免踩到佩佩的脚趾。吉姆做他的薄荷朱利普酒，最后轮到佩佩了，汤姆说："我知道你要做什么。"我们都知道，因为这是佩佩的标志和招牌。佩佩走到摄像机前面，僵在那里，像块冰那样。他吓呆了，颤抖着，一个字都说不出来。他那一段变成了彻底的灾难。结束时，摄像机关闭了，汤姆问佩佩他为何能在每一个夜晚为电影明星和国王与王后调酒——并且在里根当总统时期他的酒吧实际上就是西部白宫（Western White House）——然而在这里却僵住了。佩佩耸了耸肩：是因为这摄像机的缘故。

法式马提尼 FRENCH MARTINI

配方

30毫升优质伏特加（vodka）

30毫升香博利口酒（Chambord，参见本页成分说明）

59毫升无糖菠萝汁

☛将伏特加、香博利口酒和菠萝汁倒入加冰的调酒杯中摇匀。滤入冰镇过的鸡尾酒杯，不加装饰。

法式马提尼于20世纪90年代初从欧洲且极可能是巴黎引进美国。1996年，法式马提尼首次出现在美国的酒单上，是在基思·麦克纳利那个以伏特加为主题的普拉夫达（Pravda）酒廊的开业典礼之上。就是这款鸡尾酒开启了重新定义美国人的酒吧词典中全风味"马提尼"的热潮。但撇开其命名不谈，法式马提尼是一种美味的鸡尾酒，如果像调制火烈鸟一样剧烈摇匀，其中的菠萝汁能泛起1.3厘米厚的泡沫。（顺便说一下，我们可不想用任何装饰来破坏这种泡沫。）法式马提尼从来没有像它的姐妹四海为家鸡尾酒那样当红，但我认为它也是一款相当受欢迎的饮品，值得更多人的喜爱。

成分说明

香博利口酒

香博是一种产自法国的优质覆盆子利口酒，但它并不是由僧侣发明，也不是像修士甜酒或查特酒那样的草药或植物利口酒，也不是像白兰地品类里的一些品种那样由覆盆子泥发酵制成；香博是一种度数较低、中性风味的谷物烈酒，更适合与包括库拉索、柑曼怡和樱桃利口酒在内的水果利口酒搭配。香博在20世纪80年代和90年代销量非常大，因为那个时代的迪斯科流行饮品普遍都是烈酒加甜味酒调制而成，就像紫帽匠（Purple Hatter）、脑叶切除术（Lobotomy）和葡萄碎（Grape Crush）之类的鸡尾酒，一般都会用到香博，因为香博是甜味的，还额外有些酸味，有助于平衡饮品的口感。香博的包装用的是一个圆形玻璃瓶，瓶身中间缠了一条镀了金色的塑料带，上面还有一个皇冠。禁酒令前有一种非常惹人喜爱的叫作禁果（Forbidden Fruit）的烈酒，几乎用的是完全相同的包装。禁果利口酒以柚子为基础制成，是纽约市餐馆老板布斯塔诺比（Bustanoby）家族的产品，在当时许多很受欢迎的鸡尾酒中都有用到。禁酒令后布斯塔诺比家族失去了一切。

完美激情 PERFECT PASSION*

我为在彩虹居和我一起工作的朋友罗宾·梅西（Robin Massey）调制了这款饮品。罗宾在伦敦结婚，我因为工作无法去参加，但罗宾让我为婚礼设计鸡尾酒。我很高兴地提供了一份包括本发明的清单，并以她的心境命名。我最初的想法是用白龙舌兰酒来调制，但是罗宾的大部分朋友都喝伏特加，所以我们做了改动；伏特加与金酒搭配也很好。如果你打算在家里制作其中一种鸡尾酒，这里的配方效果很好；但是，如果你要为一个派对上的很多人调酒（或者如果你是专业人士），那你不可能按所有这些步骤来调制每一杯酒。你可以预先做一批腌制草莓荔枝（参见本页说明）和一些姜糖浆（参见第248页）来代替做水果泥的步骤；每杯鸡尾酒，使用30毫升腌料和22毫升姜糖浆配伏特加和柠檬汁。请注意，尽管我通常很执着于坚持使用新鲜的食材，在这里我不建议你用新鲜的荔枝：我认为用新鲜的荔枝和罐头荔枝并没有明显的区别，要用新鲜荔枝需要额外费好大劲，我认为不值得。

配方

1块镍币大小的新鲜生姜根

7.4毫升约翰·D. 泰勒天鹅绒法兰勒姆（John D. Taylor's Velvet Falernum）

3颗新鲜草莓，2颗去掉萼叶，用来捣成泥，剩下1颗用于装饰

2罐罐头荔枝

59毫升伏特加（vodka）

30毫升三重糖浆（triple syrup）

15毫升鲜榨柠檬汁

在波士顿摇酒器的玻璃杯件中，把生姜根加上法兰勒姆捣碎。加入2颗草莓和荔枝，压成泥混合均匀。加入伏特加、三重糖浆、柠檬汁和冰块，摇匀。用滤茶器滤入冰镇过的鸡尾酒杯。把剩下的草莓对半切开，在其中一半的底部开一个细缝，并将其卡到杯沿上，作为装饰。

腌制草莓荔枝 STRAWBERRY-LYCHEE MARINADE

要给很多人调制完美激情，这一步是必不可少的工作；没有它，你将不得不无休止地捣水果泥。所以提前一天晚上做好这一工作。

2.84升新鲜草莓，洗净并去掉萼部
6个355毫升的荔枝罐头，加1罐荔枝饮品

473毫升蜂蜜糖浆（honey syrup）
1升单糖浆（simple syrup）
1升龙舌兰糖浆（agave syrup）

将草莓和荔枝放入搅拌碗中。用一个浸入式搅拌器，将水果打成小块。将水果混合物倒入大容器，并添加荔枝饮品、蜂蜜糖浆、单糖浆和龙舌兰糖浆，搅拌。盖紧容器，放进冰箱中腌制至少3小时，但最好过夜，不时搅拌一下。
使用前，用滤茶器或细孔筛过滤，冷藏储存，最多可存放4天。

拉松氏马提尼 LAZONE'S MARTINI*

配方

44毫升金酒(gin)

30毫升金馥利口酒(Southern Comfort)

15毫升鲜榨青柠汁

2抖贝乔苦精(Peychaud's bitters)

2抖药草圣徒苦艾酒(Herbsaint absinthe)

青柠圆形薄片,用于装饰

☛ 将金酒、金馥利口酒、青柠汁、苦精和药草圣徒苦艾酒倒入加冰的调酒杯中摇匀。滤入冰镇过的鸡尾酒杯,用青柠片装饰。注意:可用单糖浆调整甜味。

♕ 新奥尔良(New Orleans)举办过一场名为"鸡尾酒故事"的精彩活动,2005年是其三周年。配合我的一次展示活动,我在布伦南(Brennan)餐厅举办了一场鸡尾酒晚宴。在绰号轻松城(Big Easy)的新奥尔良,我想使用经典的新奥尔良原料,如金馥利口酒、贝乔苦精和药草圣徒苦艾酒,于是就调制出了这款鸡尾酒,并以布伦南的主厨拉松·伦道夫(Lazone Randolph)的名字为其命名。

石榴石 GARNET*

配方

44毫升添加利10号金酒(Tanqueray No.10 gin)

22毫升君度(Cointreau)

30毫升石榴红石榴汁(POM Wonderful pomegranate)

30毫升鲜榨葡萄柚汁

火焰橙皮,用于装饰

☛ 将金酒、君度、石榴汁和葡萄柚汁倒入加冰的调酒杯中摇匀。滤入冰镇过的鸡尾酒杯,用橙皮装饰。

♕ 这是我自己对不断扩大的风味马提尼酒品类的贡献之一,是一种金酒鸡尾酒。新浪潮的金酒品牌旨在引诱伏特加饮用者,不那么强调伦敦干式金酒那种圣诞树香料,以柑橘作为主风味取代其浓郁的杜松香味。石榴石是一种果味风格的金酒鸡尾酒,充分体现了这种清淡的口味特点。

草莓极乐 STRAWBERRY NIRVANA*

这种精致的果味朗姆酒鸡尾酒甘美、芳香且口味平衡，就像玻璃杯中的花朵。调制起来颇费些功夫，要搭配多种糖浆、鲜榨果汁和一些浆果。用了浆果，就需要使用细滤网或滤茶器来过滤，因为微小的种子很烦人——而且会在饮品里飘得满杯都是，弄得饮品看上去不太美观。最后，对于装饰用的草莓，要洗，但不要去掉萼部——带着绿色萼叶的草莓装饰更漂亮。

配方

3颗中等大小的草莓，洗净

22毫升鲜榨柠檬汁

44毫升普利茅斯金酒 (Plymouth gin)

7.4毫升路萨朵马拉斯奇诺樱桃利口酒 (Luxardo Maraschino liqueur)

30毫升三重糖浆 (triple syrup)

☛ 摘下其中2颗草莓的萼叶。把草莓放到调酒玻璃杯底部，加上柠檬汁捣成糊状。加入金酒、马拉斯奇诺利口酒、三重糖浆和冰块，摇匀。用滤茶器滤入冰镇过的鸡尾酒杯。将剩下的草莓对半切开，在其中一半的底部开一个细缝，并将其卡到杯沿上，作为装饰。

技术说明

大号鸡尾酒杯

我不喜欢传统鸡尾酒的大杯，特别是适用于马提尼和曼哈顿等各种酒类的大容量的鸡尾酒杯。因为用这种大酒杯容易造成要么酒太多要么杯子太空的局面，对喝酒的人来说都不太友好。反过来说，对于像石榴石这样的用了大量果汁的饮品，237或296毫升容量的大鸡尾酒杯则非常合适。大多数果汁为主的鸡尾酒都加冰块，通常会用嗨棒杯，所以你很少会发现用高脚杯装177毫升以上的鸡尾酒。但是如果你要用高脚杯装这种大分量的鸡尾酒时，就要用那种巨型V形玻璃杯。不过，这种巨型鸡尾酒杯千万不要用在干马提尼之类的经典鸡尾酒品种上。

基本酸味鸡尾酒

乡村姑娘CAIPIRINHA・汤姆、约翰或伏特加柯林斯COLLINS TOM, JOHN, OR VODKA・
戴吉利DAIQUIRI・法兰西 75 FRENCH 75・金酒菲士 GIN FIZZ・莫吉托MOJITO・
皮斯科酸酒PISCO SOUR・边车SIDECAR・酸味鸡尾酒 SOURS・
南方SOUTHSIDE

酸味鸡尾酒配方看起来很简单：甜味、酸味和烈性酒。但是，注意啊，外表特别能骗人！酸味鸡尾酒是调酒艺术中最复杂和最考验功力的品种，是鸡尾酒从业者最容易出错的品种。当一名厨师开始尝试经典大菜、正式的法国美食时，他就步入了一个充满挑战的世界。对调酒师也可以这么说——当一名调酒师或者说当一个酒吧想要尝试供应地道的酸味鸡尾酒时，那就真正踏入了充满挑战的世界。

为什么？首先，要掌握平衡：很难调制出令人愉悦的平衡口味，这几乎不容许犯错，因为这种类型的平衡全在于微妙之处。此外，酸味以新鲜果汁为基础，随季节而变化，需要做大量工作来进行处理，并且如果处理不当时，可能成本很高；购买调味粉末或者瓶装加工产品更容易、更便宜且更快捷，但也正如预期的那样，效果会很糟糕。酸味成分几乎总是柠檬汁或青柠汁，但这些天偶尔会有日本柚子，为我们提供了额外的酸味风味来源。苦精有时在平衡甜味与浓郁的味道时能发挥作用。甜味来源本身可能不止一种成分——事实上，甜味、酸味和烈性酒的三种元素都可以包括多种成分，创造出层次分明、口味丰富的鸡尾酒。

调制得当的酸味鸡尾酒是一件艺术品，20世纪的许多标志性饮料都是酸味鸡尾酒：30年代的边车、50年代的南方，以及风靡几十年的戴吉利酒。今天首选的酸味鸡尾酒是莫吉托，它迫使调酒师在近40年里第一次关注酸味鸡尾酒的艺术。美国大部分地区仍然很难找到用鲜榨的柠檬或青柠汁调制的鸡尾酒。但在高端酒吧里，现在已经可以喝到真正的酸味鸡尾酒了。在我看来，这一点是对鸡尾酒行业能否健康发展的关键测试。如果我们能喝到一杯调制得当的酸味鸡尾酒，那就说明调酒这个行业正在好转。♛

乡村姑娘 CAIPIRINHA

配方

1/2个青柠, 四等分

2½茶匙糖或30毫升单糖浆 (simple syrup)

59毫升卡莎萨甘蔗酒 (cachaça)

7.4毫升约翰·D. 泰勒天鹅绒法兰勒姆 (John D. Taylor's Velvet Falernum), 可选

☞往岩石玻璃杯中加入碎冰。在调酒杯底部, 将青柠块、糖或糖浆一起搅拌挤压, 将青柠汁和青柠皮的精油挤出来。将卡莎萨和岩石玻璃杯中的冰块以及法兰勒姆 (如果使用的话) 一起加入调酒杯并摇匀。将调酒杯中的全部内容倒入冰镇过的岩石玻璃杯端给客人。对于传统的乡村姑娘, 挤压过的水果——无论是只有青柠还是另有其他水果——要用作装饰。

1989年, 两位见多识广且美丽动人的巴西女士来到彩虹居听她们的音乐老师也就是我们的吉他手演奏时, 向我介绍了乡村姑娘这种鸡尾酒。第一天她们要点乡村姑娘时, 我不得不承认自己无知, 不仅是这种鸡尾酒, 就连调制这种鸡尾酒的烈酒我都没听说过。两名女士第二次来时, 带来了一瓶卡莎萨 (cachaça, 发音为 "ka-sha-sa"), 其中一人还教我调制出了我的第一杯乡村姑娘。从那时起, 我一直是这种诞生于巴西乡村的农民饮品的忠实拥护者; caipira这个词的意思是 "乡下人", caipirinha是指小小的乡下人的意思。这款鸡尾酒的基酒是美妙的以甘蔗为基础酿成的类似朗姆酒的卡莎萨甘蔗酒, 多年来一直被巴西的高阶层人士认为是农民产品。但是在过去的十年里, 新一代富有的巴西人已将卡莎萨视为一种传统产品, 并将其视为国酒。现在有一项规定要求制作乡村姑娘鸡尾酒必须使用巴西产卡莎萨 (其他类似卡莎萨但具有不同名称的产品产自南美洲其他地方)。在巴西有超过3 000家卡莎萨生产商, 其中许多是小型的家庭经营的酿酒厂, 我们在美国见到只有不到1%的卡莎萨品牌。如果可以找到的话, 我建议使用古典的手工风格的卡莎萨, 如伊毕奥卡 (Ypioca)、贝莱泽普拉 (Beleza Pura)、罗奇纳 (Rochinha) 或威力八 (Velho Barreiro)。法兰勒姆的额外香料风味是我自己的想法, 并不是传统配方的一部分。

姜–荔枝卡比罗斯卡

GINGER– LYCHEE CAIPIROSKA*

用朗姆酒而不是卡莎萨调制的乡村姑娘被称为卡比里斯玛；用伏特加调制乡村姑娘，是巴西富人在巴西人对卡莎萨的民族自豪感激增之前的做法，调制的饮品被称为卡比罗斯卡。这些变化款可以用伏特加、朗姆酒或者卡莎萨调制，都同样美味。请注意传统的乡村姑娘及其各种变化款要求将调制过程中用的冰块和水果在饮品中保留下来。所以不用丢弃水果，不用过滤，不用更换新的冰块，只需将各种成分混合摇匀，然后将调酒杯中的全部内容一起倒入要上给客人的玻璃杯中，就像调制普通乡村姑娘的做法一样。

👑 **配方**

1小块鲜姜根（大约指甲大小），或
  22毫升姜糖浆（ginger syrup）
30毫升单糖浆（simple syrup）
1/2个青柠，四等分
2罐罐头荔枝
2抖约翰·D. 泰勒天鹅绒法兰勒姆
  （John D. Taylor's Velvet Falernum）
59毫升伏特加（vodka）

☛如果使用鲜姜根，在调酒玻璃杯底部将其与单糖浆一起捣碎；如果使用姜糖浆，只需将姜糖浆倒在杯子底部即可。无论哪种方式，都要将姜糖混合物、青柠汁、荔枝和法兰勒姆混在一起捣碎。加入伏特加和碎冰，摇匀，然后将摇酒器里的全部内容物——不过滤——倒入岩石玻璃杯。

汤姆、约翰或伏特加柯林斯
COLLINS TOM, JOHN, OR VODKA

配方

44毫升伦敦千金酒（London dry gin）、
　波本威士忌（Bourbon）或伏特加
　（vodka）
30毫升单糖浆（simple syrup）
22毫升鲜榨柠檬汁
苏打水
马拉斯奇诺酒浸樱桃（Maraschino
　cherry），装饰用
橙片，装饰用

☛将金酒、糖浆和柠檬汁倒入加冰的
波士顿摇酒器中摇匀。滤入冰镇过的
柯林斯玻璃杯，然后注满苏打水。饰以
樱桃和橙片。

奥斯卡·门德尔松（Oscar Mendelsohn）在他1965年出版的《酒类与饮酒词典》（Drink and Drinking）中，将汤姆柯林斯的发明归功于一位名叫约翰·柯林斯（John Collins）的侍者和调酒师。约翰·柯林斯曾在伦敦的利默酒店（Limmer's Hotel）工作，在调制金酒潘趣酒方面特别有天赋。根据鸡尾酒考古学家乔治·辛克莱（George Sinclair）的深入研究，关于利默酒店与柯林斯的所有联系似乎是编造出来的。辛克莱先生指出，没有一种叫作柯林斯的鸡尾酒与利默酒店有联系，他说杰瑞·托马斯于1876年出版的《调酒师指南——如何调制各种普通和高端鸡尾酒》（Bartender's Guide—How to Mix All Kinds of Plain and Fancy Drinks）中将柯林斯作为一个鸡尾酒的品类进行了介绍，书中还详细介绍了用白兰地、威士忌和金酒调制汤姆柯林斯的配方。实际上，一种叫约翰柯林斯的鸡尾酒——糖、柠檬汁、老汤姆金酒和一瓶苏打水装在加冰的大玻璃杯里——就隐藏在比《调酒师指南——如何调制各种普通和高端鸡尾酒》早几年于1869年出版的《哈尼的调酒师与酒吧老板手册》（Haney's Steward & Barkeeper's Manual）的第70页。

　　无论历史多么令人困惑，今天的汤姆柯林斯都是用金酒、糖、柠檬汁和苏打水制成的鸡尾酒，装在形状像烟囱的玻璃杯中，这种杯子已经被恰当地命名为柯林斯玻璃杯。在美国用一片橙子和一个樱桃来装饰；在大洋彼岸的英国，则用柠檬皮或柠檬片装饰。（同样的饮品，装在一个较小的嗨棒杯中，没有装饰，就是菲士。）汤姆柯林斯最好用伦敦干型风格的金酒，能较好与富含植物成分的苦精互补，是一种美妙的夏日饮品，要比金酒和汤力水混合起来有趣得多。约翰柯林斯是用波本威士忌制成的同一种饮品；伏特加柯林斯的成分不言自明。

晨光菲士 MORNING GLORY FIZZ

O. H. 拜伦的《现代调酒师指南》中记载的这种历史上的奇怪做法可能很有趣，你可以按其配方为客人调制一下看看效果。以下是该书1884年最初版本中出现的配方，但括号中的解释是我的。

配方

使用大号调酒玻璃杯（波士顿摇酒器的玻璃杯件）填满3/4的细冰（碎冰），混入3或4抖加少许水的苦艾酒（absinthe）
3抖青柠汁（当然得是鲜榨的）
4或5抖柠檬汁（当然得是鲜榨的）
1汤匙糖[可用15~22毫升单糖浆（simple syrup）取代]
1个小鸡蛋的蛋清（15毫升乳化蛋清）

👑 1酒杯苏格兰威士忌（Scotch, 59毫升，可能是苏格兰麦芽威士忌，但用你最喜欢的混合威士忌代替也可以）

☛摇匀并滤入一个小的嗨棒杯，顶部浇上带气矿泉水（seltzer）。立即饮用，否则效果会变差。这种鸡尾酒适合早晨饮用，味道清新，可以安神提神。

姜汁柠檬水嗨棒GINGER–LEMONADE HIGHBALL*

这款鸡尾酒基本上是伏特加柯林斯，但配方更加复杂，是我受依云（Evian）委托所创作的品种，供美国网球公开赛饮用。虽然我这款酒用不带气的水调制，并称之为姜汁柠檬水，但之后我更喜欢带气的水了，所以把它改名为嗨棒。自这款酒发明以来，一种名为肯顿生姜利口酒（Domaine de Canton）的新利口酒进入了市场。这种利口酒是本配方中姜糖浆的良好替代品。

👑 **配方**

44毫升伏特加（vodka）
44毫升鲜榨柠檬汁
30毫升单糖浆（simple syrup）
30毫升姜糖浆（ginger syrup）
1抖红石榴糖浆（grenadine）（仅为了调色）
59毫升苏打水
柠檬片，装饰用

☛在一个高玻璃杯中，将伏特加、柠檬汁、单糖浆、姜糖浆和红石榴糖浆加冰混合搅拌。顶部浇上苏打水，再次搅拌，然后用柠檬片装饰。

戴吉利 DAIQUIRI

配方

44毫升白朗姆酒（white rum）
30毫升单糖浆（simple syrup）
22毫升鲜榨青柠汁
青柠薄片，装饰用

将朗姆酒、糖浆和青柠汁倒入加冰的调酒杯中摇匀。滤入鸡尾酒杯，用青柠片作装饰，端给客人。注意：调制冰戴吉利酒和冰水果风格的戴吉利酒请参考冰冻玛格丽塔（参见第88页）的配方。额外添加的冰和新鲜水果意味着你需要额外增加甜味剂。

戴吉利鸡尾酒由哈利·E. 斯托特（Harry E. Stout）和詹宁斯·考克斯（Jennings Cox）两个人于1898年在古巴圣地亚哥附近一个名叫戴吉利（Daiquiri）的小村庄里发明。（尽管格罗格基本上就是一种不加冰的戴吉利，戴吉利酒的发明几乎谈不上具有突破性。）考克斯的原始配方中用到6个柠檬、6茶匙糖、6杯百加得白朗姆酒、2小杯矿泉水和碎冰。这个多人份调酒配方很快演变成单人份饮品配方，海军上将卢修斯·约翰逊（Lucius Johnson）将其引入华盛顿特区的陆海军俱乐部（Army-Navy Club）。（约翰逊还把它介绍给巴尔的摩的大学俱乐部，那里的调酒师坚持添加苦精；也把它介绍到了旧金山，但却并不受欢迎；还介绍到了檀香山、关岛和马尼拉。他简直就是这款鸡尾酒的推广大使。）戴吉利酒早已是美国人最喜欢的鸡尾酒之一，尤其是在暖和的天气里，这种青柠朗姆酒的组合给人带来无比的满足。但请注意，与莫吉托不同，戴吉利酒没有用苏打水或任何东西稀释，除了糖浆和青柠汁中的水，而糖浆和青柠汁两者都可以很好让人忘记饮品的酒精含量。也就是说：饮用戴吉利酒要慢慢来，因为一不小心你就会喝多了。

老爹双份PAPA DOBLE

位于古巴哈瓦那的佛罗里提他（Floridita）酒吧的调酒师康斯坦蒂诺·里巴莱瓜（Constantino Ribalaigua）非常了不起，他一定是受到了鸡尾酒缪斯女神的启发，才产生了灵感，想到要往戴吉利酒中添加新鲜的葡萄柚汁和马拉斯奇诺樱桃利口酒，这样搭配的结果简直是绝妙。A. E. 霍奇纳（A.E.Hotchner）是欧内斯特·海明威的老朋友，因为早就承诺给《生活》（Life）杂志写一个很好的故事，却迟迟未能完成，便到古巴去采风，结果他在古巴停留了一年。在为其朋友写的传记《海明威老爹》（Papa Hemingway）一书中，霍奇纳描写了佛罗里达酒吧配方的一个版本，省略了糖或糖浆，只包含少量马拉斯奇诺樱桃利口酒。我找到了霍奇纳的版本，叫作"老爹双份"。霍奇纳的配方酸到无法饮用的程度，于是我加了点甜味。

20年来，海明威的主要居所是在哈瓦那郊外的一座叫瞭望山庄（Finca Vigía）的庄园，他就是在这里写就了他的众多长短篇小说、成千上万封信件以及他的短篇杰作《老人与海》（The Old Man and the Sea），他因这部短篇而获得1954年的诺贝尔奖。经过一天辛苦的写作、钓鱼和狩猎，海明威晚上会去酒吧开怀畅饮，有时是和著名美国演员加里·库珀（Gary Cooper）或埃罗尔·弗林（Errol Flynn）之类的人一起喝酒。通常情况下，他的畅饮都是在佛罗里提他酒吧，在这个酒吧里海明威通常会选择双份朗姆的戴吉利版本，于是他们就将这款酒以他的名字命名。这是霍奇纳记忆中的"老爹双份"。本页下方是我的版本，适合那些不能承受超级酸的原版配方的人。

配方

89毫升白朗姆酒（white rum）
2个青柠的果汁（30~44毫升）
15毫升马叙无核葡萄柚（marsh grapefruit，见本页成分说明）汁
6滴路萨朵马拉斯奇诺樱桃利口酒（Luxardo Maraschino liqueur）

☛将朗姆酒、青柠汁、葡萄柚汁和马拉斯奇诺樱桃利口酒与冰块混合。倒入鸡尾酒杯，无须装饰即可端给客人。

成分说明

马叙无核葡萄柚

马叙无核葡萄柚，和所有葡萄柚一样，起源于甜橙与柚子（或者叫人们通常所说的禁果）的杂交。马叙葡萄柚因为无核且甜蜜多汁而受到追捧。

戴尔的海明威戴吉利
DALE'S HEMINGWAY DAIQUIRI*

配方

44毫升白朗姆酒（white rum）
15毫升路萨朵马拉斯奇诺樱桃利口酒（Luxardo Maraschino liqueur）
22毫升单糖浆（simple syrup）
15毫升鲜榨葡萄柚汁
15毫升鲜榨青柠汁

☛将朗姆酒、马拉斯奇诺樱桃利口酒、糖浆、葡萄柚汁和青柠汁倒入加冰的调酒杯中摇匀。滤入鸡尾酒杯并端给客人。

法兰西75 FRENCH 75

配方

30毫升普利茅斯金酒(Plymouth gin)
　　或干邑白兰地(Cognac)
22毫升单糖浆(simple syrup)
15毫升鲜榨柠檬汁
89毫升香槟(Champagne)
螺旋柠檬皮,装饰用

☛将金酒或干邑白兰地、糖浆和柠檬汁倒入加冰的调酒杯中摇匀。滤入一个加冰的大高脚杯。顶部浇入香槟,并用螺旋柠檬皮装饰。

👑 高精度命中。——哈里·克拉多克《萨沃伊鸡尾酒书》,1930

法兰西75最初是作为汤姆柯林斯风格的金酒鸡尾酒,只不过是用香槟代替了汤姆柯林斯中的苏打水,但现在更经常用白兰地或干邑白兰地作为基酒。位于巴黎的哈里纽约酒吧经常被认为是这款法兰西75的鼻祖,但关于这款酒的背景我更喜欢那个浪漫一点的故事版本:第一次世界大战期间,驻扎在法国乡村的美国步兵们非常渴望能喝上一杯汤姆柯林斯或者其他什么提神的嗨棒,他们手头上有金酒和香槟,附近可能还有一棵柠檬树,此外便没有别的可用来调酒的东西了,苏打水自然是没有的。于是,他们用香槟做了一个汤姆柯林斯,这就是了!但无论是哈里家的打领结的调酒师还是驻扎在索姆河畔的匿名的美国士兵发明的这款酒,我们可以肯定的是,这酒的名字来自那种口径75毫米的大炮——一种口径很大的野战炮。美国陆军没有很好的野战装备,炮兵部队便采用了法国最新设计的75毫米口径的野战炮。哈里·杜鲁门(Harry Truman)是第一次世界大战中的一名年轻军官,他指挥的一个部队就使用了法兰西75野战炮(French-designed 75)。(据说,在一个忙碌的下午有人听到他说"我宁愿待在这里,也不愿当美国总统"。)

无论如何,法兰西75这款鸡尾酒的起源和它的标准调制方法一样令人难以捉摸。我见过有人用一个大的胖高脚杯调制这款酒并在上面加了很多水果,也有人用细长笛杯配上一点螺旋状果皮,还有人像调制汤姆柯林斯一样用嗨棒杯加冰并配加樱桃和橙子。还有一个很棒的名为雄鸡(Chanticleer)的楠塔基特(Nantucket)风味餐厅专门供应以白兰地为基酒的法兰西75,用加冰块的勃艮第酒杯,并装饰以水果杂拌——草莓和橙子加薄荷——简直令人惊叹;看着这些东西穿过餐厅,你肯定忍不住想要点上一杯。我有时就是这样调制这款酒——将其作为一种有趣的早午餐——虽然纯粹主义者可能更愿意将酒滤入长笛杯。这是一种即兴的饮品,并不是由某个调酒师为了调制理想的鸡尾酒而使用最好的原料精心发明的配方。它从一开始就是即兴的作品,现在你也可以尽情即兴创作。我就是经常即兴创作法兰西75。

金酒菲士 GIN FIZZ

柯林斯和菲士都是酸味鸡尾酒的衍生品——它们真的只是添加了苏打水的酸味鸡尾酒——它们之间的区别无非是玻璃杯的大小和装饰而已。柯林斯使用的是高杯或柯林斯玻璃杯，用樱桃和橙片装饰；而菲士则用曾经被称为德尔莫尼科玻璃杯的矮嗨棒杯，没有任何装饰。换句话说，菲士是简约款的柯林斯。自19世纪带气的水（现在称为苏打水）普及以来，这两个品类都演变出了很多个品种。这些鸡尾酒适合多种场合、口味清爽、制作方法灵活且包容性强，与马提尼酒和其他全酒精饮品比要清淡，白天或晚上都适合饮用。调制这种酒虽然比例很灵活，包容性很强，但绝不能使用超过59毫升的苏打水，不然喝起来会觉得寡淡。

配方

44毫升金酒（gin）
22毫升鲜榨柠檬汁
30毫升单糖浆（simple syrup）
30~59毫升苏打水，根据口味

☛将金酒、柠檬汁和糖浆倒入加冰的调酒杯中摇匀。滤入加冰的嗨棒杯。用苏打水把杯子加满。不加装饰。

变化款

银菲士 SILVER FIZZ

这款菲士要更清淡一点，没用高脂浓奶油，稍微简单一点，没用拉莫斯菲士中的橙花水。

配方

44毫升金酒（gin）
22毫升鲜榨柠檬汁
30毫升单糖浆（simple syrup）
22毫升蛋清
苏打水

☛将金酒、柠檬汁、糖浆和蛋清倒入加冰的调酒杯中，用力摇晃很长时间至蛋清彻底乳化。滤入不加冰的菲士杯或嗨棒杯，浇上苏打水，但不加装饰。

黄金菲士 GOLDEN FIZZ

配方

44毫升金酒（gin）

22毫升鲜榨柠檬汁

30~59毫升单糖浆（simple syrup），
根据口味

1个小鸡蛋的蛋黄

苏打水

将金酒、柠檬汁、糖浆和鸡蛋倒入加冰的调酒杯中，用力摇晃很长时间至鸡蛋彻底乳化。滤入不加冰的菲士杯或嗨棒杯，浇上苏打水。

要将黄金菲士变成皇家菲士（Royal Fizz），请使用整个鸡蛋，而不仅仅是蛋黄。调制这些品种必须非常非常用力地摇晃，直到鸡蛋完全乳化。

合适的玻璃杯

如果一个酒吧里配备了各种用途的杯子器皿，包括用于特定品种鸡尾酒的专用杯子也配备齐全的话，调酒师的工作就会容易一些，客户也会对酒吧更有信心，相信酒吧能够调制出比例得当的饮品——很多情况下，玻璃杯的大小能帮助调酒师调制出比例均衡的饮品。汤姆柯林斯是用又高又细的柯林斯玻璃杯装上冰块（柯林斯玻璃杯的直径只够1个冰块的大小），加上一小酒杯金酒以及其他饮品刚好能装满杯子；菲士要用237毫升的德尔莫尼科玻璃杯；现在许多酒吧里都难以找到237毫升的嗨棒杯，现今几乎所有的嗨棒杯都是355或414毫升大小。那么，如果调酒师随便用任何一种这么大的杯子，加上一小杯烈酒，再按配方的量加上柠檬汁和糖浆的量，然后将玻璃杯加满苏打水……那么客户喝到的就是寡淡无味、难喝至极的饮品。这就太糟糕了。唉，可惜近些年来没有合适的玻璃杯，能防止缺乏经验的调酒师往菲士中加过多的苏打水。

拉莫斯或新奥尔良菲士
RAMOS OR NEW ORLEANS FIZZ

多年来，我用这款著名的令人大开眼界的鸡尾酒缓解了成千上万宿醉者的不适。拉莫斯菲士，也被称为新奥尔良菲士，是亨利·C. 拉莫斯（Henry C. Ramos）于1888年为自己新开张的位于新奥尔良格拉维尔（Gravier）和卡龙德莱特（Carondelet）街角处的皇家内阁酒吧（Imperial Cabinet Bar）所做的发明。这种鸡尾酒很快风靡全国。1902年，拉莫斯新开了一家很快就声名远扬的雄鹿酒吧（Stag Saloon），其中的拉莫斯金酒菲士（Ramos Gin Fizz）是全国赫赫有名的鸡尾酒品种之一，几乎每个到过雄鹿酒吧的人都点过这种鸡尾酒。不过，这却给雄鹿酒吧的后勤保障带来了巨大的挑战，因为调制这款拉莫斯菲士必须用力摇晃很长时间，而酒吧每晚都有很多顾客，似乎每一名顾客都点了这同一款酒。所以拉莫斯想出了一个巧妙的解决方案，既非常实用又非常具有表演效果：他雇用了30多个"摇酒男孩"——那时拥有大量员工的成本并不像现在这么高得让人承受不了（那时每个酒吧吧台后面有6个员工并不罕见，而现在一个酒吧一般都只有一两名员工）——确保吧台后面任何时候都大约有12个男孩。顾客点的每一杯拉莫斯菲士都会从吧台一端开始，由每个摇酒男孩依次摇晃几秒钟，直到传到吧台另一端尽头，这种壮观的表演场面成了雄鹿酒吧的一大特色。我自己工作过的酒吧里从来没有哪家有过十几名同事，但人们都知道，我喜欢将菲士摇壶递给酒吧客人让他们逐一传递摇下去——这非常有趣。（但请首先检查摇壶是否拧紧，要确保不会渗漏，否则就不好玩了。）

只要你长时间用力摇晃，并且柠檬汁和青柠汁都用上，当然要用鲜榨汁，最重要的是要用橙花水，而不是橙汁，这样就能摇出一杯芳香美味的鸡尾酒。橙花水是将橙花瓣浸入酒精中制成的精华。这种成分没有替代品。如果你找不到橙花水，就先不要做这种菲士，找到这种原料再做也不迟；但可以先制作银菲士。新奥尔良历史悠久的罗斯福酒店（Hotel Roosevelt）购买了拉莫斯金酒菲士的商标，这家酒店现名费尔蒙（Fairmont）；离开新奥尔良之前一定要去一次他们家的酒吧，在那里还能喝到按他们家继承下来的非常郑重其事的传统方法调制的拉莫斯菲士。

配方

44毫升金酒（gin）
15毫升鲜榨柠檬汁
15毫升鲜榨青柠汁
44~59毫升单糖浆（simple syrup），按口味添加
59毫升高脂浓奶油
22毫升蛋清
2滴橙花水（orange-flower water）
苏打水

☛将金酒、柠檬和青柠汁、糖浆、奶油、蛋清和橙花水倒入加冰的调酒杯中，用力摇晃很长时间至鸡蛋彻底乳化。滤入不加冰的嗨棒杯，浇上苏打水，但不加装饰。

莫吉托 MOJITO

在古巴，莫吉托是农民喝的饮品（与更复杂的戴吉利和总统鸡尾酒之类的城市鸡尾酒相对应）。哈瓦那曾经是美国奴隶的主要来源地，不难想象种植园主和奴隶贩子在南部种植园广阔的门廊上享用朱丽普鸡尾酒的情形；莫吉托的灵感可能来自南方的朱丽普酒。虽然在古巴直到19世纪90年代才出现商业化制冰产业，但如果需要的话，富有的奴隶贩子有着轮船和其他手段来维持私人所需的冰块供应。20世纪初，在古巴已有人造冰厂以及加气的水，喝上一杯莫吉托对广大百姓已不是难事。不过，尽管莫吉托非常受欢迎，但我很确定的是，一直到20世纪60年代，乔·鲍姆才在他的开创性的泛拉丁餐厅拉芳达德索开始供应莫吉托，之前在任何一家美国餐厅的菜单上都没有出现过莫吉托的身影。[但在1936年，有一位在禁酒令解除后返回纽约的名叫艾迪·沃尔克（Eddie Woelke）的著名调酒师，凭借一款名为麦迪逊大道（Madison Avenue）的鸡尾酒赢得了"麦迪逊大道之周"鸡尾酒比赛。沃尔克曾在巴黎和哈瓦那工作过，显然他在古巴工作期间非常用心。因为他的这款获奖鸡尾酒的配方包含薄荷叶、白朗姆酒、青柠汁、苦精和君度，看起来就像是莫吉托。]在乔的菜单上，这款鸡尾酒被称为莫吉托克里奥罗（克里奥尔）[mojito Criollo (Creole)]，克里奥尔是一种用于肉类和鱼类调味的产品。现在不论在哪里，这种鸡尾酒只是叫作莫吉托，而且你会看到人们调制这款酒经常是将切碎的薄荷加入调酒杯摇匀，这样做有点过了，我认为这样做就把饮品的味道搞得药草味和苦味太明显。在古巴，莫吉托甚至不需要摇晃——薄荷只是在杯底擦一下，释放一些味道，调制方法非常普通和简单，就是一种成人饮用的柠檬水。这是我的偏好。

配方

- 2根嫩薄荷枝
- 30毫升单糖浆（simple syrup）
- 22毫升鲜榨青柠汁
- 44毫升白朗姆酒（white rum）
- 2抖安高天娜苦精（Angostura bitters），可选
- 44毫升苏打水

☞将1根嫩薄荷枝放到嗨棒杯底部，将单糖浆和青柠汁浇到薄荷枝的叶子上。加入朗姆酒和苦精（如果使用的话）；浇上不超过44毫升苏打水并搅拌。用另一根薄荷枝装饰。

成分说明

朗姆酒

朗姆酒可以分为清淡、中等或浓郁等风格，进一步细分就要看是通常称为农业朗姆酒的由甘蔗糖浆制成的法式朗姆酒，还是由糖蜜制成的西班牙风格朗姆酒。西班牙风格朗姆酒的产地包括古巴、波多黎各以及其他西班牙殖民地。虽然一般来说，我更喜欢农业朗姆酒，但由百加得公司加以完善的西班牙风格淡朗姆酒更适合莫吉托等饮品，可以保持鸡尾酒简单直接的口味，最大限度地保留那种干净的青柠味和薄荷味。

皮斯科酸酒 PISCO SOUR

斯科酸酒和皮斯科潘趣酒是完全不同的饮品，两者都采用南美洲出产的同一种不寻常的烈酒作为基酒。这种酸味鸡尾酒，在当今的美国可能是最广为人知的以皮斯科为基酒的鸡尾酒，据说是由在秘鲁利马（Lima）拥有莫里斯酒吧（Morris Bar）的伯克利（Berkeley）本地人维克多·莫里斯（Victor Morris）于1915年发明。就像所有酸味酒一样，美国版的皮斯科酸酒传统上使用柠檬汁。但我的秘鲁朋友、皮斯科专家迪戈·罗乐特·德·莫拉（Diego Loret de Mola）告诉我，秘鲁的皮斯科酸酒使用的柑橘类水果是绿色的，更像是青柠。用青柠调制成的皮斯科鸡尾酒也很好，所以柑橘类水果的选择按你的偏好即可。

配方

44毫升巴索尔皮斯科（Bar Sol pisco）
30毫升单糖浆（simple syrup）
22毫升鲜榨柠檬汁或青柠汁
30毫升蛋清
几滴安高天娜苦精（Angostura bitters）

☞将皮斯科、糖浆、柠檬汁和蛋清倒入加冰的调酒杯中，用力摇晃很长时间至蛋清彻底乳化。滤入小鸡尾酒杯。在蛋清泡沫上面洒一点苦精作点缀。

成分说明

皮斯科

　　它完全无色，很香，非常诱人，非常强烈，并且有点像苏格兰威士忌的味道，但更精致，带有明显的水果风味。它装在顶部很宽腰身逐渐变细的陶罐里，每罐容量约19升。我们喝了一些热饮，加了一点柠檬和少许肉豆蔻在里面……喝了第一杯我感觉心满意足，旧金山过去和现在都是一个不错的地方，值得参观……喝了第二杯我感觉人生无憾了，我觉得我可以面对天花、热病、亚洲霍乱，或者如果必须的话，各种病一起来都可以。

　　以上是1872年一位匿名作家对皮斯科的描述。皮斯科有四种风格：皮斯科芳香酒（pisco aromatico），这是智利人通常的制作方式；皮斯科纯酿（pisco puro），非芳香味的，这是秘鲁人的首选风格；皮斯科阿科拉多（pisco acholado），混合芳香和非芳香的麝香葡萄（muscat）家族不同品种的葡萄酿制；皮斯科绿酒（pisco mosto verde），用部分发酵的葡萄汁酿制。美国销售的皮斯科有许多品牌，包括巴索尔（Bar Sol）、卡曼之巅（Alto del Carmen）、卡佩尔（Capel）、比昂迪（Biondi）、德凯撒（Don Cesar）、拉·迪阿布拉达（La Diablada）、蒙特西耶普（Montesierpe）和包萨（Bauza）。巴索尔的瓶装酒包含了上述四种风格中的三种皮斯科。在美国最容易找到的是酷斑妲（Quebranta，也是葡萄名称），非芳香品种，干式皮斯科，是鸡尾酒爱好者很好的选择；阿科拉多也很容易找到，由名为意大利的芳香型麝香葡萄品种和酷斑妲两种葡萄混合酿制而成。这两种都是调制皮斯科酸酒很好的选择。最后，巴索尔还生产特农迪（Torontel）和意大利（Italia），质朴的芳香型瓶装酒是我制作皮斯科潘趣酒爱用的品种。

皮斯科敲钟人PISCO BELL-RINGER

这是一种皮斯科酸酒，通过少量朗姆酒和苦精以及涂抹了调味成分的玻璃杯子增加风味——这种方法可以扩展到数十种饮品，使用不同的水果和酒搭配调制。皮斯科敲钟人由位于纽约市的熨斗酒吧（Flatiron Lounge）的朱莉·赖纳（Julie Reiner）改编而成，其原始配方出现在《时尚先生》（*Esquire*）杂志制作的鸡尾酒饮品数据库中，该数据库由《时尚先生》杂志的特聘鸡尾酒历史学家大卫·温德里奇创建。

配方

44毫升巴索尔皮斯科阿科拉多（Bar Sol pisco acholado）

15毫升百加得八年陈朗姆酒（Bacardi eight-year-old rum）

15毫升鲜榨柠檬汁

15毫升单糖浆（simple syrup）

1个鸡蛋的蛋清

1抖橙味苦精（orange bitters）

1抖安高天娜苦精（Angostura bitters）

1抖杏子利口酒（apricot liqueur），最好是玛丽·布里扎德（Marie Brizard）杏子利口酒

柠檬圆形片，装饰用

☞将皮斯科酒、朗姆酒、柠檬汁、糖浆、蛋清和两种苦精倒入加冰的调酒杯中摇匀。将杏子利口酒倒入冰镇过的鸡尾酒杯中，旋转杯子使杯壁均匀覆盖杏子利口酒，然后倒掉杯中残留酒液。将皮斯科朗姆酒混合物滤入刚涂了杏子利口酒的玻璃杯。用柠檬片装饰。

库斯科CUZCO

库斯科由熨斗酒吧的朱莉·赖纳发明。按照皮斯科专家迪戈·罗乐特·德·莫拉的说法，库斯科和敲钟人都是"精心调制的鸡尾酒（无论是直接饮用还是加冰），完美地组合了皮斯科酒中的各种元素：非常正统的皮斯科风格，苦精风味的修饰、柑橘元素，以及独特的风味特色都恰到好处"。库斯科之所以风味独特，大部分都归因于阿佩罗（Aperol），阿佩罗是调酒大师钟爱的成分。有点像初学者钟爱金巴利那样，格调相同但没有那么苦，所以更容易搭配，也更对美国人的口味。

配方

59毫升巴索尔意大利皮斯科（Bar Sol Italia pisco）

22毫升阿佩罗开胃酒（Aperol）

15毫升鲜榨柠檬汁

15毫升鲜榨葡萄柚汁

22毫升单糖浆（simple syrup）

1抖樱桃蒸馏酒（kirschwasser）

螺旋葡萄柚皮，装饰用

☞将皮斯科酒、阿佩罗、柠檬汁、葡萄柚汁和糖浆倒入加冰的调酒杯中摇匀。将樱桃酒倒入一个嗨棒杯，旋转杯子使杯壁均匀覆盖樱桃酒，然后倒掉杯中残留酒液。杯中加上冰块，将皮斯科酒混合物滤入。用螺旋葡萄柚皮装饰。

边车 SIDECAR

配方

糖，涂抹杯沿用
橙片，涂抹杯沿用
44毫升干邑白兰地(Cognac)
22毫升君度(Cointreau)
22毫升鲜榨柠檬汁
火焰橙皮，装饰用

☞按照第137页技术说明中所描述的方法，使用糖和橙片将鸡尾酒杯杯沿沾满糖霜，将玻璃杯冷藏。现在开始调制饮品，将干邑、君度和柠檬汁倒入加冰的调酒杯中摇匀。滤入准备好的冷藏的玻璃杯，饰以火焰橙皮。

边车发明于1930年左右位于巴黎的哈里酒吧中。但要说它是被"发明"出来的，稍嫌误导，因为边车不过是一种非常古老的鸡尾酒的现代化版本——是1862年初版的杰瑞·托马斯著作《如何调制鸡尾酒》所含众多原创鸡尾酒的一种——该书中的这款酒名为白兰地脆皮（Brandy Crusta），由新奥尔良的一位名叫桑提尼（Santini）的人发明。桑提尼是一位小有名气的西班牙餐饮供应商。这款酒名字中的霜片（crusta）是指将玻璃杯的边缘浸入糖中，然后让杯沿的糖干燥成脆皮。杯沿凝结的糖霜脆皮成为调制边车鸡尾酒的一个成分和重要组成部分。对于鸡尾酒本身，我使用了等量的君度和柠檬汁，并不是我通常的甜略比酸多的配方，因此这是一款带有酸味的鸡尾酒，因为从脆皮糖霜中还能获得额外的甜味。不要用三重浓缩橙皮利口酒代替君度，因为对于这种甜中带酸的饮品（事实上，对于几乎任何饮品）来说，大多数品牌都不仅太甜而且酒精含量偏低。说到应该和不应该使用的东西：边车是一种干邑饮品，一种采用优质原料制成的优雅饮品，意味着不能用普通的白兰地。最后，橙皮装饰是我自己添加的——虽然柠檬皮更常见——因为橙皮更搭配君度，使整杯饮品更好喝。

那么这款酒的名字是怎么来的呢？你可能听说过这种鸡尾酒是以哈里酒吧中一位常客的名字命名，这位常客经常开着带边斗的摩托车来酒吧。但我不相信。边车这个词在鸡尾酒世界里有着完全不同的意思：如果调酒师在加入各种成分时没对准刻度，等他把饮品滤入酒杯时，调酒杯里还剩下一点，多余的这一点他就会倒进放在旁边的小玻璃酒杯里面——那个小玻璃酒杯就叫作边车。每个调酒师都应该制作边车，而不是把多余的东西倒进下水道，那可对谁都没好处。我认为这可能就是这款鸡尾酒名字的来源。

床笫之间 BETWEEN THE SHEETS

配方

44毫升干邑白兰地(Cognac)
15毫升修士甜酒(Benedictine)
15毫升君度(Cointreau)
22毫升鲜榨柠檬汁
火焰橙皮, 装饰用

将干邑白兰地、修士甜酒、君度和柠檬汁倒入加冰的调酒杯中摇匀。滤入冰镇过的鸡尾酒杯, 饰以火焰橙皮。

这款有着绝妙名字的鸡尾酒是边车的衍生产品, 它的常见配方包括朗姆酒和白兰地, 比例为1:1, 而在泰德·索西尔所著的精彩绝伦的《干杯》这一著作中, 这款酒的配方则不是很常见, 只用白兰地这一种基本烈酒, 用修士甜酒来强化, 品质要优越得多。虽说如此, 如果你有一款特别有趣且风味独特的朗姆酒, 不妨就按照原始版本, 白兰地与朗姆酒按1:1的比例, 并额外添加1份君度和3/4份柠檬汁。

公牛血BULL'S BLOOD*

配方

22毫升朗姆酒(rum)
22毫升优质橙色库拉索(orange Curaçao), 比如玛丽·布里扎德(Maria Brizard)、波尔斯(Bols)或海勒姆·沃克(Hiram Walker)库拉索
22毫升西班牙白兰地(Spanish brandy), 最好是门多萨主教(Cardenal Mendoza)白兰地
44毫升鲜榨橙汁
火焰橙皮, 装饰用

将朗姆酒、库拉索、白兰地和橙汁倒入加冰的调酒杯中摇匀。滤入鸡尾酒杯, 饰以火焰橙皮。

床笫之间给我带来了启发, 我自己原创了一款鸡尾酒, 就是将白兰地和朗姆酒混合起来, 就像常见的配方一样。但我认为西班牙白兰地比法国干邑白兰地更适合搭配朗姆酒, 除此之外, 采用库拉索这种不同的橙味酒取代了君度, 我还又用橙汁替换了柠檬汁, 因为橙子是对西班牙白兰地一种很好的风味补充——事实上, 正是这种良好的风味补充造就了这款鸡尾酒。

给杯沿涂糖霜

给杯沿涂盐霜的时机——例如，调制玛格丽塔时——是在给顾客端上饮品前，使用柠檬或其他酸柑橘类水果现涂。但涂糖霜不太一样，不管用哪种糖涂糖霜——白糖、黄糖、风味糖或德梅拉拉糖——都必须提前涂好，最好提前几个小时涂好，让糖有时间结晶，变成几乎像棒棒糖那样结实，这样顾客在喝饮品的整个过程中，杯沿上都有糖霜。如果你在临给顾客上酒时才涂糖霜，就会面临多重问题。首先，每喝一口，就有好大一部分糖从玻璃杯沿上掉下来，使饮品变得太甜；其次是当玻璃杯壁开始出现水滴时，糖会沿着玻璃杯壁往下流，杯身就会变得黏黏糊糊。

以下是给杯沿涂糖霜的方法：将适量的糖倒入浅碟或小盘子中。切一片柑橘类水果——橙味的边车用橙子，但其他水果也可以用来搭配其他口味的鸡尾酒——切片的厚度就是你希望杯沿沾上糖霜的厚度（如果你想要0.635厘米厚的糖霜，就切成0.635厘米厚）。然后把杯子倒过来拿，这样多余的果汁就不会顺着杯身流进杯子里。用水果切片将杯口外边沿涂湿——杯口内沿不涂——涂满一圈（如果是涂盐霜，我建议只涂半圈，但糖霜就涂满一整圈）。用湿润的杯沿在糖碟中转一圈，将杯子按压埋入糖中，尽可能让杯沿沾上糖，然后轻轻地拍打玻璃杯抖掉多余的糖。现在让糖在室温下结晶，直到糖完全硬化。待糖变硬后，将玻璃杯转移到冰箱冷藏。

酸味鸡尾酒 SOURS

配方

44毫升基酒（base liquor）
30毫升单糖浆（simple syrup）
22毫升鲜榨柠檬汁
7.4毫升蛋清，可选
樱桃，装饰用
橙片或柠檬片，装饰用

将基酒、糖浆、柠檬汁和蛋清（如果使用的话）倒入加冰的调酒杯中摇匀。滤入古典玻璃杯，用樱桃和柑橘片装饰——美国版用橙片，英国版用柠檬片。

多甜是太甜？

过去，鸡尾酒的标准分量只有59～89毫升，糖浆的浓度也更高，一般是2份糖加1份水，很少的糖浆就能增加很多甜味。但现在鸡尾酒分量变大多了，调制大多数鸡尾酒时，这种浓度的糖浆无法与比例较大的烈酒成分搭配。现在合适的糖浆比例是1：1的糖和水。

如果你来问我，那么我会说经典的酸味鸡尾酒——威士忌、伏特加或朗姆酒——能试探出调酒师是专业水平还是业余水平。酸味鸡尾酒是一种容易搞砸的饮品，很难搞定，因为各种风味的配比是一种微妙的平衡。这个配方中强调的是正确的配比，也是经典潘趣酒配方的变化款（1份酸味，2份甜味，3份烈酒，4份低度酒，加上香料）。这些措施是我在1985年想出来的，当时我在工作中第一次当上主调酒师，我在尝试搞清楚如何仅使用传统配方和新鲜食材来经营一个经典酒吧。这意味着不用现代便利设施，如汽水枪，当然，也不用瓶装酸味混合物。最终，95%的顾客都喜欢我酒吧里的配比，这个配比适用于各种酸味饮品——不只是酸味鸡尾酒本身。如果你调酸味鸡尾酒的配比弄不对——很多人都是如此——就宁可偏甜不能偏酸，毕竟偏甜的话，大多数客人还是会喝掉。但是如果你犯了太酸的错误，除了英国人，没有人会喝掉鸡尾酒，因为英国人的口味比他们的美国表亲更偏酸一点。

最后，还有基酒的问题。威士忌是长久以来很受欢迎的调制酸味鸡尾酒的基酒，很长时间里就是指混合威士忌，无论是美国出产还是加拿大出产都是如此。但是今天波本威士忌已经成为主流，所以应该成为默认选择。

菲茨杰拉德FITZGERALD*

我们在彩虹居酒吧有一个传统，就是如果顾客要求我们按特定口味为他调制一种饮品，我们就会照做，而且是立即照做。有一天晚上，酒吧相当拥挤，有一个人走了进来，他说对金酒加汤力水厌倦了，想喝点别的什么。我当时一下子有点蒙，但我觉得有必要尊重传统，于是便想出了这个以金酒为基础的酸味鸡尾酒。但在我把酒端给这位客人之前，我意识到他可能已经喝过很多金酒调制的酸味鸡尾酒，我就又添加了安高天娜苦精来增加风味。当时正处于20世纪90年代初期的鸡尾酒黑暗时代，我的朋友托尼·阿布乌·甘尼姆（Tony Abou Ganim）打趣时曾经说："一瓶安高天娜苦精和你的婚姻相比，哪个能更持久？"所以我相当有信心，认为客人没有喝过加了苦精调味的金酒基酸味鸡尾酒。我猜对了。这样调制的饮品很受欢迎——即使不喝金酒的人也喜欢——最终我把它列入了彩虹居酒吧的酒单。

配方

44毫升金酒（gin）
30毫升单糖浆（simple syrup）
22毫升鲜榨柠檬汁
2或3抖安高天娜苦精（Angostura bitters）
楔形柠檬块，装饰用

☛将金酒、糖浆、柠檬汁和苦精倒入加冰的调酒杯中摇匀。滤入岩石玻璃杯，并用楔形柠檬块装饰。

南方 SOUTHSIDE

配方

2根薄荷枝，最好要嫩尖
22毫升鲜榨柠檬汁
44毫升金酒（gin）
30毫升单糖浆（simple syrup）
44毫升苏打水

☛像调制莫吉托那样准备：在调酒杯底部轻轻地将1根薄荷枝与柠檬汁混在一起，然后添加金酒和糖浆，摇匀。倒入加了碎冰的高脚杯，搅拌直至高脚杯外面结霜。最后浇上苏打水——根据口味添加，最多加44毫升苏打水——并用另一根薄荷枝装饰。

这种鸡尾酒是纽约市著名的21俱乐部鼎盛时期的看家饮品，当时这种酒通常被称为杰克和查理的鸡尾酒。杰克·克莱恩德勒（Jack Kriendler）和查理·伯恩斯（Charlie Berns）是一对在纽约市长大的奥地利裔堂兄弟。在禁酒令最严格的时期，他们决定进入地下酒吧行业。1922年，在第六大道高架地铁的阴影及轰鸣笼罩的格林威治村，他们开设了第一家地下酒吧。1925年，他们搬到街对面的一家名为弗隆东（Frontón）的西班牙风格地下酒吧。同年，纽约市开始拆除一些建筑物为建设新的地下地铁腾地方，杰克他们遭到驱逐，便搬到纽约上城位于西四十九街42号的位置，加入了其他那些辉煌的夜总会的行列，并在那里打开了一片新的天地。也是在那里，杰克和查理的鸡尾酒在耶鲁大学毕业生本·奎因（Ben Quinn）的推介下终于赢得了更加成熟的人群。奎因带来了其他的耶鲁大学毕业生，其中包括一些作家。很快，杰克和查理的鸡尾酒成了纽约文坛人物罗伯特·本奇利（Robert Benchley）、亚历山大·伍尔科特（Alexander Woollcott）、多萝茜·帕克（Dorothy Parker）和艾德娜·费伯（Edna Ferber）等的最爱饮品。

1929年，杰克和查理再次被驱逐，这次是为洛克菲勒家族修建洛克菲勒中心腾地方。他们搬进了一个位于西五十二街21号的新场所，在这个新场所里，专门由吉米·科斯洛夫（Jimmie Coslove）在那里值守窥视孔[他被称为"前门的吉米（Jimmy of the front door）"]，还建造了一个精心设计的电气化控制的秘密隔门和通道系统，以便在遭遇突袭检查时把酒隐藏起来。禁酒令废除后，众所周知的杰克和查理的不断流浪的营业场所终于开始使用永久名称了。在禁酒令期间，他们会定期更改企业名称来避免因遭受检举而落罪（更改名称是反驳连续经营的证据）。在20世纪30年代初期的短暂小插曲之后，现在众所周知的21俱乐部开始了几十年的蓬勃发展，成为纽约营业时间最长久的成功酒吧之一。

南方鸡尾酒是21俱乐部长期以来的看家饮品。无论从哪点来看，南方都是用金酒制成的莫吉托（一种烈酒加上酸味、甜味成分，再加上薄荷和苏打水）。至于莫吉托与南方这两种鸡尾酒谁先出现，看法不一，但可以肯定的是，在薄荷鸡尾酒三巨头中，这两者都排在朱丽普之后，朱丽普的调制方法早在18世纪就开始了。如果你是莫吉托爱好者，那么南方就是一种水到渠成的替代选择，而且作为夏季冰爽饮品它真的比普通的金酒加汤力水要好得多。调制南方鸡尾酒适合选用的金酒，有很多品种——老汤姆、伦敦干型、普利茅斯，甚至那些现在称为Genever的麦芽和谷物风味的荷兰金酒品种（与其他纯净的植物金酒风格相比，它更像是白威士忌）。但对于不喝金酒的人，我建议使用一些新潮的品种，如添加利10号或植物口味更明显的亨利爵士，在这样的配方中它们会大放光彩，或者使用带有柑橘和花香味的城堡（Citadel）或是带有薰衣草和豆蔻味道的飞行金酒（参见第101页）。但不管你用什么金酒，在炎热的夏天，一定要避免添加过多苏打水，过多的苏打水不会让人觉得更解渴，只会让人觉得寡淡难喝。我用44毫升，你可以增加到59毫升，但肯定不能更多了。如果你想喝苏打水，就请先喝苏打水，然后再喝鸡尾酒。

基本嗨棒鸡尾酒

美国佬 AMERICANO・血腥玛丽 BLOODY MARY・鳕鱼角CAPE CODDER・自由古巴 CUBA LIBRE・金酒瑞奇GIN RICKEY・马颈 HORSE'S NECK・莫斯科骡 MOSCOW MULE・长老会 PRESBYTERIAN・螺丝刀 SCREWDRIVER・司令 SLING・石墙 STONE WALL・龙舌兰日出 TEQUILA SUNRISE

我最大的希望之一就是嗨棒能再次成为美国最重要的鸡尾酒。我承认自己对此事有偏好——是我于1895年第一次把嗨棒介绍到美国。

——帕特里克·加文·达菲《官方调酒师手册》，1934

儿时，读海明威的小说时，我觉得小说中似乎所有的男人们都是坐在咖啡馆里一边看报纸一边喝白兰地苏打嗨棒（brandy and soda highballs）。于是，当我入了大学，便也坐在咖啡馆里，一边看报纸一边喝白兰地苏打嗨棒，只是这样的做法，可能也导致我没能念完罗德岛（Rhode Island）大学。在我读过的侦探小说中，侦探会在抽屉里放上一瓶威士忌，再在桌子上放上一瓶苏打水，用来调制嗨棒酒。对我来说，嗨棒是20世纪文明的主要组成部分，不管它是用苏打水制作的干型嗨棒还是用姜汁汽水制作的风味嗨棒。一个世纪以来，嗨棒一直是美国这个国家的标志。金酒和汤力水几乎是游艇俱乐部和夏季的代名词；劳动节过后，人们便收起白皮鞋和泡泡纱西装，将威士忌换成金酒嗨棒。

这种美国的标志性鸡尾酒是什么呢？非常简单的配方，通常包括一种烈酒，基本上是44毫升，使用118～148毫升的调酒杯，加上苏打水、汤力水或姜汁汽水，盛在加了冰块的355或414毫升容量的玻璃杯中饮用。一点柠檬皮可以作为装饰，但很多人更喜欢不要装饰。所有的人都喜欢只要44毫升烈酒——不能多了。如果他们想喝一杯烈酒，他们会点一杯曼哈顿或马提尼。人们想要嗨棒的原因是希望喝点清淡的酒，所以不要加太多烈酒。（如果你是专业调酒师，要加倍注意把握好这个量。请注意，酒吧赚钱靠的是嗨棒和小剂量的烈酒，而不是马提尼酒和其他几种昂贵的酒。所以不仅客人不想要烈酒，成本也不允许你添加太多烈酒。）♛

美国佬 AMERICANO

配方

44毫升意大利甜味美思（Italian sweet vermouth）
44毫升金巴利（Campari）
59~89毫升苏打水，根据口味添加
橙片，装饰用

☞将味美思和金巴利倒入装满冰块的嗨棒杯，顶端浇上苏打水，并用橙片装饰。

美国佬最初名为米兰都灵（Milano-Torino）（其中的金巴利酒产自米兰，味美思产自都灵），是19世纪60年代位于米兰的金巴利咖啡馆（Caffè Camparino）的发明，发明人就是酒吧的老板和金巴利开胃酒的发明人加斯帕雷·金巴利（Gaspare Campari）。一直到禁酒令时期，美国人涌进欧洲大陆来找烈酒喝时，这款酒才更名为美国佬。因为很多美国人找到了金巴利咖啡馆，所有人都点这种鸡尾酒，于是意大利人为了纪念他们新获得的客户群体，便将这款酒改名为美国佬。（具有讽刺意味的是，禁酒令期间金巴利本身在美国并不违法，因为它被归类为药用产品，而不是酒精饮品。）曾几何时，美国佬在全球风靡，于是马提尼&罗西公司将其预混好装瓶并在世界各地销售，饮用时只需要简单地添加苏打水即可。

对于一种叫作美国佬的饮品来说，其历史背景中的欧洲成分占比相当多。但撇开历史不说，我认为美国佬是夏季最好的清凉饮品：它轻巧清爽，只有淡淡的苦甜参半的风味。但一定不要加太多苏打水——不要超过89毫升，否则口感就会太过寡淡。一旦苏打水加到119或148毫升，整杯酒中烈酒的劲道和风味就淹没了，酒也就失去了灵魂，会变成一种口味古怪的汽酒，我相信任何人都不会想喝这种东西。

橙味美国佬 ARANCIO AMERICANO*

2007年初，基思·麦克纳利在纽约开了一家名叫莫兰迪的餐厅，我为其设计了这款当代版的美国佬鸡尾酒，就是用意大利起泡酒取代了苏打水，并加进去了一点橙汁，增加一丝酸甜味。

配方

22毫升意大利甜味美思（Italian sweet vermouth），最好是马提尼&罗西（Martini & Rossi）甜味美思
15毫升金巴利（Campari）
30毫升鲜榨橙汁
59毫升普罗塞克气泡酒（Prosecco）

☞将味美思、金巴利和橙汁依次注入加冰的开胃酒杯，再用普罗塞克起泡酒把杯子注满。

成分说明

金巴利

加斯帕雷·金巴利出生于1828年，14岁时，他离开了乡下老家，去大城市都灵寻求致富门路，在那里的一家利口酒厂当了学徒。金巴利出师后，前往米兰，在那里开了一家金巴利咖啡馆，他做了一名药酒师——类似源自15世纪的手工作坊里的调酒师（还有一小部分药剂师的职能）。药酒师既是科学家也是厨师，经常受到宫廷成员的青睐；他们还会设计出各种甜酒和开胃酒的配方，给一些咖啡馆作为专有招牌饮品。这些甜酒和开胃酒中的一

些品种后来成为商业化生产（包括产自都灵和米兰的）的品种。这样的药酒师其实就是开创了19世纪鸡尾酒传统的先驱调酒师的鼻祖。金巴利利口酒于1862年首次推出，是这些咖啡馆专有招牌饮品中的一种。到今天，仍然是高度专有产品。它的配方受到严密保护，其公司总裁是世界上唯一知晓其所含86种成分完整清单的人。每个星期，公司总裁、技术总监和其他8位员工——谁都只了解自己负责的一块业务——聚在一起共同生产出基础浓

缩物，然后与酒精混合起来制成开胃酒。唯一有趣且广为人知的，是金巴利开胃酒的红色着色剂是胭脂虫红。关于应用胭脂虫红的记录可追溯到阿兹特克人和印加人。胭脂虫红是由南美洲的一种胭脂虫的干尸制成，因此金巴利是一种鲜红色的利口酒，有一种苦中透甜的味道。在意大利经常就是在金巴利边上搭配一杯苏打水就端给客人了——事实上，市场上卖的也有金巴利和苏打水预先混合好的单人份瓶装产品。

血腥玛丽 BLOODY MARY

配方

59毫升伏特加 (vodka)

118毫升萨克拉门托 (Sacramento) 番茄汁

15毫升鲜榨柠檬汁

3抖塔巴斯科辣酱 (Tabasco sauce)

2抖伍斯特沙司 (Worcestershire sauce)

盐和现磨黑胡椒粉各一捏

1抖芹菜盐 (celery salt)，可选

新鲜磨碎的辣根调味汁 (freshly grated horseradish)，可选（但大多数纽约人都需要）

楔形柠檬块，装饰用

楔形青柠块，装饰用

在调酒杯中加入伏特加、番茄汁、柠檬汁、辣酱、伍斯特沙司、盐、黑胡椒、（可选的）芹菜盐和辣根调味汁。添加冰块来回倾倒进行混合。滤入一个冰镇过的高脚杯，并在杯子侧壁上用柠檬块和青柠块装饰。

技术说明

来回倾倒

饮酒者可能永远对应不应该添加辣根有争议，历史学家总会对是佩蒂奥还是杰塞尔发明的血腥玛丽有争议，但是没有人会不同意：血腥玛丽永远不应该用力摇晃，否则番茄汁的交融性就会受到影响。摇晃会产生泡沫，这样一来果汁里的果肉因为较沉就会和水分离，从而失去口感，也就破坏了整杯酒的味道。这不是马提尼酒，个人喜好不重要。我们把血腥玛丽来回倾倒使各种成分融合，但不要摇晃。

除了马提尼酒以外，我怀疑，没有什么酒能像血腥玛丽般引发出如此多的争论。争论通常集中在这款早午餐最爱饮品的辛辣程度应该怎么样，或者什么才是恰当的装饰。无论是在这两个方面，还是涉及其他成分，血腥玛丽这款酒都有可供即兴创作的宽广空间，你只管放开来开心地玩，按你喜欢喝的口味来混合即可，不要去管别人怎么说。毕竟，甚至还有人在争论谁发明了血腥玛丽。根据传说，1916年时，年方16岁的M. 费尔南德·佩蒂奥（皮特）(M. Fernand "Pete" Petiot) 来到巴黎，在哈里的美国酒吧 (Harry's American Bar) 开始了调酒生涯，并在那里发明了这款酒。佩蒂奥本人在1964年7月接受《纽约客》(The New Yorker) 杂志的采访，让人们对这一说法产生了怀疑。"我开创了如今的血腥玛丽版本，"佩蒂奥解释道，"乔治·杰塞尔 (George Jessel) 说他创造了这款酒，但当我接手的时候他的配方实际上只是伏特加和番茄汁，再没有其他成分了。"我一直想知道他的表述中"当我接手的时候"是什么时候。他到底什么时候接手的？邓肯·麦克艾霍恩 (Duncan MacElhone)，也就是哈里·麦克艾霍恩的孙子，在1997年（其遭遇横祸去世前四年）接受了我的电话采访，他告诉我说，当时有一位总是坐在酒吧等待很少会赴约的男朋友的女士，皮特便给她调制了这种饮品，还以她的名字玛丽命名了这种饮品。用邓肯的话来说，"这就是我听到的故事，不过对我来说已经足够了！"

其实，佩蒂奥发明这种饮品时，正在伦敦著名的萨沃伊酒店工作。1933年，他受到玛丽·杜克·比德尔 (Mary Duke Biddle) 女士的邀请，搬到她在纽约开设的瑞吉酒店 (Regis Hotel) 的科尔王酒吧 (King Cole Bar) 工作。但一年之内他的老板变成了文森特·阿斯特 (Vincent Astor)，阿斯特于1934年取消了比德尔女士的赎回抵押权并接管了酒店。当佩蒂奥开始在东五十五街调制这种饮品时，他使用的是金酒，因为当时在纽约几乎找不到伏特加；他将这种饮品称为红鲷鱼 (Red Snapper)。直到15年以后，豪布赖恩 (Heublein) 的总裁约翰·马丁为了宣传他于战前收购的斯米尔诺夫伏特加，以血腥玛丽等四种饮品来向美国推广人们几乎闻所未闻的俄罗斯烈酒时，基于伏特加的血腥玛丽才在全美国被接受。（大卫·埃姆伯里于1949年在他的著作《调酒的精细艺术》一书中感叹道："不幸的是，目前在美国没有进口伏特加销售。"）

回到鸡尾酒的制作上来：佩蒂奥的配方，按照1964年《纽约客》中的描述，体现了简约精神。"我在摇酒壶底部放四大格盐，两格黑胡椒，两格辣椒粉，再浇上一层伍斯特沙司；又加了一点柠檬汁和一些碎冰，倒入59毫升伏特加和59毫升浓番茄汁，摇匀，过滤并倒入杯中。"我更喜欢来回倾倒饮品而不是摇晃（参见本页技术说明）。无论如何，佩蒂奥每天调制150杯血腥玛丽。他还说过，他每天供应350杯金酒马提尼。

我对调制血腥玛丽的一个警示是：避免加入太多调味料，不要盖住番茄汁的甜味。不知何故，血腥玛丽就像布法罗式鸡翅 (Buffalo-style chicken wings) 一样，莫名其妙地被误当成了男子汉气概的检验场，以为越能容忍辛辣味就越像男子汉。

血腥公牛 BLOODY BULL

配方

59毫升伏特加（vodka）

59毫升金宝牌（Campbell's）牛肉汤

59毫升萨克拉门托（Sacramento）番茄汁

1抖鲜榨橙汁

4抖塔巴斯科辣酱（Tabasco sauce）

1抖现磨黑胡椒

橙皮，装饰用

☛ 在调酒杯中混合伏特加、牛肉汤、番茄汁、橙汁、辣酱和黑胡椒。加冰摇匀。滤入加冰的高脚杯，并用橙皮装饰。

我曾用野鸡清汤（pheasant consommé）做过一种肉味血腥公牛的版本，并将其命名为罚球（Foul Shot）。它是我为美国著名平面设计师米尔顿·格拉塞所做的创意，酒的命名表达了我对他的敬意（译者注：罚球原文为Foul Shot，其中shot一词有双关含义，既可以指投球、击球，也可以指一小杯酒。作者创作出这款颜色鲜艳、风格独特的鸡尾酒并将其命名为Foul Shot，表示其敬慕设计师鲜艳大胆、独具一格的设计，因而主动自罚创作出这款酒敬献给著名设计师）。但牛肉汤版本一直是受欢迎的老式牛排馆的最爱。虽然听起来用的材料是预制产品，显得有点低端——但金宝牌（Campbell）罐装牛肉汤是制作血腥公牛的理想原料，它在浓郁的牛肉味和咸味之间取得了恰到好处的平衡。如果你坚持美食仪式，要用自制的肉汤，那么可以加一点盐，但如果使用了罐装肉汤，就绝对不要再加盐了。与血腥玛丽不同的是，做血腥公牛你肯定想摇晃——不知何故，牛肉汤可以防止混合物起泡沫。最后，用一条橙皮装饰，这里与其他血腥类鸡尾酒用的楔形柠檬块装饰不同。为什么？在奥罗拉，我们的血腥公牛卖得很好，乔·鲍姆很喜欢这种饮品，但他对传统的柠檬或青柠装饰不满意，认为这装饰无论是视觉上还是味觉上都没有意义。但他说不出来他想要什么，这让我非常困扰。我不敢说自己会因为血腥公牛的装饰睡不着觉，但这绝对是一个问题。然后有一天我第一次在一家中餐馆坐下，注意到一个我从未注意过的菜单选项，便点了它。然后端到我面前的是一大块浮于橙皮中的牛肉。哇。于是，回到奥罗拉，我调制血腥公牛时便按个人想法添加了几样东西：少许橙汁，并用橙皮挤出几滴精油加入饮品中，然后用橙皮装饰。显然，相比柠檬或者青柠，牛肉更搭配橙子的味道。乔·鲍姆也非常喜欢这种搭配。

公牛子弹 BULL SHOT

这款酒就是没有番茄汁的血腥公牛——如果你在一个地板上有锯末的小馆子用午餐，盘子里是熟成牛肉，这款酒就是再好不过的搭配了。

配方

59毫升伏特加（vodka）
118毫升金宝牌（Campbell's）牛肉汤
4抖塔巴斯科辣酱（Tabasco sauce）
2抖鲜榨橙汁
1抖现磨黑胡椒
橙皮，装饰用

☞在调酒杯中混合伏特加、牛肉汤、辣酱、橙汁和黑胡椒，加冰摇匀。滤入加冰的高脚杯，用橙皮装饰。

其他变化品种

血腥玛丽非常适合即兴发挥和进行改变，这里是一些值得注意的创意发挥：

丹麦玛丽（DANISH MARY）用阿夸维特酒（aquavit）取代伏特加，阿夸维特酒的草本风味和番茄汁很搭配。如果阿夸维特酒在美国市场销售量更大一些、知名度更高一些，它可能会很快超过伏特加，成为流行的血腥系列鸡尾酒的基酒。

血腥玛丽亚（BLOODY MARIA）是用龙舌兰酒取代伏特加。

血腥凯撒（BLOODY CAESAR）是使用蛤蜊汁——实际上，使用的是蛤蜊番茄汁，蛤肉番茄汁就是从血腥凯撒发明而来的。1969年，来自黑山（Montenegro）的调酒师沃尔特·切尔（Walter Chell）搬迁到了加拿大的卡尔加里（Calgary），在卡尔加里客栈谋到了一个职位，他接到任务要为客栈新开业的名为马可（Marco's）的意大利餐厅创作一款鸡尾酒。于

是，切尔试验了三个月，推出了一款包括手工捣碎的蛤蜊和番茄汁以及其他传统的血腥玛丽成分混合的饮品。这款美妙的鸡尾酒血腥凯撒启发了莫特公司（Mott's company）的达菲·莫特（Duffy Mott）先生的灵感，开发出了蛤肉番茄汁并申请了专利。切尔和莫特经过一些争议后，调酒师切尔成为蛤肉番茄汁的代言人，从此血腥凯撒成了加拿大的国酒。

鳕鱼角 CAPE CODDER

配方

44毫升伏特加（vodka）
148毫升蔓越莓汁
楔形青柠块，装饰用

☛将伏特加和蔓越莓汁倒入加冰的嗨棒杯中搅拌。用青柠块装饰。

蔓越莓是为数不多的北美本土水果之一，与蓝莓、康科德葡萄和番茄搭配得很好，但这并不意味着蔓越莓很容易就受到了欢迎，事实上每年蔓越莓也就只有一天受到关注（而且，其实还只是作为感恩节主菜火鸡的搭配而已）。优鲜沛公司由20世纪30年代的蔓越莓种植者合作社演变而来，其在20世纪50年代开展了一系列非常富于创意的营销推广活动，其中成果最显著的是其果汁系列，蔓越莓果汁就这样被吹捧为烈酒成分的绝妙搭配成分，不仅适合与金酒搭配，还适合与市场快速增长的伏特加进行搭配。当时伏特加还没有超越金酒而成为美国人首选的无色烈酒。除了调制鸡尾酒的原料，蔓越莓果汁还带有一丝健康气息和令人愉悦的酸味。因此便诞生了哈普恩鸡尾酒（Harpoon），一种很快改名为鳕鱼角的鸡尾酒。鳕鱼角鸡尾酒成了灰狗、盐狗以及如海风和湾风之类的整个清风饮料品类的始祖，从20世纪60年代开始，便不时进入全美最受欢迎的十大鸡尾酒名单。

海风 SEA BREEZE

海风嗨棒，就是将令人愉悦的酸甜味的蔓越莓和葡萄柚两种果汁混合起来，再加入少量伏特加。它是整整一代人——20世纪60年代末和70年代初成年的那一代人的入门级饮料。这一代人喜欢喝酒精含量尽可能少的鸡尾酒。在他们之前出生于二战前的那一代人，是从以棕色烈酒为基酒的苏打汽水鸡尾酒开始喝酒的，如7+7[施格兰7号威士忌（Seagram's 7 whiskey）加7喜汽水（7UP）]；而在他们之后出生的那一代人，则主要是从啤酒开始尝试喝酒。但有一段时间，大多数人第一次喝的酒里都包含蔓越莓汁，事情就是这样。

配方

44毫升伏特加（vodka）
30毫升鲜榨葡萄柚汁
89毫升优鲜沛蔓越莓汁鸡尾酒
    （Ocean Spray Cranberry Juice
    Cocktail）
楔形青柠块，装饰用

☞ 将伏特加倒入冰镇过的嗨棒杯中。部分填充葡萄柚汁，顶部浇上蔓越莓汁。饰以楔形青柠块。

其他变化品种

在嗨棒杯中将一小杯伏特加与果汁混合起来的总体思路证明可以无限灵活，以下是最流行的一些变化品种，大致都是相同配比：44毫升伏特加配上大约133毫升果汁。
湾风（BAY BREEZE）：伏特加、蔓越莓汁、菠萝汁
灰狗（GREYHOUND）：伏特加和葡萄柚汁
马德拉斯（MADRAS）：伏特加、蔓越莓汁、橙汁
盐狗（SALTY DOG）：伏特加和葡萄柚汁（灰狗），要装在一个杯沿沾了盐的玻璃杯中
海滨风（SHORE BREEZE）：朗姆酒、蔓越莓汁、不加糖的菠萝汁

自由古巴 CUBA LIBRE

配方

44毫升古巴式朗姆酒（Cuban-style rum），如玛督萨（Matusalem）或布鲁加银（Brugal Silver）朗姆酒
118毫升可口可乐
楔形青柠块

☛将朗姆酒倒入加冰的嗨棒玻璃杯，再注满可口可乐。将青柠片挤汁再插入杯中。

"古巴自由！"是19世纪末古巴革命者及其美国盟友泰迪·罗斯福（Teddy Roosevelt）的义勇骑兵与西班牙人作战时的战斗口号。但这与人们常年喜欢的这款鸡尾酒有什么关系呢？一个世纪前，可口可乐公司要确保古巴战场上的男孩们有足够的饮品。当然，当地市场上选择的酒精强化剂是古巴朗姆酒。士兵就是士兵，天气热就是天气热，需求必然催生发明，于是一种美丽的鸡尾酒饮品就诞生了。请注意，自由古巴和听起来更平淡无奇的朗姆可乐之间的唯一区别在于：这种饮品中含有一块楔形青柠块贡献的青柠汁，而不是什么都没有（虽然朗姆可乐经常用楔形青柠块装饰杯壁——所以你不费多少事就能把朗姆可乐变成一杯自由古巴）。

成分说明

可口可乐

可口可乐——从1920年美国对可口（Coke）这个词加了法律锁定起——也许是世界上最知名和最受欢迎的消费品。它由约翰·彭伯顿博士（Dr. John Pemberton）于1886年在佐治亚州亚特兰大发明。仅仅两年后彭伯顿博士就去世了，该产品被当地药店老板阿萨·钱德勒（Asa Chandler）接管。可口可乐公司成立于1892年，并在接下来的十年成了一个民族品牌。但直到二战，可口可乐才真正成为国际化产品，也再次证明在政府中有朋友是多么值得，尤其是在战时。战争期间糖是配给的，所以美国的可乐消费量降下来了。但在国外，情况就不同了。于是公司迅速在海外开了64家瓶装可乐制造厂，确保所有美国士兵都能喝到可乐，同时为通往全球获得更多客户铺平了道路。

金酒瑞奇 GIN RICKEY

这款鸡尾酒得名于华盛顿的说客"乔上校（Colonel Joe）"瑞奇（Rickey）。在19世纪后期，瑞奇经常和国会成员一起在舒梅客酒吧（Shoomaker's Bar）喝酒。但乔上校其实不是上校，也没有喝金酒，他喝的瑞奇也肯定不是威士忌酒，尽管金酒版的瑞奇鸡尾酒是更受欢迎的版本。乔上校后来成为第一个将青柠进口到美国的大进口商，但不清楚这是否与这款鸡尾酒有任何联系。一百多年前的配方与我们的现代版本完全相同——实际上真正就只是一嗨棒杯金酒混合苏打水加青柠。这个配方很酸，可随意添加糖浆或糖。瑞奇鸡尾酒可以用各种基酒制成，新鲜青柠汁的酸味与许多利口酒的甜味相得益彰。瑞奇甚至可以制作成一种全新的迷人而美味的饮品，由葡萄汁（或任何水果汁）、一点糖、新鲜青柠汁和苏打水组成——青柠水的变化款。一个更成人化的非酒精版本称为青柠瑞奇（Lime Rickey），只是用鲜榨青柠汁与单糖浆、安高天娜苦精和苏打水混合而成——是饮酒者的非酒精饮品。

配方

44毫升伦敦干金酒（London dry gin），
　　如必富达（Beefeater）伦敦干金酒
22毫升鲜榨青柠汁
52毫升苏打水
楔形青柠块，装饰用

☞在矮嗨棒杯或岩石杯中，将金酒、青柠汁和苏打水加冰搅拌。饰以楔形青柠块。

马颈 HORSE'S NECK

配方

1条马颈柠檬皮(horse's neck lemon peel,参见本页技术说明),装饰用
1抖苦精(bitters)
44毫升波本威士忌(Bourbon)
118毫升姜汁汽水(ginger ale,参见本页成分说明)

将马颈柠檬皮放在一个嗨棒杯或柯林斯玻璃杯中,自杯子底部盘旋向上,卷曲的一端悬挂在杯子边缘;挂在玻璃杯沿上的那段柠檬皮应该看起来像一个艺术化的马的头颈。将冰块从柠檬皮形成的螺旋形空间中心加入杯中,然后滴入苦精,倒入波本威士忌,加入姜汁汽水,搅拌。

马颈是唯一以其装饰物命名的鸡尾酒——柠檬皮的形状,当然,像马的脖子。这是一个姜汁汽水嗨棒,无论是否加了烈酒。不加强化烈酒的马颈经常出现在酒水单上,列在"矿泉水和软饮料"标题下,与可乐、白岩(White Rock)姜汁汽水、柠檬水和橙汁排在一起。

技术说明

马颈柠檬皮

准备这种著名的装饰果皮时,用一只手分别捏住柠檬蒂部与头部,让整个柠檬与自己的身体垂直。用另一只手拿稳削皮槽刀,用槽刀从离自己身体远的柠檬的端头向自己身体的方向削约0.6厘米长的果皮。然后将刀向左转动90度,绕柠檬一周削皮,一直削到柠檬另一端头部,刀片转动90度将整条果皮削掉,最终削下来的一条果皮大约宽0.6厘米(参见第252页长螺旋柠檬皮装饰图片),在柠檬上留下的果皮条约1.3厘米宽。现在,经过这番操作保留在柠檬果肉上的那部分柠檬皮实际上是你最终用作马颈的螺旋装饰。所以在去除第一条果皮后,要非常仔细地用刀子将留在柠檬上的螺旋状果皮削下来,削皮的厚度要足以包含全部黄色果皮部分,并且尽量少带果皮下面的白色部分。在这个过程的最后阶段,千万要注意别把果皮弄断了,否则这个装饰就破坏了。

成分说明

姜汁汽水

苏打枪的应用,使得几乎不可能找到制作精良的马颈、威士忌嗨棒、金酒汤力水等鸡尾酒。从枪里喷出来的名为姜汁汽水和汤力水的产品不像原本的饮品——无论是姜味苏打水还是发明出来对抗疟疾的苦甜参半的奎宁水。应用苏打枪加上糖浆产生的姜汁汽水和汤力水不够干、不够酸,苦甜味也不足,无法为鸡尾酒注入风味——成品基本上只是温和的风味起泡糖水。所以,只有在找到了优质瓶装姜汁汽水,如怡泉(Schweppes)或一些较新的美食风格苏打水的情况下再调制马颈酒,不然就不要做。布伦海姆(Blenheim's)、里德牌的牙买加姜汁汽水(Reed's Jamaican Style Ginger Ale)、天然酿造的暴怒姜汁汽水(Natural Brew Outrageous Ginger Ale)和GUS特干姜汁汽水(GUS Extra-Dry Ginger Ale)都不错。

莫斯科骡 MOSCOW MULE

配方

44毫升伏特加（vodka）
118毫升姜汁啤酒（ginger beer）
青柠片，装饰用

☛将伏特加和姜汁啤酒倒入加冰的玻璃杯中混合。用青柠片装饰。

今天在商店货架上扫视一圈，几乎不可能相信姜汁啤酒曾经有过特别风光的时刻，但在短短的半个世纪前，它确实曾风靡一时。它首先用于莫斯科骡这种鸡尾酒。二战后，斯米尔诺夫公司的约翰·马丁和鲁道夫·库奈特（Rudolf Kunett）为了将伏特加引入美国，推出了包括莫斯科骡在内的四种促销鸡尾酒[其他的是螺丝刀、血腥玛丽和有着一个永不过时的名字的伏特加提尼（vodkatini）]，他们发起了一场营销推广运动，莫斯科骡因此流行开来。作为促销活动的一部分，当时一个规模很大的电影明星聚会的场所，也就是位于好莱坞日落大道上、墙壁镶嵌橡木板的英式风格公鸡和公牛（Cock and Bull）酒吧，为每个点莫斯科骡的好莱坞明星提供一种个人专属的铜制马克杯，正面刻有一对奋起腾蹄的骡子。杯子排放在酒吧架子上，下次名人回来时，他或她的杯子就在等着他们点新一轮的莫斯科骡。最终酒吧架子排放的定制马克杯有近150个。

当时，怡泉可能是最受欢迎的姜汁啤酒，这种有趣的饮品的流行热度一直持续到20世纪60年代。到1970年，虽然伏特加终于流行起来，但莫斯科骡几乎消失了；在那个时代，相较于浓烈的和辛辣的风格，人们更喜欢清淡和甜美的风味，姜汁啤酒就显得太辣了。到20世纪80年代，即使是怡泉姜汁啤酒也不见了。20世纪70年代和80年代初，我在贝尔艾尔酒店工作期间，还偶尔为人用姜汁啤酒调制饮品（那个时期我还在公鸡和公牛酒吧度过了许多美好的时光，遗憾的是后来公鸡和公牛酒吧不得不关门，并为汽车经销商腾地方了）。1985年当我回到纽约时，姜汁啤酒不见了。但所有事物——或者至少大多数事物——都是周期性的，到20世纪90年代，随着辛辣的拉丁风味和亚洲美食的流行，浓郁风味重新受到人们的喜爱，姜汁啤酒也是如此，尽管怡泉姜汁啤酒并没有重新出现。现在市场上的姜汁啤酒以它的发明地牙买加出产的辛辣品种为主，在得克萨斯州的各地都可以找到，且种类繁多，有时你可以在杂货店货架上的十几个品牌中进行选择，从温和的巴雷特（Barrett）到超辣的老泰姆（Old Tyme），由你随便选。

黑色风暴 DARK AND STORMY

有一群幸运的美国人和欧洲人在外出往返加勒比岛航行期间，很少穿袜子，也很少打电话。这就是他们喝的饮品，水手的饮品。如果我们相信同名黑朗姆酒的制造商高斯林家族（Gosling family）来自巴哈马，他们的朗姆酒自然也是产自巴哈马。但不管朗姆酒是在哪个岛上被发现的，味道一定是苦的。黑朗姆酒几乎从来没有被单独饮用，总是调制成鸡尾酒、潘趣酒或者像这样的听起来奇怪的混合饮品来饮用。

配方

44毫升高斯林（Gosling's）或迈尔斯黑朗姆酒（Myers's dark rum，参见第171页成分说明）

118毫升中辣姜汁啤酒（medium-spicy ginger beer），比如里德牌（Reed's）姜汁啤酒

青柠片

☛将朗姆酒倒入加冰的嗨棒玻璃杯中，再注满姜汁啤酒。将青柠片挤汁再插入杯中。

斯米尔诺夫的故事

莫斯科的斯米尔诺夫酒厂由彼得·阿森尼耶维奇·斯米尔诺夫（Pyotr Arsenyevitch Smirnov）于1818年创办，后来成为一个庞大的实体，被称为铁桥旁的斯米尔诺夫卡（the House of Smirnovka by the Iron Bridge），到第一次世界大战时每年生产3 500万箱酒。俄国十月革命发生后，斯米尔诺夫家族逃离俄国，将他们的品牌带到巴黎，彼得的玄孙弗拉基米尔·斯米尔诺夫（Vladimir Smirnov）在那里开设了一家新的酿酒厂，并改名为斯米尔诺夫。

（今天的斯米尔诺夫后裔声称弗拉基米尔对原来的品牌名字从未有过合法的权利，这可能可以解释他在巴黎为何要将品牌更名。）这家企业很快被一个名叫鲁道夫·库奈特的乌克兰人收购，库奈特的祖父曾是斯米尔诺夫在莫斯科主要的粮食供应商之一。就在禁酒令之后，库奈特在美国康涅狄狄州开设了一家工厂，这一步棋走得很烂；刚废除禁酒令时，美国人还没有想要探索伏特加这样陌生的烈酒，他们只是想要重新喝到旧时好喝的

金酒、威士忌和朗姆酒。1934年，库奈特为美国业务找到了一个买家，康涅狄狄格州哈特福德市（Hartford）豪布赖恩公司的总裁约翰·马丁。库奈特出售了公司后仍然留在公司作为顾问协助公司的市场营销，马丁则将斯米尔诺夫作为他最看好的项目和可供他充分发挥营销天才的空白领域。在马丁的指导以及库奈特的帮助下，斯米尔诺夫在接下来的几十年中推动了一场空前的美国烈酒消费的革命。

长老会 PRESBYTERIAN

这款酒经常被叫作"The Press"，是我妈妈喜欢喝的饮品——事实上，它是20世纪50年代和60年代许多女性喝的鸡尾酒，当时很多人仍然喝美国威士忌。它被认为是女人的饮品，因为男人直接喝威士忌。这款酒是在更甜的7+7（施格兰7号威士忌加7喜汽水）鸡尾酒版本上又增加了一点复杂性。长老会轻快清爽，就像莫吉托一样，因为有新鲜柑橘汁的味道而具有相似的健康的概念。在鼎盛时期，长老会是一种混合威士忌饮品，通常是用施格兰7号制作——人们来点酒时通常会说"给我来一杯施格兰长老会"。但自1972年以来，威士忌的整体销量每年都在下降，因为美国人已经转向选择伏特加作为鸡尾酒的基础烈酒。混合威士忌一直是格外受冲击的一种产品，因为人们从此再也没有对这类经济型产品产生兴趣了。现在的烈酒世界已经由优质和超优质烈酒定义了，似乎整个国家在各方面的消费档次都提升了，包括酒类。所以我这里的配方用的是波本威士忌，因为现在混合威士忌不是那么受欢迎，波本威士忌似乎成了它的替代品。然而，今天一些创新的混合威士忌，如英国罗盘针（Compass Box）公司的那些产品，都是将混合威士忌的理念从经济型产品重塑为奢侈品。罗盘针的混合谷物威士忌能够调制出很棒的长老会，因为他们的享乐主义瓶装酒（Hedonism bottling）是一种100%陈年谷物苏格兰威士忌，采用的是精湛的手工挑选威士忌桶装，陈化长达25年——有点奢侈，但可以肯定的是很值得。不过，无论你喝的是什么威士忌，没有好的姜汁汽水就不能制作出精良的长老会。与任何其他嗨棒酒一样，其主要成分是苏打水，这里的姜汁汽水务必要比大多数杂货店货架上塞满的那些品种更偏干型，杂货店那些品种太甜了，不适合鸡尾酒使用。所以要么找到一种好的、姜味明显的姜汁汽水来增添效力，要么就改为调制另外一种鸡尾酒。

 配方

44毫升波本威士忌（Bourbon）或混合威士忌（blended whiskey）
59毫升苏打水
59毫升姜汁汽水（ginger ale）
柠檬皮，装饰用

☛将波本威士忌或混合威士忌、苏打水和姜汁汽水依次注入加冰的嗨棒杯。用柠檬皮装饰。

螺丝刀SCREWDRIVER

配方

44毫升伏特加（vodka）

118~148毫升鲜榨橙汁，按口味添加
橙片，装饰用，可选

☛将伏特加和橙汁依次注入加冰的嗨
棒杯。用橙片装饰（可选）（传统上，
螺丝刀不要装饰）。

在二战结束后的几年里，豪布赖恩公司的约翰·马丁大力宣传斯米尔诺夫伏特加，它主要依赖的便是四种特别的鸡尾酒：配姜汁啤酒的莫斯科骡、配味美思的伏特加提尼、配番茄汁的血腥玛丽和配橙汁的螺丝刀。莫斯科骡的人气可能已经落山了，但在随后的半个世纪里其他三种鸡尾酒慢慢地重新定义了美国的酒吧，伏特加酒逐年流行。1967年，伏特加超越金酒成为美国最受欢迎的无色烈酒；1976年，伏特加成为美国各种烈酒中最受欢迎的品种。从首次推广到最终取得成功，大约用了30年的时间——如果从历史角度来看，这简直是太迅速了，但如果从品牌经理的视角来看，这需要令人难以置信的长时间的耐心。

关于螺丝刀名字的由来有很多故事，但是看起来最具可信度的一种说法是：当马丁在得克萨斯州推广伏特加橙汁组合时，那些冒险打油井的人习惯用他们随身携带的挂在皮带上的工具包里的螺丝刀来搅拌。马丁也曾用伏特加和橙汁装满一辆油罐车，并将其停在好莱坞大道上，向整个洛杉矶分发斯米尔诺夫螺丝刀。这就是推广品牌的老派做法。

从左起顺时针方向依次为：螺丝刀、哈维撞墙、
西西里根汁汽水、意大利之吻

鸡尾酒快照

后禁酒时代最重要的鸡尾酒书籍之一是帕特里克·加文·达菲的《官方调酒师手册》，首次出版于1934年，然后在1940年出了新版。达菲根据基础烈酒将各种鸡尾酒配方进行了重新排列，其中有104页是基于金酒的鸡尾酒，共420种；有26页是基于威士忌的鸡尾酒；有14页是基于朗姆酒的鸡尾酒；仅有1页上有2种伏特加鸡尾酒[一种是被遗忘已久的名叫芭芭拉鸡尾酒（Barbara cocktail）的饮品，用奶油和可可利口酒加伏特加调制而成，这种酒几年后重新出现，变成了白色俄罗斯，咖啡利口酒取代了可可利口酒；另一种是蓝色星期一鸡尾酒（Blue Monday Cocktail），含有君度和由植物提取物制成的蓝色食用色素]。达菲还专门用了83页来介绍以其他烈酒为基础的鸡尾酒，例如，15种苦艾酒鸡尾酒配方和12种以苹果白兰地为特色的品种。

哈维撞墙 HARVEY WALLBANGER

加利安奴的营销小组真是挖到了金子,他们创建了一个名叫哈维的冲浪小人的角色,哈维喝了撞墙酒会撞到墙上。这款鸡尾酒不过就是在螺丝刀里添加少量加利安奴利口酒,现在看来这是很传统的营销方法,简单地将产品添加到已经非常受欢迎的饮品中,就像如今人们将所有东西都塞进了四海为家中。注意这种鸡尾酒的杯子边缘有肉桂糖霜,糖霜使用等量糖和肉桂粉制作,使这种酒显得确实有些特别;给杯沿涂糖霜请参见第137页技术说明。我在哈维撞墙的基础上创造了一种味道像根汁汽水的饮品,我因此将其称为西西里根汁汽水(Sicilian Root Beer):伏特加和甘露利口酒各30毫升、加利安奴15毫升,依次注入装满冰块的嗨棒杯,加入可口可乐至满杯,用楔形青柠块装饰。

配方

44毫升伏特加(vodka)

118~148毫升鲜榨橙汁,根据口味添加

22毫升加利安奴(Galliano,参见第178页成分说明)

☛将伏特加倒入装满冰块的嗨棒杯中,然后注入橙汁至杯子几乎装满,最上面淋上加利安奴,不加装饰。

意大利之吻 ITALIAN KISS*

1/4世纪前,橙味朱利叶斯(Orange Julius)风靡至极,很多商家都有出售,就是在新鲜的橙汁上加上某种奶制品。这种鸡尾酒有点像成人版的橙味朱利叶斯:新鲜橙汁、奶油和加利安奴,加入橙子酒(一种利口酒,与更受欢迎的柠檬酒类似,只是用橙子代替了柠檬酿成)。

配方

22毫升加利安奴(Galliano)

22毫升伏特加(vodka)

44毫升鲜榨橙汁

30毫升高脂浓奶油

15毫升橙子酒(orangecello)

肉桂粉,装饰用

☛将加利安奴、伏特加、橙汁、奶油和橙子酒倒入加冰的调酒杯中摇匀。滤入冰镇过的鸡尾酒杯,撒入一点点肉桂粉。

司令 SLING

配方

44毫升金酒(gin)

15毫升甜味美思(sweet vermouth)

30毫升鲜榨柠檬汁

22毫升单糖浆(simple syrup)

1抖安高天娜苦精(Angostura bitters)

苏打水

长螺旋柠檬皮,装饰用

 将金酒、味美思、柠檬汁、糖浆和苦精倒入加冰的调酒杯中摇匀。滤入加冰的柯林斯玻璃杯,然后在上面浇上苏打水。用螺旋柠檬皮装饰。

令鸡尾酒——定义为加水和甜味剂的烈酒——实际上是比鸡尾酒更古老的类别;事实上,在《天平与哥伦比亚知识宝典》周报栏目文章中鸡尾酒被定义为加了苦味的司令,根据该篇文章的说法,鸡尾酒这个新的品类可以追溯到19世纪初。多年来,司令鸡尾酒出现了很多品种,最初在19世纪时,以威士忌、白兰地、朗姆酒或金酒为基础撒上磨碎的肉豆蔻做成的热司令酒风靡一时。然后,到20世纪初,司令的概念发生了较大改变,变得更加复杂。糖换成了利口酒,如希林樱桃利口酒、修士甜酒和君度,而且肉豆蔻香料被扩展应用到口味更复杂的安高天娜苦精中。另一方面,基酒的选择范围变窄,司令几乎完全变成了金酒鸡尾酒,而不再是威士忌、白兰地或朗姆酒饮品。然后终于迎来了新加坡司令,新加坡司令是一种与这种19世纪的鸡尾酒非常不同的品种。我认为原始的版本早该复兴了,所以这里的版本是我对19世纪后期的金酒司令进行过修改的版本,也是我曾列在彩虹居酒单上的版本。

 技术说明

螺旋柠檬皮 (或橙皮)

要制作长螺旋柠檬皮,请按制作马颈柠檬皮(参见第154页技术说明)的步骤操作,结果得到两长条柠檬皮:第一次削出的长条,通常被丢弃,第二次削出的长条柠檬皮,就是马颈的形状。长螺旋柠檬皮就是通常被丢弃的那第一条果皮。

新加坡司令 SINGAPORE SLING

美国鸡尾酒博物馆馆长泰德·海格认为,新加坡司令是更干型的海峡司令(Straits sling)的后代。新加坡司令大约于1915年发明于莱佛士酒店(Raffles Hotel)的长酒吧(Long Bar)里,当然是在新加坡。据说如果你在莱佛士酒店前廊坐的时间够长,最终你会遇到有头有脸的大人物。这里是许多新加坡司令配方中我最喜欢的一个版本。它是1989年莱佛士的首席调酒师传真给我的,当时我联系他想验证我使用的是不是正确的配方。他的传真证明了我的配方正确。

配方

30毫升金酒(gin)
15毫升彼得希林希林樱桃利口酒(Peter Heering Cherry Heering)
7.4毫升君度(Cointreau)
7.4毫升修士甜酒(Benedictine)
89毫升无糖菠萝汁
15毫升鲜榨青柠汁
1抖安高天娜苦精(Angostura bitters)
橙片,装饰用
樱桃,装饰用

将金酒、希林樱桃利口酒、君度、修士甜酒、菠萝汁、青柠汁和苦精倒入加冰的调酒杯中摇匀。滤入嗨棒杯,饰以橙片和樱桃。

石墙 STONE WALL

配方

1小块鲜姜根, 去皮
7.4毫升德梅拉拉糖 (Demerara sugar)
　制作的单糖浆 (simple syrup)
44毫升新鲜苹果汁
44毫升浓味朗姆酒 (strong rum)
44毫升姜汁啤酒 (ginger beer)
楔形青柠块
青苹果片, 装饰用

☞ 在调酒杯底部, 把姜和糖浆混在一起并用捣棒把姜捣碎。加入苹果汁、朗姆酒和冰块, 然后摇晃。滤入加冰的岩石玻璃杯, 然后在上面浇上姜汁啤酒。将楔形青柠块挤汁再放入杯中, 用苹果片装饰。

用朗姆酒调制的石墙以及用黑麦威士忌调制的石篱笆是两种流行的殖民时代鸡尾酒, 其中都使用了苹果汁和烈性苹果酒。这些很可能是最早的嗨棒酒, 很简单的制作方法: 就是用一小杯烈酒加上苹果汁。我对这两个配方做了一些改进, 进行了重新创作。当我第一次在专业酒吧里调制升级版的石墙时, 配的装饰不仅仅是一片青苹果, 而是将几片撒上肉桂和糖粉的苹果片, 在对流加热烤箱中烘干成薄脆片, 放在玻璃杯边缘。这对于家庭调酒师来说可能有点繁杂, 所以简单的切片就足够了。不管用什么装饰, 生姜的辛辣味和苹果很搭, 而且配威士忌或朗姆酒效果很好。两种石头嗨棒鸡尾酒都是很棒的秋日饮品, 当然主要是秋天可以买到鲜苹果汁; 不要用普通苹果汁饮料来做这两种鸡尾酒。

成分说明

安珂酒厂的霍塔林威士忌

1906年, 地震、火灾和炸药摧毁了旧金山约12平方千米的面积, 造成了毁灭性的破坏, 夺走了28 188座建筑物和数不清的生命。灾难发生后, 几位神职人员断言这场灾难是上天对这座城市邪恶的生活方式降下来的报应。然而, 霍塔林公司 (A.P. Hotaling & Co.) 位于杰克逊街 (Jackson Street) 的威士忌仓库却幸免于难。灾难过后, 加州大学伯克利分校教授杰罗姆·巴克·兰菲尔德 (Jerome Barker Landfield) 遇到了诗人和智者查尔斯·凯洛格·菲尔德 (Charles Kellogg Field)。菲尔德想要一张白纸写字, 兰菲尔德递给他一个用过的信封。菲尔德在信封背面写下了这些文字:

> 如果, 正如人们所说,
> 因为这个城市过于贪玩
> 上帝这是要给予惩戒
> 那他为何烧毁了教堂
> 却让霍塔林威士忌幸免?

作为给这家19世纪的旧金山威士忌制造商的献礼, 弗里茨·梅塔格推出了100%纯黑麦芽威士忌, 它的标签上简单地写着 "霍塔林威士忌 (Hotaling's Whiskey)", 没有明确指定为黑麦威士忌, 那是因为黑麦威士忌要求酿造工艺中必须采用全新的碳化美国白橡木桶, 而弗里茨很执拗地决定采用苏格兰人在酿制世界上最好的麦芽威士忌时所采用的工艺, 就是在使用过的碳化橡木桶中来进行陈酿。

石篱笆 STONE FENCE

都说好篱笆造就好邻居，这可能会让你相信在新英格兰看到的所有石篱笆都是改善邻里关系的设施。其实不是这样。冰河时代结束时，消退的冰川给美洲东北部到处都留下来一堆堆的石头，甚至在原本完全可以耕种的田地里也都是石头。于是，人们不得不将所有的石头移开，并堆放在地产的外围边缘。然后，我喜欢想象，其中有些石头就被搬到了门廊上，于是就有了石篱笆。

配方

1小块鲜姜根，去皮
15毫升德梅拉拉糖（Demerara sugar）制作的单糖浆（simple syrup）
44毫升新鲜苹果汁
44毫升黑麦威士忌（rye whiskey），最好是老波特雷罗霍塔林威士忌（Old Potrero Hotaling's Whiskey）
44毫升姜汁啤酒（ginger beer）
楔形青柠块
青苹果片，装饰用

☛在调酒杯底部，将姜和糖浆混在一起并用捣棒把姜捣碎。加入苹果汁、威士忌和冰块，摇匀。滤入加冰的岩石玻璃杯，然后在上面浇上姜汁啤酒。将青柠块挤汁再放入杯中，用苹果片装饰。

石头波兰 STONE POLE*

我为公园大街70号精品酒店的银叶酒吧（Silverleaf Tavern）发明了这种饮品。他们希望，尽管是采用现代的食材和配方，但要给酒吧营造一种纽约殖民地时代的感觉。于是，我基于殖民地时代最受欢迎的石篱笆鸡尾酒设计了一系列的鸡尾酒。这些鸡尾酒使用的波兰伏特加（Polish vodka，因此这款酒命名为石头波兰）叫作祖布罗斯卡（Zubrowska），其野牛草的风味与苹果搭配完美。

配方

1小块鲜姜根，去皮
7.4毫升德梅拉拉糖（Demerara sugar）制作的单糖浆（simple syrup）
44毫升新鲜苹果汁
44毫升祖布罗斯卡伏特加（Zubrowka vodka）
44毫升姜汁啤酒（ginger beer）
楔形青柠块
青苹果片，装饰用

☛在调酒杯底部，将姜和糖浆混在一起并用捣棒把姜捣碎。加入苹果汁、伏特加和冰块，摇匀。滤入加冰的岩石玻璃杯，然后在上面浇上姜汁啤酒。将青柠块挤汁再放入杯中，用苹果片装饰。

龙舌兰日出 TEQUILA SUNRISE

配方

44毫升白龙舌兰酒（blanco tequila）
118毫升鲜榨橙汁
22毫升红石榴糖浆（grenadine）

☛用冰块装满嗨棒杯并注入龙舌兰酒，然后注入橙汁。慢慢倒入红石榴糖浆，创造一种日出的效果。不加装饰。

禁酒令期间，电影业群体在墨西哥北部城市蒂华纳度过了很多时光，因为那里几乎没有法律禁止包括饮用鸡尾酒在内的任何类型的娱乐活动，许多好莱坞精英还在太平洋沿岸更靠南的墨西哥城市阿卡普尔科拥有房屋，在阿卡普尔科他们可以自由饮酒。墨西哥最受欢迎的聚会场所之一是蒂华纳的阿瓜卡连特赛马场——该名字字面意思是热水——赛马场不仅有一家很棒的餐厅，还有极好的酒吧，极力用名为龙舌兰雏菊和龙舌兰日出的鸡尾酒来吸引美国人。赛马场的日出鸡尾酒包括龙舌兰酒、柠檬水、石榴汁、黑醋栗甜酒和苏打水等成分（配方如下）。但是当其配方越过国境线进入后禁酒时代的美国后——当时的美国缺乏经验丰富的调酒师以及能够供应法国黑醋栗甜酒等特色烈酒的销售渠道，大家又因为容易买到现成的橙汁而很不愿意做鲜榨柠檬水，加上普遍对蒂华纳的东西都不熟悉——于是这种饮品到美国就变成了某种很不一样的东西。这里的版本就是现代的美国版龙舌兰日出。

变化款

20世纪20年代的龙舌兰日出
TEQUILA SUNRISE CIRCA 1920s

这是在咆哮的20年代来自蒂华纳阿瓜卡连特赛马场的原始配方，其中加上了我的一些细微改变。按照这个配方调酒有一个简单的方法，那就是制作出味道浓郁的柠檬水，柠檬味十足，含水量不多。首先按糖和水1∶1的比例制作糖浆，然后将这种糖浆与等份的鲜榨柠檬汁混合。将这种混合好的柠檬水保存起来，就可以启动龙舌兰日出鸡尾酒派对了。

配方

44毫升鲜榨柠檬汁
30毫升单糖浆（simple syrup）
44毫升龙舌兰酒（tequila）
59毫升苏打水
15毫升法国黑醋栗甜酒（French cassis）
7.4毫升红石榴糖浆（grenadine）

☛在调酒杯中，将柠檬汁和糖浆搅拌在一起制作味道浓郁的柠檬水。在嗨棒杯中加入冰块，依次注入龙舌兰酒、柠檬水和苏打水。慢慢倒入黑醋栗酒和红石榴糖浆创造日出效果。无须装饰即可端给客人。

基本热带鸡尾酒

巴哈马妈妈 BAHAMA MAMA・猫眼 CAT'S EYE・火烈鸟 FLAMINGO・雾之刃 FOG CUTTER・格罗格 GROG・飓风 HURRICANE・迈泰 MAI TAI・止痛药 PAINKILLER・椰林飘香 PIÑA COLADA・皇家夏威夷 ROYAL HAWAIIAN・僵尸 ZOMBIE

我们认为的热带饮品，就像"海滩闲人"杰夫·贝里所说的，事实上是人造热带饮品；真正的热带饮品是由不知名的亚洲植物根茎酿成的蒸馏酒并与当地水果的果汁混合调制而成。但我们的热带饮品制作通常是两种热带风格的混合再加上一个美式过滤器：朗姆酒、果汁和热带加勒比的香料，配上南太平洋的热带环境布置，并用美国鸡尾酒的调制方法来制成。

这真是一个文化大杂烩。但其中一些饮品，使用了最好的成分，喝起来很棒。朗姆酒是常见的基酒，但其他白酒也可用于热带饮品；不过用威士忌的比较少见。水果甜酒也发挥了很大的作用，尤其是库拉索。香料很重要——肉豆蔻和肉桂是这类饮品的关键成分。

禁酒令期间，美国人因为经常越过加勒比海逃到墨西哥去合法饮酒，骨子里便埋下了对热带酒类的渴望。于是，禁酒令废除后，热带鸡尾酒品类便繁荣流行开来。二战期间在南太平洋度过了很多美好时光的美国人，也把南太平洋岛屿文化的元素带回了美国，这为热带饮品运动提供了视觉方面的组成元素。很快，这场运动演变成了一种包括衬衫、帽子、茅草屋顶和酒吧的完整的热带生活方式。最糟糕的方面是，热带风格变成了人工仿制，用人工调味饮品制作的瓶装热带鸡尾酒变得过于甜腻、黏稠和愚蠢。

但最好的方面呢？制作精良的迈泰是一种美妙的饮品。而真正热带地区制作的热带鸡尾酒，用在田间而不是在仓库中成熟的异国水果的鲜榨果汁调制而成，喝起来是一种美妙的体验。既然我们生活在一个可以买到新鲜的番石榴和芒果的时代，不妨就买些带回家，加点单糖浆把它们捣成泥，就可以做出真正的热带鸡尾酒了。♛

巴哈马妈妈BAHAMA MAMA

配方

22毫升白朗姆酒（white rum）

22毫升阿乃卓朗姆酒（añejo rum）

22毫升迈尔斯黑朗姆酒（Myers's dark rum）

15毫升椰子朗姆酒（coconut rum）

89毫升无糖菠萝汁

59毫升鲜榨橙汁

1茶匙红石榴糖浆（grenadine）

1抖安高天娜苦精（Angostura bitters）

马拉斯奇诺酒浸樱桃（Maraschino cherry），装饰用

橙片，装饰用

☛将四种朗姆酒、菠萝汁、橙汁、红石榴糖浆和苦精倒入加冰的调酒杯中摇匀。滤入大号高脚杯，或如博卡格兰德或飓风之类的特色饮品杯，饰以马拉斯奇诺酒浸樱桃和橙片。

现代朗姆酒鸡尾酒的发明者——像唐恩·比奇和维克多·伯杰龙（Victor Bergeron）这样的先驱——意识到这种甘蔗烈酒的独特之处：产自不同岛屿的不同风格和不同强度的朗姆酒，喜欢彼此混合。任何其他烈酒都不能够这样，比如，永远都不要把两种金酒混合起来喝，因为它们的味道会冲突，混合后的味道远不如各自单独喝起来令人愉快。但是朗姆酒的辛辣和甜味中的有些成分使它们能彼此灵活搭配。将不同风格的朗姆酒——浅色、黑色、五香、超浓烈风味——组合起来调制鸡尾酒可以创造出比使用单种朗姆酒更复杂、更微妙的鸡尾酒。巴哈马妈妈就是一个典型的例子，如果没有不同风格朗姆酒的组合，口感就会大不一样。

古贝斯马喜鸡尾酒 GOOMBAY SMASH

在巴哈马，游客们好像都在机场收到了巴哈马妈妈优惠券似的——所有非岛民来酒吧都会点巴哈马妈妈。不过，当地人更喜欢古贝斯马喜这种由巴哈马本地产高斯林朗姆酒制作的变化款鸡尾酒，高斯林朗姆酒在美国随处可见。

配方

44毫升高斯林黑海豹黑朗姆酒（Gosling's Black Seal dark rum）
22毫升椰子朗姆酒（coconut rum）
22毫升三重浓缩橙皮利口酒（triple sec）
89毫升无糖菠萝汁
菠萝片，装饰用
橙片，装饰用

☛将黑朗姆酒、椰子朗姆酒、三重浓缩橙皮利口酒和菠萝汁倒入加冰的调酒杯中摇匀。倒入加了碎冰的博卡格兰德或飓风玻璃杯中，饰以菠萝片和橙片。

成分说明

迈尔斯黑朗姆酒

迈尔斯黑朗姆酒在很多朗姆潘趣酒的配方中都会用到，因为这是一种很好的苦味基酒。这种风格鲜明的朗姆酒源自牙买加工艺：将发酵桶中用过的朗姆酒碎渣取出放入老酒渣坑中任由真菌生长；然后将长了真菌的老酒渣加入新的酿酒渣中。在牙买加只要走到酿酒厂附近，就会迎面扑来一种可怕的味道，像一堵砖墙似的熏得人透不过气来。这就是老酒渣坑发出的恶臭，也正是这种老酒渣坑创造出了许多牙买加朗姆酒那独特的美妙风味。

猫眼 CAT'S EYE

配方

44毫升百年银樽龙舌兰酒（Gran
　　Centenario Plata tequila）
30毫升甜味百香果泥
30毫升鲜榨橙汁
火焰橙皮，装饰用

☞将龙舌兰酒、百香果泥和橙汁倒入
加冰的调酒杯中使劲摇晃。滤入一个
冰镇过的鸡尾酒杯，饰以火焰橙皮。

这里的例子是当代调酒师的梦想之———一种不错的龙舌兰鸡尾酒，但不是玛格丽塔。百香果能很好地对冲龙舌兰酒的强烈味道，反过来，因为它的绿色和植物风格，使龙舌兰酒与热带风味很协调；只需使用一种非常好的银樽龙舌兰酒，这种龙舌兰酒富有龙舌兰、青椒和矿物质的味道，能很好地衬托百香果的风味和酸度。我还加了橙汁，来增加一点醇厚、柔和的甜味。有时我也会加入一点点混合浆果汁，比如奥德瓦拉（Odwalla），增添一点颜色。如果你身边有这样的东西，调出来的饮品味道就会更有吸引力，而且能使所有其他酸味变得更加柔和。不加浆果汁，这种饮品看起来像黄色的猫眼，便因此得名；加上浆果汁，添加了红色，看起来就像有魔力的猫眼了。

火烈鸟 FLAMINGO

禁酒令结束时，世界上一些最好的调酒师都在哈瓦那工作——这里有着公认的世界上最好的调酒师学校——包括一小部分流亡的美国人，他们将对饮酒场所的创意也带到了古巴。这就是为何哈瓦那老城的酒吧门上挂着像多诺万（Donovan）和马虎乔（Sloppy Joe）这样不太符合当地风格的名字。当地人中的英雄之一是佛罗里提他酒吧的传奇人物康斯坦蒂诺·里巴莱瓜，当美国知名演员道格拉斯·范朋克（Douglas Fairbanks）和玛丽·碧克馥（Mary Pickford）在他酒吧里是常客的那些日子里，他发明了火烈鸟。从20世纪20年代开始一直到50年代，康斯坦蒂诺是佛罗里提他酒吧的老板，他发明了一些非常有名的饮品：不仅有火烈鸟，还有海明威戴吉利酒（也称为老爹双份）和玛丽碧克馥（Mary Pickford，火烈鸟加橙色库拉索）。名不见经传的热带火烈鸟不仅美味可口，而且制作方法简单，即便是供一大群人饮用，制作起来也不费事。先混合一大罐放着，客人到达时加冰摇晃，然后给每位客人倒入杯中即可。当摇晃力度和时间足够时——用力地摇一会儿——这种鸡尾酒顶部会形成一层好看且长时间不消散的粉红色泡沫，正如粉红色火烈鸟的颜色。

 配方

44毫升阿乃卓朗姆酒（añejo rum）
30毫升无糖菠萝汁
15毫升鲜榨青柠汁
2抖红石榴糖浆（grenadine）
1抖单糖浆（simple syrup），选用

☛ 将朗姆酒、菠萝汁、青柠汁、红石榴糖浆和单糖浆（如果使用的话）倒入加冰的调酒杯中。一边缓慢数数一边用力摇晃，数至第十时即可。滤入一个小鸡尾酒杯。因为用力摇晃，配方中的菠萝汁会在杯子最上面形成一层美丽的泡沫，这泡沫就是所需的全部装饰。

真正的麦考伊

火烈鸟，就像20世纪许多伟大的鸡尾酒一样，是一种在美国以外发明的以朗姆酒为基酒的饮品。威廉·J. 麦考伊（William J. McCoy）是偷偷摸摸沿着号称朗姆酒航线——从波士顿一路向南到马里兰州的那段大西洋海岸线——向大城市贩卖朗姆酒的船长之一。麦考伊的舰队停在5千米线以外的国际水域，在那里将装在网中的酒箱绑上浮标放入水中，由擅长躲避巡逻艇的快艇将酒箱接到岸上。麦考伊是一个顶级运营商，通过加拿大走私苏格兰威士忌和金酒，从加勒比地区走私朗姆酒，供应给绅士俱乐部和州议会大厦以及地下精英酒吧。众所周知，麦考伊的顶级产品价格昂贵但物有所值——是"真正的麦考伊"。

雾之刃 FOG CUTTER

配方

59毫升布鲁格朗姆酒（Brugal rum）

30毫升白兰地（brandy）

15毫升金酒（gin）

30毫升鲜榨柠檬汁

30毫升鲜榨橙汁

15毫升奥格特杏仁糖浆（orgeat，参见第188页成分说明）

15毫升单糖浆（simple syrup），选用

雪利酒（Sherry），如布里斯托尔奶油（Bristol Cream）或半干（dry sack）雪利酒

☛在414毫升容量的玻璃杯中，注入朗姆酒，之后注入白兰地，再之后依次注入金酒、柠檬汁、橙汁、杏仁糖浆和单糖浆（如果使用的话）。加入碎冰并摇晃。倒入加冰的高脚杯中，淋上雪利酒。加上吸管端给客人。[这是维克（Vic）在他1946年出版的《饮食大典》（*Book of Food and Drink*）一书中的说明。但他用了59毫升柠檬汁，鉴于我不相信任何人可以喝酸味成分超过30毫升的雾之刃，30毫升是我的用量。]

　　一般禁止将基础烈酒进行混合（通常将各种类型的朗姆酒混合的做法除外），雾之刃就是罕见的例外之一——还有长岛冰茶和蛋酒。这款装在带有超大装饰物的大号碗里的鸡尾酒，因为有杏仁糖浆的效力，基础烈酒混合起来效果就挺好。与冰茶一样，关键是烈酒用量要非常小。雾之刃产生于20世纪30年代和40年代的后禁酒时代的特色化革命，当时湾区的维克多·伯杰龙和洛杉矶的唐恩·比奇几乎是靠一己之力（或者说仅凭双手）发明了热带风格的饮品，还在他们的以特色异国情调为主题的酒吧垂德维克（Trader Vic）和海滩流浪汉唐恩中引入了一种新的饮酒方式。这就是维克于1946年原创的雾之刃的配方，我往配方中添加了单糖浆和特定的甜奶油雪利酒，不加这两者，这款饮品将会非常酸。但我保留了维克关于布鲁格朗姆酒的用量；在后禁酒令的日子里，当他创办垂德维克时，浓郁风味非常受欢迎，布鲁格（Brugal）是多米尼加的一个风味鲜明的品牌。二战后，美国人的口味变得平淡，像布鲁格这样的烈酒失宠了。现在随着约束星期日美国商业娱乐活动的法规逐渐简化，美国人开始追求新奇口味，很多像布鲁格这样的风味浓郁或特殊的烈酒正在卷土重来。鸡尾酒世界因为可选原料品种日益广泛，具备了各种发明创意的潜力，因而重新变得活力四射了。

垂德维克和唐恩·比奇

在维克多·伯杰龙身上，企业家精神表现得淋漓尽致：他在加利福尼亚州奥克兰开的那家辛基丁克餐厅（Hinky Dink），用雪鞋、驼鹿头以及其他户外活动物件装饰出一种浓浓的美国西北风情，餐厅生意很好且非常赚钱。他也因此成了世界闻名的餐饮服务业大亨。然而，后来他也不惜将其改造成完全相反的主题风格。因为他听说洛杉矶有一家名为海滩流浪汉唐恩的休闲餐厅非常火爆，那家餐厅用了大量黑色将自己营造成"性感而且隐秘的休闲去处"，吸引了大量名人和豪客，为此，维克多去拜访了唐恩·比奇。唐恩曾经两次周游世界，收集了各种热带风情的物件来装饰他的餐厅。维克多很喜欢这一切，便决定要开一家类似的餐厅，唐恩非常好心地把自己从南太平洋收集回来的提基风情物件卖给他一些。维克多回到奥克兰，便拆掉了他的辛基丁克餐厅的驼鹿头，开创了垂德维克餐厅。垂德维克餐厅很快就搬到埃默里维尔市（Emeryville）的新址，就位于海湾大桥（Bay Bridge）的桥基旁边，放眼望向窗外可以看到金银岛（Treasure Island）。当时美国的异国风味菜就是指意大利菜或广东菜，垂德维克餐厅供应的冒牌的美国化的波利尼西亚菜和中国菜的混合菜谱引发了美国食客对尝试新奇口味的前所未有的热情；菜不是地道口味，却很受欢迎。他们提供的很多以朗姆酒为基础的鸡尾酒特色饮品也同样大受欢迎，为此维克多还设计了定制款的陶瓷和玻璃器具，不同的鸡尾酒配不同的容器。

垂德维克餐厅像海滩流浪汉唐恩餐厅一样取得了巨大的成功，很大程度上是因为它专注于朗姆酒。自从殖民时代以来，朗姆酒在美国并非一直都这么流行，在一个半世纪里首先是受到金酒的排挤，然后又长期屈居于威士忌的统治之下。禁酒令下令关闭了美国酿酒厂，这不只是摧毁了美国威士忌行业，还击垮了除两家爱尔兰酒厂以外的所有爱尔兰威士忌厂家。这使得废除禁酒令后威士忌很难迅速卷土重来，因为威士忌需要陈年。因此，1933年在美国可以买到昂贵的加拿大皇冠威士忌或者苏格兰麦芽威士忌，但要想买到物美价廉的美国波本威士忌还需要再等待6年。另一方面，朗姆酒不光随处可以买到，供应丰富，已经是陈年酒了，而且还很便宜。维克多和唐恩——都不只是优秀的调酒师，还是优秀的商人和有远见的冒险家——去了加勒比并购买了整个生产批次的陈年朗姆酒，用自己的商标装瓶，并开发了大量自有品牌的特色朗姆酒。二战爆发后，唐恩的老朋友詹姆斯·杜立特（James Doolittle）船长发挥了他的才能，前往欧洲为执行完惨烈的轰炸任务回归东欧的美国飞行员创造了放松娱乐的场所。战后当唐恩从军官职务上卸任回来时，他的餐厅生意已经归他的前妻科拉·艾琳·桑德（Cora Irene Sund）所有并且经营得很成功，唐恩就在曾经属于自己的公司担任顾问。他差不多是凭借夏威夷村（Hawaiian Village）打开了夏威夷旅游市场，但科拉要求唐恩只能在美国以外的地盘使用自己的名字，他永远无法再次取得海滩流浪汉餐厅这样的成功了。

另一方面，垂德维克餐厅则快速发展成了商业帝国。维克多在开了第一家垂德维克餐厅后，很快就开了第二家，然后是第三家，然后越来越多，今天全球有30家垂德维克餐厅，包括阿布扎比和迪拜都有。维克多创建的第二个品牌叫塞诺皮克斯（Señor Picos），在全球开设了6家分店，今天只有两家还在营业，一个在曼谷，另一个在阿曼。但到了这个时候，随着分店的增多以及规模的扩大，维克多开始在很多方面为了快捷而追求省事了，包括对于调制热带鸡尾酒至关重要的新鲜食材方面也是如此，开始使用基本上是人工调味的糖水成分调酒。可以肯定的是，整个国家——甚至全世界——都正在经历同样的变化，二战后整个饮食行业都在追求快捷使用人工成分。维克多死于1984年，但他的公司现在正在试图重振雄风，并试图回归采用优质成分调酒的模式。最近，他们创造了一个新的扩展品牌，叫作迈泰酒吧（Mai Tai Bar），开了两家分店——一家在加利福尼亚州的比佛利山庄，一家在西班牙的埃斯特波纳（Estepona）。

格罗格 GROG

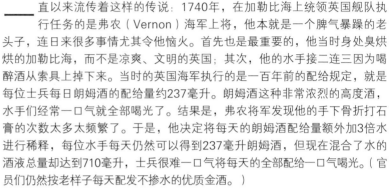

配方

44毫升朗姆酒（rum），最好是普瑟斯海军朗姆酒（Pusser's Navy Rum，参见第177页成分说明）
22毫升蜂蜜糖浆（honey syrup）
15毫升鲜榨青柠汁
44毫升水（热水或凉水）

☞将朗姆酒、糖浆、青柠汁搅拌在一起。装在加冰的矮高脚杯中端给客人，或使用开水做成热饮，并用一个合适的马克杯端给客人。

一直以来流传着这样的传说：1740年，在加勒比海上统领英国舰队执行任务的是弗农（Vernon）海军上将，他本就是一个脾气暴躁的老头子，连日来很多事情尤其令他恼火。首先也是最重要的，他当时身处臭烘烘的加勒比海，而不是凉爽、文明的英国；其次，他的水手接二连三因为喝醉酒从索具上掉下来。当时的英国海军执行的是一百年前的配给规定，就是每位士兵每日朗姆酒的配给量约237毫升。朗姆酒这种非常浓烈的高度酒，水手们经常一口气就全部喝光了。结果是，弗农将军发现他的手下骨折打石膏的次数太多太频繁了。于是，他决定将每天的朗姆酒配给量额外加3倍水进行稀释，每位水手每天仍然可以得到237毫升朗姆酒，但现在混合了水的酒液总量却达到710毫升，士兵很难一口气将每天的全部配给一口气喝光。（官员们仍然按老样子每天配发不掺水的优质金酒。）

不用说，弗农的这一举措并不受欢迎，尽管他平日里受到船员们的喜爱，并被认为是英国海军中能真正将水手的福祉置于一切之上（当然，除了胜利）的第一位海军上将。为了防止水手们因此发动大规模哗变，弗农不情愿地将这种淡化朗姆酒再添加少许糖和青柠汁进行了混合——从本质上讲，就是为船员提供基本的戴吉利酒。水手们便把这种混合饮品以弗农来命名了——不是以他的名字，而是以他穿的那羊毛丝绸混纺外套，那种被称为格罗格姆（grogram）的衣服来命名这种酒。弗农被亲切地称为老格罗格姆（Old Grogram），他倒给他们的酒就被叫作格罗格酒。

但令人扫兴的是，围绕着这流行的老格罗格姆的故事出现了与之冲突的说法。在弗农稀释朗姆酒的20年前，一种未有明确定义的名为格罗格的饮品出现在印刷品中；我们无法知道这出现得更早的格罗格酒与后来的格罗格是相同的还是不同的饮品。我怀疑是否有人会花大力气去研究挖掘以发现真相，所以很可能我们永远不会知道格罗格或者老格罗格姆的版本哪个先出现。也许后者是以前者命名，而不是相反。

最后，再爆一个非同寻常的小花絮：乔治·华盛顿的同父异母兄弟劳伦斯（Lawrence）曾与老格罗格一起在牙买加服役，他非常钦佩爱德华·弗农（Edward Vernon）海军上将，于是，便求他（和乔治）的父亲奥古斯丁·华盛顿（Augustine Washington）以他心爱的海军上将的名字重新命名他们家那块俯瞰波托马克河（Potomac）的土地，这就是那个海角被称为弗农山（Mount Vernon）的原因。

垂德维克的海军格罗格
TRADER VIC'S NAVY GROG

今天，当大多数人想到格罗格时，脑子里浮现的便是这种垂德维克餐厅的格罗格版本。

配方

30毫升迈尔斯黑朗姆酒 (Myers's dark rum)

30毫升百加得阿乃卓朗姆酒 (Bacardi añejo rum)

30毫升柠檬哈特德梅拉拉朗姆酒 (Lemon Hart Demerara rum)

15毫升约翰·D. 泰勒天鹅绒法兰勒姆 (John D. Taylor's Velvet Falernum)

15毫升冰糖糖浆 (rock candy syrup)

15毫升雷和家侄甜椒利口酒 (Wray and Nephew Pimento Dram liqueur)

15毫升肉桂糖浆 (cinnamon syrup, 参见第249页)

44毫升新鲜葡萄柚汁

22毫升青柠汁

甘蔗棒，装饰用

半个青柠，装饰用

薄荷枝，装饰用

 将三种朗姆酒、法兰勒姆、冰糖糖浆、甜椒利口酒、肉桂糖浆、葡萄柚汁和青柠汁倒入加冰的调酒杯中摇匀。滤入加了碎冰的迈泰玻璃杯，并用甘蔗棒、青柠和薄荷枝装饰。

成分说明

海军朗姆酒

17世纪中叶，英国舰队与西班牙的西印度舰队因为牙买加的控制权开战，英国海军给水手配给朗姆酒的传统就始于那场大战之中。朗姆酒比啤酒或葡萄酒更易运输，因为它是蒸馏酒，不容易变质，而且因为酒精浓度高，可以占用更少的空间。英国海军朗姆酒是西印度群岛各种朗姆酒的混合物，尤其是像牙买加和特立尼达等英属岛国的品种。各地的朗姆酒为了体现适应当地气候种植的当地作物，酿制过程总是采用不同的技术，因而也有着不同的风格；各种风格的朗姆酒混合起来就是海军朗姆酒，海军朗姆酒度数都高于100美制酒精度（相当于中国的50度）。为什么？因为在船上朗姆酒经常和最重要的物品火药存放在一起。如果朗姆酒泄漏并流到邻近的火药上，火药就会被毁了——除非朗姆酒的酒精含量超过50%，这样的话，被酒沾湿过的火药还能燃烧使用。所以，海军朗姆酒都要超过50度——这个"已证明"可用在船上的度数。据传说，在1805年的特拉法加（Trafalgar）战役中，当英国最受爱戴的海军英雄上将霍雷肖·纳尔逊（Horatio Nelson）战死后，他的尸体被保存在一桶朗姆酒中运回英国。但当运载英雄尸体的战舰抵达英国，人们打开朗姆酒桶时，才发现朗姆酒桶上钻了一个虹吸孔，船员们已经把桶中的酒喝光了。因此海军朗姆酒也就有了纳尔逊之血（Nelson's Blood）的别称。

飓风 HURRICANE

配方

30毫升迈尔斯黑朗姆酒（Myers's dark rum）

30毫升淡朗姆酒（light rum）

15毫升加利安奴（Galliano）

59毫升鲜榨橙汁

59毫升无糖菠萝汁

30毫升百香果花蜜，或者必要时，百香果糖浆（passion fruit syrup）

22毫升鲜榨青柠汁

30毫升单糖浆（simple syrup）

1抖安高天娜苦精（Angostura bitters）

新鲜的热带水果，如菠萝和百香果，装饰用

将两种朗姆酒、加利安奴、橙汁、菠萝汁、百香果花蜜、青柠汁、糖浆和苦精倒入加冰的调酒杯中摇匀。滤入加满冰块的飓风玻璃杯并用水果装饰。

20世纪初制作的第一个版本的飓风包含干邑白兰地、苦艾酒和波兰伏特加（这个组合可够厉害的！）；当代的朗姆酒版本发明于20世纪30年代。有一种说法是飓风是由韦伯湖酒店（Webb Lake Hotel）的继任者发明的，韦伯湖酒店位于威斯康星州北部森林中的熊湖（Big Bear Lake）的湖心岛上，酒店里喝酒的场所被称为飓风酒吧（Hurricane Bar）。他们声称新奥尔良的帕特·奥布赖恩（Pat O'Brien）来过他们酒店一次，然后就在他自己的酒吧复制了他们的饮品，并于狂欢节期间将这款酒装在人工吹制的类似于飓风灯的带有纹饰的855毫升特大号玻璃杯中推出，让人大开眼界。不管是谁发明的飓风——其实就是唐恩·比奇的僵尸鸡尾酒的衍生品——肯定是奥布赖恩让其流行开来，并且按照维克多·伯杰龙和其他成功的鸡尾酒企业家的做法，奥布赖恩最终还推出了预先调制好的飓风瓶装酒以及飓风饮品粉末。糟糕！正好美国人现在不惜一切代价追求方便，预混瓶装飓风成为标配，今天，很少人认真从头按照配方调制飓风鸡尾酒了。就像所有遭遇类似命运的鸡尾酒一样，瓶装预混版本飓风只是一种和真正的飓风近似的糟糕的赝品。

成分说明

加利安奴

意大利人一直是甜酒的天才——他们把草药水果酒和坚果类利口酒的创意传到了法国——然后又传到了世界其他地区。相对来说，加利安奴是最近出现的意大利甜酒品种之一，有着很棒的薰衣草、茴香和香草的风味，历史可以追溯到1896年。该品牌与其他几个品牌和品牌集团被一家于2006年在阿姆斯特丹成立的公司卢卡斯·波尔斯（Lucas Bols B.V.）收购。新公司承诺为加利安奴回归市场进行声势浩大的营销推广。意大利人也是产品设计大师，细长轻盈的加利安奴瓶身是很棒的包装——人们将里面的酒喝光以后绝不会扔掉酒瓶子，因为所有的女人都想把它带回家。加利安奴可以原汁原味地只加些碎冰饮用，但人们更喜欢将其作为调制哈维撞墙和黄金凯迪拉克鸡尾酒的成分饮用。

迈泰MAI TAI

配方

44毫升阿乃卓朗姆酒（añejo rum）
15毫升橙色库拉索（orange Curaçao）
15毫升奥格特杏仁糖浆（orgeat）
15毫升鲜榨青柠汁
浓型柠檬哈特朗姆酒（Over-proof Lemon Hart rum），可选
楔形青柠块，装饰用
甘蔗棒，装饰用
薄荷枝，装饰用
索尼娅兰花（Sonya orchid），装饰用，完全自由选用但绝对漂亮

☛将阿乃卓朗姆酒、库拉索、杏仁糖浆、青柠汁倒入加冰的调酒杯中摇匀。滤入一个双倍（或三倍，如果你能找到的话）古典玻璃杯，然后将浓型朗姆酒淋在顶部（如果使用的话）。用楔形青柠块、甘蔗棒、薄荷枝，还有兰花（如果你认为兰花非常有热带感觉的话）装饰。

迈泰由维克多·伯杰龙本人于1944年发明，发明地就是他那家位于加利福尼亚州埃默里维尔的即将成名的垂德维克餐厅。维克多刚购买了价值一整个酿酒厂的16年陈牙买加优质朗姆酒，他用这种朗姆酒设计了一款鸡尾酒，招待来自大溪地（Tahiti）的朋友，大溪地的朋友们将这种酒命名为迈泰[取自他们对这酒的最高级的赞美"迈泰"（Mai tai roa ae）]。但根据唐恩·比奇的最后一位妻子菲比（Phoebe）的说法，她有证据表明是唐恩发明了这种酒：多家报纸的专栏作家吉姆·毕晓普（Jim Bishop）的一封信中曾提到1972年在旧金山时发生的一件事，当时维克多承认其实唐恩是这款酒的发明人。如果信中提到的事情属实，我认为维克多只是想对几乎凭一己之力将夏威夷开辟为旅游胜地的先驱者表示尊敬。无论如何，没有人会按照发表在菲比的书[与阿诺德·比特纳（Arnold Bitner）合著]中的唐恩版的配方去调制迈泰，我相信那个配方是不完整的，它是从唐恩·比奇的笔记中摘抄的，并不真正好用。维克多的配方更简单和优越，突出了青柠汁、橙色库拉索和朗姆酒的绝佳搭配，还有令人出其不意的奥格特杏仁糖浆的风味。奥格特杏仁糖浆是意大利人传统上用于烘焙的乳白色杏仁糖浆。在夏威夷，没人曾得到过维克多的特别的牙买加朗姆酒，于是，人们使用一种口味醇厚的朗姆酒作为基酒，然后在上面淋上浓型柠檬哈特朗姆酒，赋予整杯酒一种可能由那种特别的牙买加酒带来的独特风味。这也是我喜欢的调酒的方式，装在特定的迈泰玻璃杯中。

像许多来自提基文化的热带饮品一样，一些善意的调酒师因为没有正确的配方或适用的成分，又不得不完成订单时，便会将迈泰鸡尾酒做得乱七八糟，而且还会用相同的话来为自己辩护："这就是我们这里制作迈泰的方式！"如果你能找到一位才华横溢的调酒师，你会发现迈泰是一款极好的鸡尾酒。[加上橙汁的迈泰有一个足够迷人的名字：受苦的混蛋（Suffering Bastard）。]

唐恩·比奇的迈泰 DONN BEACH'S MAI TAI

虽然这一尘封的配方不如垂德维克的配方好，但毕竟是原始版本的竞争者，值得我们记住。唐恩的妻子菲比在他的笔记中找到了这种饮品的配方，并发表在《夏威夷的热带饮品和美食》（*Hawaiian Tropical Drinks and Cuisine*）一书中。

配方

44毫升迈尔斯黑朗姆酒（Myers's dark rum）
30毫升玛督萨阿乃卓朗姆酒（Matusalem añejo rum，见本页成分说明）或其他古巴风格的朗姆酒（Cuban-style rum）
15毫升约翰·D.泰勒天鹅绒法兰勒姆（John D. Taylor's Velvet Falernum）
22毫升君度（Cointreau）
30毫升鲜榨葡萄柚汁
22毫升鲜榨青柠汁
2抖安高天娜苦精（Angostura bitters）
1抖保乐（Pernod）

1个挤过的青柠壳
4根薄荷枝，装饰用
1长条菠萝，装饰用

将1杯碎冰、两种朗姆酒、法兰勒姆、君度、葡萄柚汁、青柠汁、苦精、保乐和青柠壳一起放入搅拌器中。以中速搅拌5~10秒（根据海滩闲人贝里的说法，这种快速混合的技术是唐恩·比奇的典型做法），倒入双倍古典玻璃杯并用薄荷枝和长菠萝条装饰。而且，根据唐恩的说法，"穿过薄荷枝慢慢地啜饮就会喝到期待的口味"。

成分说明

玛督萨朗姆酒

玛督萨（Matusalem）朗姆酒与其他三种前卡斯特罗时代的古巴朗姆酒一样都原产于古巴。今天的玛督萨朗姆酒产自多米尼加共和国。

芒果妈妈鸡尾酒 MANGO MAMA*

这是一种令人惊喜的用伏特加调制的变化款。你不会见到太多种不以朗姆酒作为基础烈酒的波利尼西亚式鸡尾酒，即使朗姆酒是位于世界另一边的完全不同的热带岛屿的产物。但无论如何，这些天我们都喝伏特加，而且对于大多数人来说，这是一种用美国流行的烈酒调制的鸡尾酒，要比通常那些果汁略加少许烈酒配出来的鸡尾酒有趣。

配方

肉桂粉与少量糖混合，涂抹杯沿用
橙片，涂抹杯沿用
4个芒果块，每块约1.9厘米见方
1个楔形橙块
22毫升鲜榨青柠汁
15毫升龙舌兰糖浆（agave syrup）
15毫升蜂蜜糖浆（honey syrup）
22毫升芬兰芒果伏特加（Finlandia Mango vodka）
22毫升伏特加（vodka）
2茶匙奥格特杏仁糖浆（orgeat）
火焰橙皮，装饰用

☛ 按照第137页的技术说明，使用橙片，将鸡尾酒杯的杯沿沾满肉桂粉和糖的混合物。在调酒杯的底部，用捣棒将芒果块、橙块与青柠汁、龙舌兰糖浆和蜂蜜糖浆一起捣碎。加入伏特加酒、奥格特杏仁糖浆和冰块，摇匀。滤入准备好的鸡尾酒杯并用火焰橙皮装饰。

计数说明

捣碎用芒果块切法

将芒果倒立，并沿果核将两侧各切下一块，然后切成如图所示小块形状。

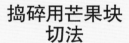

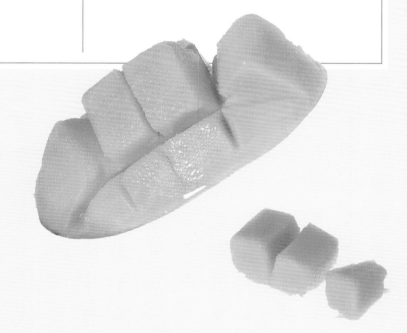

止痛药 PAINKILLER

配方

59毫升普瑟斯海军朗姆酒(Pusser's Navy Rum)

30毫升椰奶,如可可洛佩兹(Coco Lopez)椰奶

59毫升无糖菠萝汁

30毫升鲜榨橙汁

新鲜肉豆蔻,装饰用

将朗姆酒、椰奶、菠萝汁和橙汁倒入加冰的调酒杯中摇匀。滤入加冰的高玻璃杯。在顶部撒上少许现磨肉豆蔻粉装饰。

在英属维京群岛的约斯特范代克岛(Jost Van Dyke)的怀特湾(White Bay)抛锚,游到岸边的湿钱酒吧(Soggy Dollar Saloon)——因为除了水路之外很难到达这里,而且通常需要从自己的船上游泳上岸到达,酒吧的名字因此而来(所以酒吧提供了一条晾衣绳,可以把湿透的美元挂在上面晾干)。点上一杯这种传奇的菠萝、橙子、椰奶、海军朗姆酒和肉豆蔻粉混合调制的鸡尾酒。在几乎所有值得注意的加勒比酒吧里都能找到这款船夫最爱的鸡尾酒。湿钱酒吧主要是啤酒和朗姆酒吧,但这款酒是这个地方著名的鸡尾酒,声称使用新鲜的椰奶调制;普遍可用的可可洛佩兹(Coco Lopez)已经相当不错。(或者你可以从头开始,算是从头开始吧:买一罐不加糖的椰奶和一罐椰子水,等量混合在一起,实际上是一种非常好的饮品。)最初的止痛药版本中朗姆酒的比例占到一半,足以让人头脑麻木了,但加59毫升朗姆酒就很合理,效果刚刚好。

肉豆蔻

所有的香料都是新鲜研磨或磨碎的品质最好，这一点在肉豆蔻上体现得更为明显。决不能用罐装的肉豆蔻粉，再说肉豆蔻现磨碎也很容易。肉豆蔻树本身实际上是一种常青树（肉豆蔻的干皮是种子外壳）；肉豆蔻不是特别贵，且随处可以买到，完整的肉豆蔻放在有盖的罐子里可以保存多年。需要时现将种子磨碎即可。肉豆蔻是加勒比地区的香料，所以搭配很多种朗姆潘趣酒都特别合适，不仅仅是搭配传统的蛋酒和奶油饮品；我认为肉豆蔻在鸡尾酒中的应用还没有完全开发出来。一点有意思的说明：肉豆蔻，摄入量足够大时，是致幻剂；不幸的是，当服用达到致幻剂的量时，有严重的令人不快的副作用。

变化款

椰子青柠特调鸡尾酒 LIME IN DE COCONUT*

我最近在波多黎各举办研讨会并尝试使用本地产品时，创造了这款鸡尾酒；最终我在为美国鸡尾酒博物馆（Museum of the American Cocktail）的筹款晚宴中向客人推出了这款酒。我认为这款酒是对风味伏特加酒的巧妙应用——也就是说，将风味伏特加再搭配以同风味系列的新鲜水果、果汁、香草或香料。在这里，搭配的是芬兰青柠伏特加与新鲜的青柠汁。在我看来，风味伏特加酒如果不搭配新鲜食材成分，通常会让人觉得味道太不自然，而给伏特加注入新鲜的食材偏偏又非常容易。使用风味伏特加其实非常实用，调酒师不用再费劲琢磨平衡其烈酒味道该搭配什么，能节省不少时间，所以我一直在为风味伏特加寻找好的用途。椰子青柠特调鸡尾酒是对风味伏特加酒比较好的一种应用。

配方

30毫升芬兰青柠伏特加（Finlandia Lime vodka）
30毫升原味伏特加（unflavored vodka）
30毫升姜糖浆（ginger syrup）
30毫升鲜榨青柠汁
59毫升椰子水
1汤匙可可洛佩兹（Coco Lopez）椰奶
1片青柠，装饰用
1长片黄瓜，切成等同嗨棒杯（highball glass）全长的长度，装饰用
1根薄荷枝，装饰用

☞在鸡尾酒摇酒器中，将伏特加、姜糖浆、青柠汁、椰子水和椰奶加冰摇匀。滤入加冰的嗨棒杯，再次搅拌，然后加上青柠片、黄瓜片和薄荷枝装饰。

椰林飘香PIÑA COLADA

在20世纪50年代的波多黎各，唐·拉蒙·洛佩兹·伊里萨里（Don Ramón Lopez-Irizarry）发明了一种乳化均匀的椰奶，就是可可洛佩兹，后来被通称为椰奶，因其香甜可口的风味，在热带烹饪中很受欢迎。然后到1957年出现了一位天才：位于波多黎各的加勒比希尔顿酒店（Caribe Hilton）的调酒师拉蒙·马雷罗（Ramon Marrero），他将椰奶与朗姆酒、菠萝汁和冰块放到搅拌机中混合，椰林飘香鸡尾酒便诞生了。我喜欢通过使用两种类型的朗姆酒（淡色和迈尔斯或高斯林深色）来增加鸡尾酒的风味，并拓展味道的层次；我也喜欢加一点安高天娜苦精，很少有人喜欢往椰林飘香中添加苦精，但我认为椰林飘香值得增加一些额外的趣味。不过，通常来说椰林飘香不用苦精，而且只用一种朗姆酒而不是用两种朗姆酒，这种情况下我就推荐用迈尔斯淡朗姆酒，迈尔斯淡朗姆酒更饱满一点——味道比波多黎各风格的淡朗姆酒更浓郁，是椰林飘香鸡尾酒的默认基酒。虽然椰林飘香作为冷冻混合饮品更出名，但也可以现场摇匀直接端上桌。

配方

30毫升淡朗姆酒（light rum）
22毫升迈尔斯或高斯林黑朗姆酒（Myers's or Gosling's dark rum）
30毫升可可洛佩兹（Coco Lopez）椰奶
15毫升高脂浓奶油
59毫升无糖菠萝汁
1抖安高天娜苦精（Angostura bitters）
菠萝块，冷冻版用，另加1块，装饰用
橙片，装饰用
马拉斯奇诺酒浸樱桃（Maraschino cherry），装饰用

冷冻版：在搅拌机中，加入两种朗姆酒与可可洛佩兹椰奶、高脂浓奶油、菠萝汁、苦精和菠萝块，添加1杯碎冰，混合搅拌至均匀。倒入高脚杯。

现场调制版：将除了菠萝块以外的其他成分加冰放入摇酒器摇匀，然后滤入加冰的高脚杯。

不管是哪个版本，都用菠萝块、橙片和樱桃装饰。

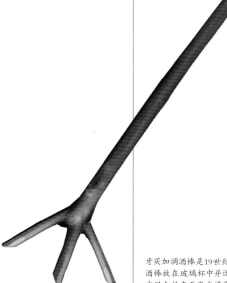

牙买加调酒棒是19世纪的搅拌机版本。调酒师将调酒棒放在玻璃杯中并迅速在手掌之间旋转，搅动杯中混合物直至变成漂亮的泡沫。

皇家夏威夷 ROYAL HAWAIIAN

这款鸡尾酒在彩虹居一直很受欢迎，整整12年来长廊酒吧（Promenade Bar）的酒单上一直都有它的身影。此前，它是皇家夏威夷酒店（Royal Hawaiian Hotel）的招牌鸡尾酒。皇家夏威夷酒店也就是欧胡岛（O'ahu）的度假酒店的老祖宗，自20世纪20年代以来，一直都提供这类热带水果饮品，尤其是一种以朗姆酒为基酒的名为夏威夷人（Kama'aina）的鸡尾酒和一种以金酒为基酒的名为凯乌拉尼公主（Princess Kaiulani）的鸡尾酒；到20世纪50年代，凯乌拉尼公主以皇家夏威夷的名字广为人知。虽然那个名为皇家夏威夷的酒店仍然存在，但它的酒吧不再供应同名鸡尾酒。皇家夏威夷鸡尾酒与著名的以古巴朗姆酒为基酒的名为玛丽碧克馥的菠萝饮品相似。玛丽碧克馥鸡尾酒诞生于禁酒令期间，当时的哈瓦那是东海岸饮酒者的游乐场，到处都是烈酒；夏威夷也是禁酒时期西海岸的精英们聚集的场所，这些精英人士有能力负担往返夏威夷诸岛的豪华游轮的费用，更不用说像皇家夏威夷这样的度假村的费用了。太平洋群岛上确实有他们自己的热带饮品传统，鸡尾酒用到很多奢侈的装饰品。但这一传统并不适用于这款热带鸡尾酒：皇家夏威夷鸡尾酒没有任何装饰，仅有的装饰不过是摇晃菠萝汁产生的泡沫，如果发挥想象力并且眯起眼睛的话，这些泡沫看起来倒是像激荡的夏威夷海浪。

配方

44毫升金酒（gin）
30毫升无糖菠萝汁
15毫升鲜榨柠檬汁
22毫升奥格特杏仁糖浆（orgeat）

☛ 将金酒、菠萝汁、柠檬汁和杏仁糖浆倒入加冰的调酒杯中摇匀。滤入一个小鸡尾酒杯，无须装饰即可端给客人。

成分说明

奥格特杏仁糖浆

这种乳白色的杏仁味糖浆可以在高品质的意大利熟食店、面包店和杂货店买到。妈妈的家乡在罗德岛的韦斯特利镇（Westerly），我小时候在那里待过一段时间，那里的小杂货店就出售奥格特杏仁糖浆，所有老奶奶们在烘焙时都要用到，还可以加上水和果汁来制作儿童软饮料；它也是男士们的最爱，男士们会在浓缩咖啡中加入一点点奥格特。我第一次买到的一瓶奥格特杏仁糖浆是在费拉拉（Ferrara）糕点店，就是位于纽约小意大利街区的那家著名的糕点店，现在你仍然可以在那里找到奥格特杏仁糖浆。

热带之痒 TROPICAL ITCH

夏威夷的热带饮品文化在很大程度上是由欧胡岛最著名的调酒师哈里·伊（Harry Yee）发展起来的，哈里一直在夏威夷村[后来的希尔顿夏威夷村（Hilton Hawaiian Village）]当调酒师，从亨利·凯撒（Henry Kaiser）于20世纪50年代后期创建夏威夷村开始，一直干到亨利退休，前后共35年。伊因他创造的蓝色夏威夷鸡尾酒（Blue Hawaiian cocktail）和他所使用的不同寻常的鸡尾酒装饰而著名：他是第一个用小阳伞[塔帕潘趣鸡尾酒（Tapa punch），1959年]装饰品来装饰饮品的人，在这款热带之痒鸡尾酒中他用的是一个中式痒痒挠装饰，这个装饰客人一般都会带走。他是个天才。

配方

15毫升波本威士忌（Bourbon）
15毫升柠檬哈特40度朗姆酒（Lemon Hart 80-proof rum）
7.4毫升橙色库拉索（orange Curaçao）
89毫升甜百香果汁
1抖安高天娜苦精（Angostura bitters）
75.5度的德梅拉拉朗姆酒（151-proof Demerara rum）

☞将波本威士忌、40度的朗姆酒、库拉索、百香果汁和苦精倒入加冰的摇酒壶中。滤入一个装满碎冰的大号飓风玻璃杯，上面浇上超高度朗姆酒，并用中式痒痒挠装饰。

维珍皇家夏威夷 VIRGIN ROYAL HAWAIIAN

这款鸡尾酒可以非常轻松且非常成功地改造为不含酒精的特色饮品。我在彩虹居调制过很多次这款酒：74毫升不加糖的菠萝汁、22毫升鲜榨柠檬汁和30毫升奥格特杏仁糖浆，加冰摇匀。滤入鸡尾酒杯，以高端鸡尾酒的服务方式端给客人。

僵尸 ZOMBIE

配方

44毫升浓淡适中的牙买加朗姆酒
（medium-bodied Jamaican rum）

15毫升75.5度德梅拉朗姆酒（151-
proof Demerara rum）

7.4毫升约翰·D. 泰勒天鹅绒法兰勒姆
（John D. Taylor's Velvet Falernum）

15毫升唐恩汁1号（Donn's Mix #1，参
见第249页）

44毫升鲜榨橙汁

22毫升鲜榨青柠汁

1茶匙红石榴糖浆（grenadine）

2抖安高天娜苦精（Angostura
bitters）

6滴苦艾酒（absinthe）或苦艾酒替代
品

3根薄荷枝，装饰用

☛在装有3/4杯碎冰的搅拌机中，将两
种朗姆酒与法兰勒姆、唐恩汁1号、橙
汁、青柠汁、红石榴糖浆、苦精和苦艾
酒混合搅拌5秒钟。倒入烟囱玻璃杯，
如果需要，往杯中加入更多碎冰装满，
并用薄荷枝装饰。

"海滩流浪汉唐恩"不仅仅是美国第一家提基酒吧，还是70年前好莱坞最令人向往的酒吧……在那里你可能会与查理·卓别林（Charlie Chaplin）、奥逊·威尔斯（Orson Welles）、琼·克劳馥（Joan Crawford）或巴斯特·基顿同堂喝酒。如果巴斯特点的是一杯马提尼酒，调酒师就会当着大家的面调制……但如果他想点一杯僵尸……调好的酒却会从酒吧后面神秘地端上来。
——杰夫·贝里《海滩闲人贝里的饮酒之旅》
（*Beachbum Berry's Sippin' Safari*），2007

上面的引文准确地道出了僵尸的配方问题：唐恩·比奇是一个非常善于保守秘密的人——他的配方是他的商业计划，他想尽一切办法保护它们，包括提供一系列的以编号而不是用任何有意义的名称来标识的招牌鸡尾酒。唐恩·比奇在路易斯安那州新奥尔良出生时名为欧内斯特·雷蒙德·博蒙特-甘特（Ernest Raymond Beaumont-Gantt），他发明的原始配方几乎没人可能复原。

在唐恩·比奇的所有发明中，也许最令人难忘的是僵尸。这款名字听起来很可怕的鸡尾酒一上市便立即臭名昭著，因为商家为了炒作营销，推出了这款鸡尾酒的售卖规则：不允许同一个顾客一个晚上喝超过两杯僵尸。撇开炒作不谈，僵尸鸡尾酒确实是一种很好的饮品。我不会说这款酒调制起来很简单——至少可以说这款酒的配方包含多种成分。我也不能说这是唐恩的原配方，因为的确不是。事实上，2001年，唐恩的最后一任妻子菲比在他死后出版的书中公布了一个完全不同的僵尸版本，她拼凑的唐恩的各种笔记，没有任何线索表明任何一种配方是确定的。唐恩不仅善于保守秘密，而且也像所有调酒师一样对待这个职业非常认真，经常重新调整配方来进行改进，有时改变配方则只是为了适应新的产品或者是因为现有配方中的关键成分找不到了。事实证明发布的"确定性的"版本有缺陷（例如，用整整177毫升的风味烈酒，却只搭配不到74毫升的果汁和其他成分，将会调出一杯超级浓烈的烈酒），所以这不可能是帮助唐恩建立酒吧帝国的配方。

幸运的是，除了不确定的唐恩的笔记外，他的其他工作人员——大多数是菲律宾服务员和调酒师——将有用的信息保存在了笔记本中。这些人凭借他们个人收藏的配方和在海滩流浪汉酒吧的工作中积累的技巧，能够自己动手并在各地开设自己的提基酒吧；唯一的诀窍是配方需要能真实再现原版味道。海滩流浪汉唐恩酒吧的一位名叫迪克·圣地亚哥（Dick Santiago）的员工，愿意与作家杰夫·贝里分享他珍爱的小黑本中的笔记。在那个笔记本中，杰夫在1937年的笔记中发现了一个僵尸配方，配方旁边的标注有"旧"的字样。这里的配方就是那个版本的配方——加上了我的一些改变——应该说是改进。

基本潘趣酒

白兰地牛奶潘趣 BRANDY MILK PUNCH・红酒柠檬水 CLARET LEMONADE・春赛季潘趣 MATCH SPRING PUNCH・皮斯科潘趣 PISCO PUNCH・种植园主潘趣 PLANTER'S PUNCH・波特威士忌潘趣 PORT-WHISKEY PUNCH・桑格利亚汽酒 SANGRIA・蝎子潘趣 SCORPION PUNCH

据说，如果不给端上一碗潘趣酒，莫扎特（Mozart）就不演奏。

17和18世纪的伦敦对混合酒精饮品的创意，就是潘趣酒的发源。潘趣是他们那个时代的鸡尾酒，而潘趣酒碗就相当于今天的酒吧柜台——是人们聚集在一起饮酒的场所。一个年轻单身汉的地位不仅关乎他的钱包或外表，还关乎他的潘趣配方。虽然潘趣最初是由5种成分组成的饮品——甜味成分、酸味成分、烈酒成分、淡酒精成分和香料成分——但后来，配方增加到12种甚至15种材料，越来越奢侈，加入水果果汁、多种香料、葡萄酒和不同类型的蒸馏酒。

当潘趣传到新大陆时，美国人对其配方进行了精简，将其改变成单人份饮品，后来就演变成了鸡尾酒。但是潘趣起源于群体饮酒的传统，英国人甚至用同一个杯子来喝潘趣，这个传统颇令法国人感到震惊（英国人的很多事情都让法国人感到震惊）。

19世纪中叶，潘趣仍然非常受欢迎——1862年出版的杰瑞·托马斯所著的第一本鸡尾酒书中，潘趣配方数量是其他鸡尾酒配方数量的7倍。但是，从19世纪末到20世纪，随着酒吧和鸡尾酒的流行，潘趣酒的受欢迎程度反而下降了。今天的鸡尾酒书中可以找到几千种鸡尾酒配方，但只有3种潘趣配方。

然而，除了把潘趣装在玻璃杯中之外，到底什么是热带饮品呢？事实上，我在彩虹居的时候，经常以19世纪的潘趣配方为基础进行试验，创作出有趣的单份鸡尾酒。那么酸味酒呢？酸味酒从潘趣酒直接演变而来。对潘趣这个类别我们亏欠很多，作为弥补，我以为我们应该每隔一段时间来上一杯潘趣，有一些潘趣其实非常好喝。当然，每次我们不一定需要做一整碗潘趣。♛

白兰地牛奶潘趣 BRANDY MILK PUNCH

配方

59毫升干邑白兰地(Cognac)
118毫升全脂牛奶
30毫升单糖浆(simple syrup)
1抖纯香草精(pure vanilla extrac),
　可选
现磨肉豆蔻粉(nutmeg)，装饰用

☞将干邑白兰地、牛奶、糖浆和香草精
（如果选用的话）倒入加冰的调酒杯
中摇匀。滤入一个大嗨棒杯——414毫
升的——撒上肉豆蔻粉。

这款简单饮品是最受欢迎的假日饮品，是蛋酒的简化替代版，而且如果你不愿意在自己或者别人的饮品中使用生鸡蛋的话，这款饮品也更加安全。为了进一步简化制作程序，这里配方中的单糖浆也可以用糖代替，只不过糖浆的混合效果更好些。白兰地牛奶潘趣在新奥尔良一度很受欢迎，那里的每家酒吧曾经都有自己的变化做法；现如今新奥尔良的很多酒吧仍然有自己的白兰地牛奶潘趣的变化款，而且是喝酒后次日早晨的首选醒酒饮品之一。随着法国在新奥尔良的影响日益增强，白兰地尤其是干邑白兰地在整个18世纪以及19世纪的大部分时间里，一直是调制这款鸡尾酒的首选烈酒，后来美国威士忌流行开来，白兰地的受欢迎程度才逐渐下降。在1940年印刷的帕特里克·加文·达菲所著的《官方调酒师手册》中，以"牛奶潘趣"为标题的章节列出的配方中，说可以用苹果白兰地、百加得朗姆酒、波本威士忌、白兰地、红石榴糖浆、牙买加朗姆酒、黑麦威士忌、苏格兰威士忌"和任何其他烈酒加牛奶"，以同样的方式来制作牛奶潘趣。达菲的说明还包括，"加入碎冰摇晃约3分钟"——摇晃的时间确实很长。

简化版蛋酒 SIMPLIFIED EGGNOG

往白兰地牛奶潘趣中加入一个鸡蛋，然后非常非常剧烈地摇晃，就可以制作出简单但仍然美味的单份蛋酒。如果不想制作一整碗蛋酒，这就是绝佳替代品，而且如果只有一个人想要蛋酒，这是唯一的选择了。

心灵抚慰 BOSOM CARESSER

看到1900年出版的《现代美式饮品》（*Modern American Drinks*）一书中这个配方的名字，我无法抗拒，因为这名字就在诱惑一个人在某一天去询问某个人"来点心灵抚慰如何？"——在人生中大多数情况下都可能不会被问到的一个问题。请注意，这款新奇饮品中可能需要加一点单糖浆，才能赢得更广泛的受众。将调酒杯装满1/3冻得结实的冰块；加一茶匙覆盆子糖浆、一个新鲜的鸡蛋和一小量杯白兰地；加入牛奶，摇匀，过滤。

红酒柠檬水 CLARET LEMONADE

配方

118毫升红葡萄酒（red wine）
30毫升单糖浆（simple syrup）
15毫升鲜榨柠檬汁
圆形柠檬片，装饰用
覆盆子，装饰用，可选
嫩薄荷枝，装饰用，可选

将红葡萄酒、糖浆和柠檬汁加入波士顿摇酒器的玻璃杯件，并将混合物在摇酒器的上下两个部件（金属杯件和玻璃杯件）内来回倾倒混合。滤入加了冰块的高脚杯，并用柠檬片装饰。19世纪时，装饰用原料通常随季节变化。所以如果是覆盆子季节，就加上两颗覆盆子并放入一根嫩薄荷枝。

要完美地制作出任何一种潘趣，都必须将柠檬的芳香精华提取出来……而且要用茶代替水，使混合物甜而浓，并使所有味道充分混合起来，保证苦味、甜味、烈酒等没有一种味道或者一种成分盖过其他味道和成分，是其制作方法中的一大秘招，而且只能通过实践获得。
——杰瑞·托马斯《如何调制鸡尾酒》，1862

这款18世纪英国夏季解暑饮品，基本上是用红葡萄酒代替水制成的柠檬水。在新英格兰尤其在美国波士顿，红酒柠檬水的创意最终被演绎成了冰镇果酒饮品——就是用红葡萄酒混合七喜制成——在20世纪80年代这种饮品非常受欢迎，而且现在仍然是美国东北部工人阶级的最爱。这与桑格利亚汽酒没有什么不同，而真正的桑格利亚汽酒——西班牙风格的桑格利亚汽酒，就是柠檬汁、糖、苏打水和葡萄酒。

无须太麻烦，红酒柠檬水加入精致的花香风味就可以变成红酒薰衣草柠檬水（claret and lavender lemonade），所需要的不过是将单糖浆替换成薰衣草糖浆：将2汤匙干薰衣草加入1杯水；煮沸，然后把火调小；加1杯糖搅拌至溶解，然后用文火煮至液体减少一半；冷却。你也可以尝试用这种制作方法制成其他花香风味的糖浆，如茉莉花或洋甘菊糖浆。

变化款

哈里·约翰逊的红酒柠檬水
HARRY JOHNSON'S CLARET LEMONADE

配方

柠檬水（Lemonade，参见第248页）
红葡萄酒（red wine）

在一个平底玻璃杯底加上碎冰，然后加入柠檬水至玻璃杯的3/4处，顶部浇上红葡萄酒。

红酒柠檬水是18世纪英国贵族在夏天饮用红酒的方式，他们选择的酒是法国红葡萄酒，也即他们所指的法国波尔多红葡萄酒，这里是哈里·约翰逊的超级简主义的配方。

春赛季潘趣 MATCH SPRING PUNCH

配方

30毫升优质伏特加（vodka），最好是苏联红（Stolichnaya）伏特加

22毫升鲜榨柠檬汁

15毫升覆盆子白兰地酒（framboise）

7.4毫升黑醋栗香甜酒（crème de cassis）

7.4毫升覆盆子糖浆（raspberry syrup），最好是法国莫林（Monin）糖浆

7.4毫升单糖浆（simple syrup）

香槟（Champagne）

柠檬片，装饰用

覆盆子，装饰用

☞将伏特加、柠檬汁、覆盆子白兰地酒、黑醋栗香甜酒、覆盆子糖浆和单糖浆倒入加冰的调酒杯中摇匀。滤入一个加冰的高玻璃杯并将香槟浇在顶部，饰以柠檬片和新鲜的覆盆子。

伦敦最前沿的时尚酒吧行业在很大程度上归功于著名的迪克·布拉德赛尔，他的黑莓鸡尾酒（Bramble cocktail）不仅出现在英国菜单上，连美国各地的菜单上都有。迪克为伦敦的球赛酒吧打造了同样绝佳的春赛季潘趣，很快就出现在西区所有最好的鸡尾酒单上，并很快传到伦敦其他地方——变成了伦敦的长岛冰茶——然后又传到澳大利亚，最后传到了美国。时尚酒吧于20世纪90年代中期在伦敦兴起，首先是大西洋烧烤酒吧（Atlantic Bar and Grill），用一种严肃的烹饪方式替代了50年来鸡尾酒场所特有的以普通的苏打枪、人造香料和一切加工原料为特点的沉闷风格。时尚酒吧引入了新鲜的、富有异国情调的水果、药草和其他调味食材，配上全新的一组有趣、美味、通常适合搭配食物而且最主要都是新颖原创的鸡尾酒。这里呈上的就是其中的一种鸡尾酒。

变化款

罗盘俱乐部 THE COMPASS CLUB

这是山姆·杰文斯（Sam Jeveons）发明的另一种时尚酒吧鸡尾酒，摇匀饮品时使用了覆盆子和蛋清，这两种成分是伦敦酒吧的标志性原料。罗盘俱乐部鸡尾酒以罗盘针公司出产的阿塞拉（Asayla）威士忌为基酒。阿塞拉威士忌是一款调和威士忌，非常适合鸡尾酒。阿塞拉威士忌在初填美国橡木桶（译者注：根据美国法律规定，波本威士忌只能在全新的橡木桶中熟成。只装过一次波本威士忌的橡木桶会被运往英国用于苏格兰威士忌的熟成，第一次用来熟成苏格兰威士忌的橡木桶就叫初填桶）中熟成，这赋予了其独特的风味。

配方

59毫升阿塞拉威士忌（Asayla whiskey）

22毫升鲜榨柠檬汁

30毫升单糖浆（simple syrup）

5颗完整的覆盆子

15毫升乳化蛋清

☞将威士忌、柠檬汁、糖浆、4颗覆盆子、蛋清倒入加冰的鸡尾酒摇酒器中用力摇晃。用细网滤入鸡尾酒杯，并用第5颗覆盆子装饰。

皮斯科潘趣 PISCO PUNCH

配方

2块去皮的楔形菠萝块，另加1块带皮的
　楔形菠萝块用作装饰
30毫升无糖菠萝糖浆（pineapple
　syrup，参见第248页）
59毫升巴索尔皮斯科阿科拉多（Bar
　Sol pisco acholado）
22毫升鲜榨柠檬汁

☛在调酒杯底部将2块去皮楔形菠萝
块加上菠萝糖浆捣碎，添加皮斯科酒、
柠檬汁和冰块摇匀。滤入加冰的高脚
杯，用带皮的楔形菠萝块装饰。

如许多辉煌商品的发展史，美国皮斯科的历史也起源于19世纪的贸易实践。但是这种名为皮斯科的白兰地的故事要古老得多。南美洲的整个西海岸，从北部热带区域（现在的哥伦比亚）一直到南极边缘的火地岛（Tierra del Fuego），曾经是西班牙王室的秘鲁总督管辖区。16世纪，西班牙殖民者在这里种植了大量的甜葡萄——马尔维萨（malvasia）和麝香葡萄——这些葡萄在从山上绵延到太平洋海岸的横断山谷中，长势良好。这里的土地非常适合种植葡萄，殖民者用这些葡萄以优惠的价格酿出了优质葡萄酒并运回西班牙。西班牙酿酒商对廉价进口葡萄酒并不热情，便向国王抱怨。为了安抚他们，国王对殖民地的葡萄酒征收高额税，使得这些葡萄酒无法进口到西班牙。于是，早在17世纪中叶，殖民者便不再生产葡萄酒，转而生产白兰地了。

快进到19世纪，在加州北部发现黄金之后，投机者纷纷涌向旧金山。当时前往旧金山唯一可能的路线就是绕道南美洲的合恩角（horn）（在巴拿马运河通航之前）。皮斯科港是为数不多的深水港之一，船只可以在此停下来补给食物和淡水，船长也可在此搞点副业：白兰地的家庭贸易，从秘鲁人那里廉价购进白兰地并在旧金山出售，在旧金山任何烈酒都很贵而且很难得。旧金山当时最著名的酒吧之一是位于蒙哥马利街（Montgomery Street）的银行交易所（Bank Exchange），那是一个真正华丽的沙龙，铺有大理石地板，墙壁上面挂着油画。掌管银行交易所酒吧的是邓肯·尼科尔（Duncan Nichol），他发明了皮斯科潘趣。（尼科尔的配方和他一起埋入了地下；这里的配方是最接近的猜测，使用了我们知道的一些原创配方的成分。）到19世纪70年代，皮斯科潘趣已然成为旧金山最受欢迎的饮品，尤其受到著名作家杰克·伦敦（Jack London）的喜爱。著名作家马克·吐温（Mark Twain）到银行交易所酒吧喝皮斯科潘趣酒时，坐到了一名消防员旁边，就是这名消防员在作家的头脑中激发了后来关于汤姆·索亚（Tom Sawyer）的灵感。

皮斯科皇家潘趣 PISCO PUNCH ROYALE*

我为伦敦的球赛酒吧集团准备了这个配方，就列在球员俱乐部的菜单上。用了香槟产生气泡，因而算是皇家的变化款。

配方

30毫升意大利巴索尔皮斯科 (Bar Sol Pisco Italia)

22毫升菠萝糖浆 (pineapple syrup)

15毫升鲜榨柠檬汁

7.4毫升约翰·D.泰勒天鹅绒法兰勒姆 (John D. Taylor's Velvet Falernum)

香槟 (Champagne) 或其他起泡酒

橙片, 装饰用

菠萝片, 装饰用

☞将皮斯科酒、菠萝糖浆、柠檬汁和法兰勒姆倒入加冰的调酒杯中摇匀。滤入一个装满冰块的中号白葡萄酒高脚杯。顶端浇入大约89毫升香槟, 并用橙片和菠萝片装饰。

法兰勒姆-香料泡沫 FALERNUM-SPICE FOAM

著名作家杰克·伦敦非常喜欢皮斯科潘趣酒，曾把大量潘趣酒用船运回到他位于旧金山郊外的家里。但他绝不会想象出这种漂浮厚厚一层辛辣香料味泡沫的版本。（因为当时制作泡沫的设备尚未发明出来；制作这种泡沫需要一个奶油泡沫罐和两个奶油发泡气囊。更多关于制作泡沫的信息，参见第250页。）与其他类似的应用一样，既然在泡沫中使用了风味，那么鸡尾酒液体成分中相应的风味便有些多余了，所以在皮斯科潘趣酒配方中要去掉法兰勒姆的液体成分。

用一个1/2升的奶油泡沫罐制作的泡沫足够调制15~20杯鸡尾酒

6整颗丁香

1/2杯超细糖

2张明胶片，每张约23厘米×7厘米

118毫升无糖菠萝果汁

59毫升乳化蛋清

118毫升天鹅绒法兰勒姆 (Velvet Falernum)

把拧开盖的空奶油泡沫罐放进冰箱冷藏室，不要放冷冻室。往平底锅里加入355毫升水和6颗丁香，开小火加热。小火炖至水量减少一半，但不要过于沸腾。关火，加入糖，搅拌至溶化。加入2张明胶片，使其完全溶化，放置冷却。然后添加菠萝果汁、乳化蛋清、法兰勒姆和威士忌，搅拌均匀，把混合物用细滤网滤入金属碗中；将碗放入冰桶，不时搅拌一下，直到混合物冷却。

将473毫升混合物加入罐中。拧紧盖子，要确保完全拧紧。再把奶油发泡气囊拧上，这时会听到气体快速逸出的声音，这是正常的。然后把罐子倒过来，用力摇晃均匀，泡沫就做好了。

不用时，储存在冰箱里即可。每次使用前，把奶油泡沫罐倒置并充分摇晃，然后尽量把罐子竖直颠倒起来拿稳了，轻轻地按压压嘴，把泡沫慢慢地沿杯子内沿向中心划圈挤到饮品顶端。罐子空了以后，要对着水槽按压压嘴，确保气体完全喷出，然后取下盖子，按照产品说明书进行清洁。

种植园主潘趣 PLANTER'S PUNCH

配方

22毫升迈尔斯黑朗姆酒（Myers's dark rum）

22毫升淡朗姆酒（light rum）

22毫升橙色库拉索（orange Curaçao）

15毫升约翰·D.泰勒天鹅绒法兰勒姆（John D. Taylor's Velvet Falernum）

30毫升单糖浆（simple syrup）

22毫升鲜榨橙汁

22毫升无糖菠萝汁

15毫升鲜榨青柠汁

1抖红石榴糖浆（grenadine）

1抖安高天娜苦精（Angostura bitters）

橙片，装饰用

马拉斯奇诺酒浸樱桃（Maraschino cherry），装饰用

楔形菠萝块，装饰用

将深色和浅色朗姆酒、库拉索、法兰勒姆、单糖浆、橙汁、菠萝汁、青柠汁、红石榴糖浆和苦精倒入加冰的调酒杯中摇匀。滤入一个装满冰块的大玻璃杯，用橙片、樱桃和楔形菠萝块装饰。

顾名思义，种植园主潘趣酒就是18、19世纪加勒比海群岛的大型甘蔗种植园里饮用的潘趣酒。那里的潘趣酒通常是当地朗姆酒的简单混合物，其朗姆酒往往由种植园制糖的残余物制成，配以同样是种植园生产的柑橘汁和甘蔗糖浆即可。（有时会往甘蔗糖浆中加入香料，这就是美妙的天鹅绒法兰勒姆的起源。）当我在彩虹居时，我将这种像戴吉利酒一样的简单饮品演变为更像僵尸的鸡尾酒饮品，我的版本与许多鸡尾酒书籍中的种植园主潘趣酒的配方并不相似。许多鸡尾酒书中的那些版本在法国群岛中通常被称为小潘趣（ti punch），其中的ti是petite（小）一词的缩写，这个名称较适合那个小配方。我的配方有点大——有人可能说奢侈——就是列在这里的版本，大约创作于1989年。

彩虹潘趣 RAINBOW PUNCH*

彩虹居的客人中年龄较小的占比不小——通常是未成年；因为彩虹居是一个适合家庭游的热门旅游目的地。于是，我为年轻人特别调制了一些饮品。请注意，你至少需要一点苏打水来代表俱乐部的气氛，但这种饮品肯定不只需要一点苏打水。事实上，与调制任何潘趣酒几乎一样，苏打水的用量是完全灵活的，可以根据口味进行调整，或者对于专业人士来说，要确保玻璃杯端给客户时100%满杯，随时要准备额外的苏打水来填满杯子可能空出来的空间。

配方

89毫升鲜榨橙汁
89毫升无糖菠萝汁
15毫升鲜榨青柠汁
15毫升单糖浆 (simple syrup)
7.4毫升红石榴糖浆 (grenadine)
2抖安高天娜苦精 (Angostura bitters)
1洒苏打水
樱桃，装饰用
橙片，装饰用

☞将橙汁、菠萝汁、青柠汁与单糖浆、红石榴糖浆、苦精和冰块混合摇匀。滤入冰茶杯，顶部浇上苏打水，然后用樱桃和橙片装饰。

波特威士忌潘趣
PORT-WHISKEY PUNCH

配方

44毫升波本威士忌(Bourbon)
44毫升鲜榨橙汁
22毫升鲜榨柠檬汁
30毫升单糖浆(simple syrup)
30毫升红宝石波特酒(ruby port)
橙片,装饰用
螺旋柠檬皮,装饰用

☞将威士忌、橙汁、柠檬汁和糖浆倒入调酒杯中摇匀。滤入装满冰块的嗨棒杯,顶端浇上波特酒,并用橙片和螺旋柠檬皮装饰。

我 的灵感来自19世纪在鸡尾酒顶端浇上波特酒或雪利酒的做法;浇上的酒看起来很漂亮,然后会一点点沉入杯中自行与其他成分混合。于是,我创作了这种基本上是加了波特酒的酸味威士忌饮品,喝起来味道很不错,且有点潘趣风格。

天鹅绒法兰勒姆

当我们彩虹居开张时，我买了一箱叫法兰勒姆的加香料糖浆，因为我在如唐恩·比奇的原创僵尸鸡尾酒之类的经典异国风味饮品的老配方中看到过这种成分。我打开其中一瓶品尝了一下——味道很可怕。我用它调了几杯酒——都很糟糕。于是我将它们放起来，永远地束之高阁。后来，有天晚上参加一个聚会时，我向美国格伦莫尔联合酿酒厂（United Distillers Glenmore，现已不存在）的总裁谈到了我这次经历，他说我肯定是买错了品种——并声称法兰勒姆很棒。随后他给我

寄了一箱巴巴多斯（Barbados）产的约翰·D.泰勒天鹅绒法兰勒姆，那味道确实很棒，是用甘蔗酒精强化的杏仁、青柠皮和丁香的风味。成分中所含的酒精最初可能是为了保证瓶装饮品的保质期，但同时也带来了好处，就是让这种饮品得以从杂货店货架转移到了酒类商店货架上，因为在纽约等州酒精饮品和一般饮品是分开售卖的。不幸的是，这种可能性只存在于理论层面，因为在现实当时的美国根本没有天鹅绒法兰勒姆售卖。但我是天鹅绒法兰勒姆的大力支持者，于是，

我找到一个进口商朋友，哈特福德烈酒公司（Spirit of Hartford）的凯·奥尔森（Kay Olsen），向她承诺，如果她把法兰勒姆进口到美国，我会尽最大努力去做推广，她同意了。现在的美国到处可以买到天鹅绒法兰勒姆，虽然并不是说在每一个街角的酒类商店都能买到。如果你很难找到泰勒的品牌店，在纽约新罗彻斯特菲氏兄弟（Fee Brothers in Rocheste）名下的乔·菲（Joe Fee）苦精和鸡尾酒调味品供应商店，也可以买到法兰勒姆。

泰勒制造 TAYLOR MADE*

无须仔细阅读，即可注意到我是约翰·D.泰勒出产的绝妙的天鹅绒法兰勒姆的粉丝。我正在尝试使用这种巴巴多斯产的独特糖浆的新方法，最好是搭配一些当地人最喜欢的朗姆酒之外的东西——我要寻找一种有创意的搭配。在翻查老酒谱时，我发现了几个以波本威士忌和蜂蜜以及柑橘为特色的配方，于是经过举一反三，我便创作出了这种潘趣风格的古典衍生产品。

配方

44毫升波本威士忌（Bourbon）
30毫升鲜榨葡萄柚汁
30毫升蔓越莓汁
15毫升蜂蜜糖浆（honey syrup）
7.4毫升约翰·D.泰勒天鹅绒法兰勒姆（John D. Taylor's Velvet Falernum）
西柚片，装饰用

☛将波本威士忌、葡萄柚汁、蔓越莓汁、蜂蜜糖浆和天鹅绒法兰勒姆倒入加冰的摇酒器中摇匀。滤入鸡尾酒杯，用西柚片装饰。

桑格利亚汽酒 SANGRIA

配方

6块楔形菠萝块,每块2.5厘米厚

2个柠檬,1个切成8块楔形块放入杯底
　　用捣棒捣碎,1个切成薄片用作装饰

2个无籽橙子,1个切成4块楔形块放入
　　杯底用捣棒捣碎,1个切成薄片用作
　　装饰

118毫升三重浓缩橙皮利口酒(triple
　　sec)

59毫升西班牙白兰地(Spanish
　　brandy)

59毫升单糖浆(simple syrup)

1瓶西班牙红葡萄酒(Spanish red
　　wine),如瑞格尔侯爵酒庄干红
　　(Marquis de Risca)或澳大利亚设
　　拉子(Australian shiraz)红酒

89毫升鲜榨橙汁

1/2根英国黄瓜,切成圆形薄片

苏打水

☞将楔形菠萝块、柠檬块和橙块放到
桑格利亚汽酒罐(sangria pitcher)底
部,添加三重浓缩橙皮利口酒、白兰地
和糖浆,用捣棒把水果块捣碎,加入
红葡萄酒和橙汁搅拌。端给客人前,往
高脚杯中放入冰块(或不加冰块),外
加柠檬、橙子和黄瓜各1片,再倒入59
毫升苏打水,然后将葡萄酒混合物过
滤到苏打水上面至满杯。再次搅拌并
端给客人。

4~6人份

西班牙桑格利亚汽酒的发明灵感与意大利味美思酒相同:你手头有一种普通的中档佐餐酒,天气炎热,于是你可能希望将这普通的葡萄酒冷藏一下,并添加一些白兰地(或伏特加,虽然这并不常见)来加点冲劲,再加入水果增添些风味,也稍微加了点甜味,于是就有了这个发明!现在制成的饮品要可口得多,已经绝不是普通的饮品了。实际上,你制成的是一种很棒的夏季清凉饮品,非常适合野餐。传统的桑格利亚汽酒用红葡萄酒制成,但我用白葡萄酒、起泡酒、波特酒甚至是苏特恩制作桑格利亚汽酒也取得了巨大成功,所以这里有一些变化款。(毕竟,热葡萄酒的成分除了桑格利亚汽酒以外还有什么呢?不过是用水果干取代新鲜水果再加上香料,用加热而不是加冰的方式饮用的冬季版本罢了。)总的来说,一瓶桑格利亚汽酒我不会付超过15美元的价钱,因为制作桑格利亚汽酒不需要任何精细成分或技巧——这就是桑格利亚汽酒的全部意义所在。有些人喜欢提前做好桑格利亚汽酒放置过夜再饮用,但我用捣棒把水果块捣碎(而不是直接将水果块倒进罐子里),可以让水果的味道很快就进入酒中,这样调制的桑格利亚汽酒可以即时饮用。

白色或玫瑰色桑格利亚汽酒
WHITE OR ROSÉ SANGRIA

虽然红葡萄酒版桑格利亚是经典款,适合任何季节,但我认为白色或粉红色的桑格利亚更适合夏日和野餐。你会希望你的白色或粉红桑格利亚汽酒没有橡木味,带有时令水果味,并且有着漂亮的颜色,比如大约10美元一瓶的罗森布拉姆酒庄红木谷的歌海娜粉红酒(Rosenblum Cellars Redwood Valley Grenache Rosé)。

配方

2个柠檬,1个切成8块楔形块放入杯底用捣棒捣碎,1个切成薄片装饰用

2个无籽橙子,1个切成4块楔形块放入杯底用捣棒捣碎,1个切成薄片装饰用

1个成熟的夏桃,切成4块楔形块放入杯底用捣棒捣碎

89毫升路萨朵马拉斯奇诺樱桃利口酒(Luxardo Maraschino liqueur)

30毫升西班牙白兰地(Spanish brandy)

59毫升单糖浆(simple syrup)

1瓶淡白葡萄酒或粉红葡萄酒(light white or rosé wine)

6颗冷冻无核葡萄

1/2根英国黄瓜,切成圆形薄片
苏打水

☞ 将楔形柠檬块、橙块和桃块放到桑格利亚汽酒罐底部,添加马拉斯奇诺樱桃利口酒、白兰地和糖浆,用捣棒把水果块捣碎,加入葡萄酒搅拌。端给客人前,将1颗冷冻葡萄和柠檬、橙子、黄瓜各1片放入一个高脚杯中,再倒入59毫升苏打水,然后将葡萄酒混合物过滤到苏打水上面至满杯。再次搅拌并端给客人。

4~6人份

发泡桑格利亚汽酒 SPARKLING SANGRIA

这是一个更喜庆的版本,非常适合节日鸡尾酒会。

配方

6块楔形菠萝块,每个2.5厘米厚

2个柠檬,1个切成8块楔形块放入杯底用捣棒捣碎,1个切成薄片装饰用

2个无籽橙子,1个切成4块楔形块放入杯底用捣棒捣碎,1个切成薄片装饰用

6颗草莓,4整颗放入杯底用捣棒捣碎,2颗切成片装饰用

89毫升路萨朵马拉斯奇诺樱桃利口酒(Luxardo Maraschino liqueur)

59毫升西班牙白兰地(Spanish brandy)

59毫升单糖浆(simple syrup)

1瓶起泡酒(sparkling wine)

1/2根英国黄瓜,切成圆形薄片
苏打水

☞ 将楔形菠萝块、柠檬块、橙块和4整颗草莓放到桑格利亚汽酒罐底部,添加马拉斯奇诺樱桃利口酒、白兰地和糖浆,用捣棒把水果块捣碎,加入葡萄酒轻轻搅拌。端给客人前,往高脚杯中放入冰块,外加柠檬、橙子、草莓和黄瓜各1片,再倒入59毫升苏打水,然后将葡萄酒混合物过滤到苏打水上面至满杯。再次搅拌并端给客人。

4~6人份

蝎子潘趣 SCORPION PUNCH

配方

1½瓶布鲁加朗姆酒（Brugal rum）

59毫升白兰地（brandy）

59毫升金酒（gin）

1/2瓶白葡萄酒（white wine）

1杯（237毫升）鲜榨柠檬汁

1杯（237毫升）鲜榨橙汁

237毫升奥格特杏仁糖浆（orgeat）

118毫升德梅拉拉糖浆（Demerara sugar syrup，参见第247页），按口味可以添加更多

栀子花，要保证无农药，用水洗干净，装饰用，选用

橙片，装饰用，选用

柠檬片，装饰用，选用

薄荷枝，装饰用，选用

☛将朗姆酒、白兰地、金酒、葡萄酒、柠檬汁、橙汁、杏仁糖浆和德梅拉拉糖浆倒入加冰的潘趣碗中，静置1小时。根据口味喜好，添加糖浆调整甜度。根据需要添加更多的冰块，使饮品保持冰凉口感。倒入杯中端给客人时，可用1朵栀子花或是用橙片和柠檬片各1片外加1根薄荷枝装饰。

20人份饮品

这款潘趣酒是朗姆酒和白兰地的混合物——很常见的搭配，与蛋酒和床笫之间类似，但这里加入了金酒这种百搭成分。这款潘趣中还包括了奥格特杏仁糖浆这种有趣的成分。在鸡尾酒中使用杏仁糖浆虽然不常见，但这种传统却是可以追溯到1862年初版的杰瑞·托马斯的《如何调制鸡尾酒》一书，书中提到一种叫作日本鸡尾酒（Japanese Cocktail）的饮品（由白兰地、苦精和奥格特杏仁糖浆制成）。但是到了1869年版的托马斯著作中，奥格特杏仁糖浆已经换成了库拉索，之后很长时间里奥格特杏仁糖浆便主要应用在热带饮品中，就像这里用在蝎子潘趣中一样。垂德维克带红了这款潘趣酒，当他最初在马诺阿山谷（Manoa Valley）的一个夏威夷式宴会上享用这种传统的夏威夷饮品时，它是用当地的一种用芋头根蒸馏的名为夏威夷烧酒（okolehao）的私酒制成的。[该产品现在可从三明治岛酒厂（Sandwich Island Distilling）购买。]这种鸡尾酒传到美国大陆后，当地的烈酒就被朗姆酒取代了。当垂德维克的配方列入本书时，我将配方稍微调整了一下。虽然维克没有具体说明使用哪种类型的葡萄酒，但我建议使用果味的、不太干的白葡萄酒，可以就用加州的维欧尼（California viognier）葡萄酒；另外，维克指定用栀子花装饰，但我建议任何可食用的花都可以，甚至可以只是简单使用橙片和柠檬片外加薄荷枝进行装饰。

基本甜酒

亚历山大 ALEXANDER・黑色俄罗斯 BLACK RUSSIAN・咖啡鸡尾酒 COFFEE COCKTAIL・
蛋酒 EGGNOG・蚱蜢 GRASSHOPPER・柠檬斯格罗皮诺 SGROPPINO AL LIMONE・
毒刺 STINGER

你吃完了最后一块干式熟成牛排，吞下了最后一口红酒，把椅子往后推一推，跷起二郎腿，琢磨着甜点要点什么。肚子已经太饱了，巧克力蛋糕绝对不行了，但嘴里仍然觉得想来点甜味的东西。也许喝点小酒，但并不想要一杯致命的"生命之水"白兰地（eau-de-vie）或是冰冻的威廉梨白兰地（Poire William），而且你已经喝够了波特酒和雪利酒。不，你想要点别的东西，一杯甜的鸡尾酒。

虽然某些人会在一天中的任何时候叫上一杯白色俄罗斯鸡尾酒，但我认为甜的和奶油味的饮品最好在晚餐后享用，而且最好要限量饮用；一个晚上饮用甜鸡尾酒正确的量几乎总是一杯，并且在饮用柑橘味浓郁的鸡尾酒之后或之前都不能喝甜鸡尾酒，因为这样的搭配可能真的会把肠胃搅得无法安宁。

关于制作甜鸡尾酒不应该做的事情已经说得足够了，应该做的是找到最好的原料，尤其是在购买奶油利口酒和甜酒时，不同品种的质量简直是天上地下的差别。挑选基础烈酒也同样如此——通常是金酒或白兰地，偶尔也可以用伏特加甚至是龙舌兰酒。要购买自己能买得起的最好的品牌。虽然，从历史上看，你也可以使用浴缸金酒（bathtub gin）；现实情况是，许多在禁酒令期间发明的甜味和奶油味利口酒就是为了隐藏私酿酒的刺激口感。虽然有一些甜酒出现在禁酒令之前——最引人注目的是斯格罗皮诺，一种以意大利冰淇淋为基础的美味甜酒——但的确是在禁酒令期间，甜酒这个品类才逐渐完善。因此，尽管你可能不再需要往白兰地中添加甜薄荷酒使其可口，但白兰地加上薄荷甜酒制成的名叫毒刺的迷你小甜酒，却是一种奇妙的助消化饮品。 ♛

亚历山大 ALEXANDER

配方

30毫升优质白兰地（brandy），最好是
　　VS干邑白兰地（VS Cognac），或金酒
　　（gin）
30毫升黑可可奶油
59毫升高脂浓奶油
肉豆蔻（nutmeg），磨碎用

☞将白兰地或金酒、可可奶油和浓奶油倒入加冰的摇酒杯中摇匀。滤入小鸡尾酒杯，撒上一小捏现磨碎的肉豆蔻粉。

亚历山大酒诞生于禁酒令期间。众所周知，13年来酒精饮品都不合法，但这并没有阻止人们制作、出售或消费酒精类饮品；禁酒令只不过是让喝酒这件事更令人向往，让卖酒更有利可图，让酿酒更创意丛生或者更没有章法、更缺乏专业性罢了。然而，如要描述浴缸金酒的生产，大家普遍会认同它的味道有待改进，其口感就像是暴雨后的泥泞道路一样。为了去除浴缸金酒的刺激口感，就将其与脂肪和调味品进行混合——奶油和糖——好让其变得可口。因此，亚历山大变得广受欢迎，尤其是在女性中，它作为一种饭后饮品非常非常受欢迎。（但作为开胃酒却并不是好主意。正如大卫·埃姆伯里在其1949年出版的《调酒的精细艺术》一书中指出，亚历山大酒可以是"一种不错的下午点心，能代替半磅糖果，但是作为餐前饮品却是致命的"。）因为美国人的口味放弃把金酒作为首选白酒，亚历山大酒演变成了一种白兰地饮品广泛流行开来，金酒版本的亚历山大酒便很少看到了。如果你今天点亚历山大酒，就会被认为是干邑或白兰地鸡尾酒，尽管金酒版本同样令人愉悦。奇怪的是，虽然据说这种饮品是由哈里·麦克艾霍恩于1922年左右在伦敦的西罗俱乐部（Ciro's Club）工作时发明，但他在自己的著作《鸡尾酒调酒入门》一书中却没有将这种鸡尾酒的发明归功于自己。如果亚历山大酒当真由麦克艾霍恩发明，而他却并没有对此进行宣扬，他将会在鸡尾酒历史上占据一席独特之地。

 成分说明

茴香酒

玛丽·布里扎德是第一个生产被称为茴香酒的茴香风味利口酒的商业品牌——布里扎德的生产始于1755年——并且至今仍然是市场上最好的茴香酒品牌。幸运的是，这种最古老也最好的品牌今天也很容易买到，找到它没有任何困难。

亚历山大刨冰 ALEXANDER FRAPPÉ

用小勺香草冰淇淋替换高脂浓奶油，可以将亚历山大酒变得口味更浓郁更诱人，然后将饮品搅拌成冰沙的稠度，倒入大鸡尾酒杯或者是标准的浅碗形香槟玻璃杯饮用。

亚历山德拉特别版 ALEXANDRA SPECIAL

这款酒是根据弗兰克·迈耶所著的《调酒的艺术》一书中的配方修改而来的，弗兰克·迈耶是海明威的调酒师；在老爹"解放"丽兹酒吧后，丽兹酒吧更名为海明威酒吧（Hemingway Bar）。战前和战后，迈耶都在那里——他是禁酒令时期从纽约市著名的霍夫曼之家酒吧流放出来的调酒师。在迈耶的书中，白兰地可能已经成为这种饮品的首选烈酒；下面是我为这种鸡尾酒的白兰地版本找到的第一个印刷版配方。

配方

44毫升白兰地（brandy）
22毫升玛丽·布里扎德茴香酒（Marie Brizard anisette，参见第212页成分说明）
30毫升高脂浓奶油

 将白兰地、茴香酒和奶油倒入加冰的调酒杯中摇匀。滤入冰镇过的鸡尾酒杯。

黄金凯迪拉克 GOLDEN CADILLAC

黄金凯迪拉克发明于加利福尼亚州埃尔多拉多（El Dorado）的穷雷德沙龙（Poor Red's Saloon），离萨特磨坊（Sutter's Mill）不远，在旧金山以东两个半小时车程的位置，那里曾是淘金热的发源地，这款酒因此得名。这不是正式的亚历山大酒衍生产品，但它确实属于同一类由烈酒、利口酒和奶油制成的甜点饮品。黄金凯迪拉克是饭后甜酒集团的优秀、正直的成员。

配方

30毫升加利安奴（Galliano）
30毫升白可可奶油
59毫升高脂浓奶油
肉桂粉，装饰用

 将加利安奴、可可奶油和奶油倒入加冰的调酒杯中摇匀。滤入冰镇过的鸡尾酒杯，撒上少许肉桂粉装饰。

黑色俄罗斯 BLACK RUSSIAN

配方

30毫升甘露咖啡利口酒（Kahlúa）
30毫升伏特加（vodka）

☛将甘露咖啡利口酒和伏特加依次注入加冰的古典玻璃杯。装饰只需要用冷战妄想症即可，此外什么都不需要。

距柏林墙倒塌已过去了近20年，人们对冷战的记忆开始消退，谁还记得20世纪50年代以及60年代初的情形？还记得人造地球卫星、赫鲁晓夫（Khrushchev）和《诺博士》？据说黑色俄罗斯就是在那时由古斯塔夫·托普斯（Gustave Tops）发明于比利时布鲁塞尔的大都会酒店（Hotel Metropole）——这些地名、人名听起来似乎就充斥着冷战的阴谋。20世纪60年代末和70年代，几乎不可能找到新鲜的食材和调制得当的鸡尾酒，人们对鸡尾酒的热情开始消退，于是黑色俄罗斯鸡尾酒逐渐受到赏识并流行开来。在那些日子里，一个酒吧只用单一品种的杯子——那时人们对鸡尾酒一点也不上心，在许多地方，不同类别的饮品都装在完全相同的高脚杯里饮用。正是在调酒史上这一黑暗的时期，伏特加的地位日渐上升并开始在美国的首选烈酒中占据一席之地，而甘露咖啡利口酒是大手笔促销堆出来的大获成功的产品（甘露咖啡利口酒最初只是一种墨西哥产品，但现在因为太受欢迎，大多数产品都产自墨西哥以外的地方）。回到历史上的那个时期，便是超级简单的黑色俄罗斯鸡尾酒——一种不会令人厌烦的甜味饮品，晚餐前后都可以享用——处于聚光灯下的时刻。今天，在一个更复杂的时代，甘露咖啡利口酒推出了一种新的瓶装版称为特别版，酒精度35度，口感更为强劲。

变化款

白色俄罗斯 WHITE RUSSIAN

配方

30毫升甘露咖啡利口酒（Kahlúa）
30毫升伏特加（vodka）
59毫升高脂浓奶油

☛将甘露咖啡利口酒、伏特加和奶油倒入加冰的调酒杯中摇匀。滤入加冰的岩石玻璃杯。

尽管有迷恋者发誓一天中任何时候都可以喝这种鸡尾酒，但这种适合大众口味的鸡尾酒在餐前喝绝对是禁忌，不过，作为餐后酒却是大受欢迎。虽然黑色俄罗斯在20世纪60年代和70年代初最为流行，白色俄罗斯却是在20世纪70年代后期的迪斯科舞会上大放异彩。那些日子，很多人深夜醒来，便渴望来点甜味饮品。我似乎记得20世纪70年代后期很多人在深夜里对白色俄罗斯的渴望。禁酒令期间的轻俏女郎点的亚历山大酒由可可奶油、金酒和奶油调制而成，而迪斯科宝贝则热衷喝白色俄罗斯鸡尾酒。

意大利蛋奶 ITALIAN EGG CREAM

配方

22毫升迪萨罗娜杏仁香甜酒
（Amaretto di Saronno）

22毫升白可可奶油利口酒（white crème de cacao），最好是玛丽·布里扎德（Marie Brizard）白可可奶油利口酒

30毫升全脂牛奶（whole milk）

89毫升极干型普罗塞克起泡酒
（Prosecco brut）

☞将杏仁酒、可可奶油利口酒和牛奶依次注入加冰的白葡萄酒杯。慢慢倒入普罗塞克，同时用吧匙轻轻搅拌，直至饮品上出现一些泡沫，但是不要太用力，以免开饮第一口之前所有碳酸气泡已经消散。一定要及时端给客人，确保饮品到客人手中时杯中还有泡沫。

回到布鲁克林（Brooklyn）到处是汽水店的时代，如果你有钱，便会点上一杯冰淇淋苏打水，用糖浆和一大勺香草冰淇淋制成，上面淋上苏打水，最后再放上一颗樱桃。但如果你没钱，就点一份蛋奶吧：几汤匙牛奶，1汤匙巧克力糖浆外加几个冰块，加入苏打水并搅拌，上面没有樱桃。这是穷人的冰淇淋苏打水。尽管饮品中根本没有鸡蛋或奶油，但看起来有点像打发泡的鸡蛋或蛋白酥皮，因为饮品表面有泡沫，因此得名蛋奶。产生泡沫的关键是不断地剧烈搅拌，同时加入苏打水，与这款饮品中产生泡沫的技术相同，但这里的这款饮品绝不是穷人的饮品。

史密斯与柯伦 SMITH AND CURRAN

配方

59毫升黑可可奶油利口酒（dark crème de cacao）

89毫升全脂牛奶或半脂牛奶

44毫升苏打水

☞将可可奶油利口酒和牛奶依次注入加冰的嗨棒杯。一边搅拌一边加入苏打水，就像制作意大利蛋奶那样边搅拌边添加——也就是说，不断地慢慢地倒入苏打水。

很多年来——其中的30年里——我一直都用甘露咖啡利口酒来调制一种名为史密斯和卡恩斯（Smith and Kearns）的鸡尾酒，直到有一天我那位在《华尔街日报》（Wall Street Journal）工作的朋友埃里克·费尔顿打电话给我才纠正了我的错误：两名北达科他州的石油工人于1952年发明了这种看似不太可能却出乎意料美味的饮品，但事实证明他们的名字是史密斯与柯伦（Smith and Curran），而不是卡恩斯；他们制作的鸡尾酒是用可可奶油利口酒，而不是甘露咖啡利口酒。1982年，当有人告诉吉米·柯伦（Jimmy Curran）现在人们是用甘露咖啡利口酒调制他发明的鸡尾酒时，他反对说："请告诉他们不要这样做。"对不起，吉米。

史密斯与柯伦让人想起意大利蛋奶，完全按照同样的方法制作，实际上是一种美味的饮品。你如果用可乐代替苏打水，就变成了科罗拉多斗牛犬（Colorado Bulldog）鸡尾酒，尝起来像咖啡加酒精再浇上可乐的味道，这是非常有趣的变化款，不是吗？

泥石流 MUDSLIDE

20世纪80年代催生了泥石流，就是往黑色俄罗斯鸡尾酒的配方中加入百利甜酒，或者有时是用百利甜酒取代甘露咖啡利口酒，我猜想有时只是百利甜酒加冰块——泥石流鸡尾酒的做法很灵活。这也是摇滚歌手罗德·斯图尔特（Rod Stewart）在我于彩虹居任职期间最喜欢的饮品，斯图尔特先生和他的朋友们过去常常强占我们不向公众开放的屋顶休息室（当时已废弃的洛克菲勒中心30号昔日美国无线电公司时代的观景台）。在一个繁忙的星期六晚上，我们会调制好一罐又一罐泥石流鸡尾酒并送到酒吧上方的空中观景台去。他们会在屋顶上狂欢，而我们在下面步行道的酒吧里，维持男士不脱外套的着装规范，不会让任何人感到尴尬。要制作冷冻版本，就用一勺香草奶油冰淇淋代替冰块，并在搅拌机中搅打至丝滑状态。

配方

30毫升甘露咖啡利口酒（Kahlúa）
30毫升伏特加（vodka）
30毫升百利甜酒（Baileys Irish Cream liqueur）
30毫升高脂浓奶油

☞ 将甘露咖啡利口酒、伏特加、百利甜酒和奶油倒入加冰的调酒杯中摇匀。滤入古典玻璃杯。或者用一大勺香草奶油冰淇淋代替奶油，并用搅拌机搅拌后冷冻起来，制作冷冻版泥石流鸡尾酒。不管哪个版本，都不加装饰。

"唯一的威廉"

威廉·施密特在书中把自己称为"唯一的威廉"。这个奇怪的自命名人物是泥石流和很多其他甜饮品的教父。在他1891年出版的著作《这一大杯酒：喝什么以及何时喝》一书中，各个配方都漂浮在以包括奶油玫瑰利口酒（crème de roses liqueur）和巧克力的形式出现的牛奶、鸡蛋和糖之中。以他创作的名为"一束紫罗兰"（Bunch of Violets）的鸡尾酒为代表，他还预料到了再过一个世纪才兴起的分子美食（melecular gastronomy）运动。他调酒通常是从往调酒杯中加入一个鸡蛋开始，然后添加修士甜酒、马拉斯奇诺樱桃利口酒、茴香酒、葡萄味美思酒（红色，可能吧？）、香草奶油利口酒、查特酒，还有一大堆——奶油。最后还要加上21世纪的特色，如19世纪书中所写的那样：用冰块装满玻璃杯，然后"冷冻成果冻，滤入高玻璃杯端给客人"。下面是他的巧克力潘趣（chocolate punch）的配方：

玻璃杯底部倒入一个鸡蛋
1茶匙糖
2/3的白兰地（brandy）
1/3的波特酒（port）
1抖可可奶油利口酒（crème de cacao）
1波尼杯（30毫升）奶油

用冰块装满杯子，摇匀，滤入杯中，端给客人。

咖啡鸡尾酒 COFFEE COCKTAIL

配方

1个鸡蛋，尽可能小

30毫升干邑白兰地（Cognac）

30毫升红宝石波特酒（ruby port），
　　或者对于更干的鸡尾酒，用十年的浅
　　棕色波特酒（ten-year tawny port）

1茶匙糖

肉豆蔻（nutmeg），磨碎用

🥄 如果你能找到一个小鸡蛋，就使用整个鸡蛋。如果没有小鸡蛋，就用3/4个中等大小的鸡蛋或者半个大鸡蛋。搅打鸡蛋使蛋白和蛋黄乳化。将打好的鸡蛋、干邑、波特酒和糖倒入加冰的调酒杯中摇匀——一定要剧烈摇晃使鸡蛋彻底乳化。滤入波特杯，撒上肉豆蔻粉。

这款特色饮品出自杰瑞·托马斯所著的1887年再版的《调酒师指南——如何调制各种普通和高端鸡尾酒》。我在彩虹居的老板艾伦·刘易斯（Alan Lewis）向我介绍的咖啡鸡尾酒——很奇怪，不含咖啡，但看起来确实像加了奶油的咖啡。咖啡鸡尾酒出现在世纪之交的毒刺之前，是绅士们在晚上活动结束前点的睡前甜酒。大约在1994年我曾经完全违背自己的意愿来调制这种饮品。当时葡萄酒和烈酒作家亚历克斯·贝斯帕洛夫（Alex Bespalof）正在为《阁楼》（Penthouse）杂志写烈酒专栏，他提前打电话让我为将与他一起来喝酒的伙伴调制一种波特鸡尾酒，他这个伙伴拥有泰勒酒庄（Taylor Flagate）的波特酒厂（port house）。天哪，难道我不想为一个古老酒厂的主人调制一杯波特鸡尾酒？——这就像用一级名庄波尔多（first-growth Bordeaux）制作桑格利亚汽酒并端给罗斯柴尔德（Rothschild）一样。我按照订单准备好这杯酒，送到餐桌上，与两人握手，然后回到了吧台。10分钟后，那家伙站在我的吧台前面，"首先，"他说，"请给我（把你的配方）写下来。"然后他解释说："我的祖父过去常常用我们的波特酒调制鸡尾酒，用的是一个可以追溯到他上一代人的配方，但我们丢失了那个配方。这就是那款饮品。泰勒酒庄终于把我们的配方拿回来了。"我受宠若惊。但是当我继续阅读旧的饮品书籍时，我意识到波特菲利普（Port Flip）很可能符合泰勒酒庄鸡尾酒的要求。我确定波特菲利普——就是简单由波特酒、糖和鸡蛋一起摇匀——就是咖啡鸡尾酒产生的来源。

黄金女郎 GOLDEN GIRL*

我的这项发明属于过去非常流行的一个鸡尾酒品类：用波特酒（通常是浅棕色那种，与红宝石波特酒相比，甜度和黏性都更低）和其他葡萄酒调制的鸡尾酒，可以强化也可以不加强化。我在黑鸟餐厅（Blackbird）工作时，在探索咖啡鸡尾酒的干邑白兰地与鸡蛋组合的过程中，偶然发现了这种成分搭配组合。我想这个搭配受到了人们的欢迎，因为2001年时这个配方获得了百加得马提尼大奖赛年度最佳高端鸡尾酒的荣誉。

配方

30毫升百加得阿乃卓朗姆酒（Bacardi añejo rum）
22毫升浅棕色波特酒（tawny port），最好是五年或十年的
30毫升无糖菠萝汁
15毫升单糖浆（simple syrup）
1/2个小鸡蛋（或1/4个中等大小的鸡蛋或1/8个大个的鸡蛋）
橙皮，装饰用

☛将朗姆酒、波特酒、菠萝汁、糖浆和鸡蛋倒入加冰的调酒杯中摇匀——用力摇晃很长时间。滤入148或177毫升容量的鸡尾酒杯。将橙皮擦成碎末，撒在饮品上面作为装饰。

蛋酒 EGGNOG

配方

6个鸡蛋，蛋清蛋黄分开放
1杯糖
946毫升全脂牛奶
473毫升浓奶油
118毫升波本威士忌（Bourbon）
118毫升牙买加黑朗姆酒（Jamaican
    dark rum）
肉豆蔻（nutmeg），磨碎用

在潘趣碗中，将蛋黄搅打至几乎变成白色，搅打蛋黄的过程中加入1/2杯糖。倒入牛奶、奶油、波本威士忌和朗姆酒搅拌均匀，然后将一半的肉豆蔻磨碎撒出。端给客人之前，在蛋清中加入剩余的1/2杯糖并倒入一个大碗中，搅打至可以挑出尖峰形状。将打发好的蛋清拌入酒液中。将潘趣碗放入一个装满了碎冰的大号碗中进行冰镇。端给客人时，在每个杯子上撒上现磨的肉豆蔻粉。

6人份

 成分说明

生鸡蛋

在酒精饮品中使用正确处理的生鸡蛋是安全的，尤其是当与40度的烈酒或酸味的柑橘类水果一起搭配的情况下更是没问题，大多数鸡尾酒都有这样的成分，因为酒精和酸会杀死几乎所有有害的细菌。遵循常识规则：尽可能买最新鲜的鸡蛋；摸过蛋壳后，一定洗过手再去触碰其他成分，而且鸡蛋要始终冷藏存放。

在蛋酒的发明地英国，蛋酒及同品类的鸡尾酒，如菲利普鸡尾酒和牛奶酒（posset）都曾经是富人的专属选择，因为鸡蛋、奶制品和香料都很昂贵。但是当这个做法传到美国时，因为在美国这些原料不是奢侈品——美国有很多空地可以用作奶牛场和养鸡场——蛋酒变成了一种更加无产阶级的饮品。具有讽刺意味的是，它还失去了其名字（Eggnog）中提到的nog这种成分。nog是一种浓味麦芽啤酒，但是美国人使用的总是更便宜且在美国更容易买到的朗姆酒。在1862年版的杰瑞·托马斯所著的《如何调制鸡尾酒》一书中，蛋酒配方需要用牙买加朗姆酒，但他建议手头宽裕的选用白兰地。[托马斯还提到，"每个装备齐全的酒吧都有一个锡制蛋奶酒（原文如此）摇酒器，有了这个制作蛋酒就方便多了"。]蛋酒离开家乡后还发生了一个变化：蛋酒在美国是冷饮，用冷的原料制成，放在冰镇的潘趣酒碗里供饮用，而在英格兰，蛋酒、菲利普和牛奶酒通常至少是温热的，有时甚至是加热的。

无论如何，看看更现代的历史：这里的配方来自我的安吉洛（Angelo）叔叔，1915年，即他12岁那年，他离开了意大利的卡拉布里亚（Calabria），前往罗德岛的韦斯特利镇，与已经在那里安家的家人会合。在我成长的过程中，圣诞节总是伴随着安吉洛叔叔制作的著名的蛋酒（我们孩子们喝的版本没有烈酒）的味道。他的蛋酒后来赢得了由四玫瑰威士忌（Four Roses whiskey）赞助的比赛并一度出现在其品牌的圣诞包装上。安吉洛叔叔的配方由流行的巴尔的摩蛋酒（Baltimore Eggnog）演绎出来——实际上人们全年都在消费巴尔的摩蛋酒，而不仅仅是在冬天——但他们在一个关键环节有所不同：安吉洛叔叔使用了高脂浓奶油和牛奶的混合物，巴尔的摩蛋酒只使用了高脂浓奶油。

弗莱尔布莱尔的雪利牛奶甜酒
FRIAR BRIAR'S SACK POSSET

这是2006年"42纬之下（新西兰伏特加）国际鸡尾酒比赛"[International 42 Below (a New Zealand vodka) drinks contest]中英国队凯文·阿姆斯特朗（Kevin Armstrong）创作的获奖作品。

配方

89毫升42纬之下麦卢卡蜂蜜伏特加（42 Below Manuka Honey Vodka）

89毫升斯背茨老黑麦芽啤酒（Speights Old Dark Ale）

30毫升大溪地黑朗姆酒（Tahiti Dark Rum）

7.4毫升修士甜酒（Benedictine）

89毫升奶油

2个鸡蛋

1满茶匙蜂蜜

1抖安高天娜苦精（Angostura bitters）

将伏特加、麦芽啤酒、朗姆酒、修士甜酒、奶油、鸡蛋、蜂蜜和苦精倒入平底锅中，小火加热并快速搅打，然后插入烧红的拨火棒激发出焦香气。装入茶碗端给客人即可。

皇家牛奶甜酒 ROYAL POSSET

我们会在煤火边来上一杯牛奶酒。——威廉·莎士比亚(William Shakespeare,1564—1616)

这个配方改编自伦敦的侯斯顿 & 赖特（Houlston & Wright）出版社于1860年出版的《家庭主妇实用手册》（Practical Housewife）。

配方

4个蛋黄

473毫升奶油

2汤匙糖

1/4颗肉豆蔻（nutmeg），磨碎用

2个鸡蛋的蛋清

237毫升麦芽啤酒（ale）

将蛋黄、奶油、糖和肉豆蔻倒入一个大碗中搅打，用另一个碗搅打蛋清。将麦芽啤酒和搅打好的蛋清加入蛋黄混合物中，充分搅拌混合均匀。放在小火上搅拌至浓稠，但不要煮沸。从火上移开，趁热上桌。

哈里森将军的蛋奶酒
GENERAL HARRISON'S EGG NOGG

这是我个人的最爱，改编自1862年初版的杰瑞·托马斯所著的《如何调制鸡尾酒》一书的配方，是对蛋酒的一种完全不一样的演绎。而且是单份饮品制作，并不是按碗制作的潘趣酒，所以方便很多。不过，饮品中包括一个生鸡蛋，所以必须拼命摇晃。波本威士忌是我的补充，原本的托马斯配方不含酒精。

配方

44毫升波本威士忌（Bourbon）
118毫升新鲜苹果汁
1个鸡蛋
1½茶匙糖
一小捏肉桂粉，装饰用

☞ 将波本威士忌、苹果汁、鸡蛋和糖倒入加冰的摇酒器中充分摇匀至鸡蛋彻底乳化。滤入一个加冰的大高脚杯，顶部撒上少许肉桂粉。

黄金时代

杰瑞·托马斯所著的《如何调制鸡尾酒》或叫《享乐男好伴侣》（*The Bon Vivant's Companion*）一书，这是1862年出版的第一个版本。

蚱蜢 GRASSHOPPER

配方

30毫升绿薄荷奶油利口酒（green crème de menthe）

30毫升白可可奶油利口酒（white crème de cacao）

59毫升高脂浓奶油

肉豆蔻（nutmeg），磨碎用，可选

把绿薄荷奶油利口酒、可可奶油利口酒和浓奶油倒入摇酒器中，加冰，用力摇晃至最后一份耐心失去再停手；有了这些丰富的甜味成分，就必须加大量的冰来融化和稀释，口感才不会过分甜腻。（顺便说一下：尽管你或你的客人可能会想当然地认为用半脂或全脂牛奶取代奶油会更可取，但是不要尝试；这种饮品的有趣之处在于它如丝般柔滑的质地，而只有奶油才可以赋予这种质地。）滤入冰镇过的鸡尾酒杯。在饮品中心撒上薄薄一层现磨的肉豆蔻粉（不要使用商店直接购买的肉豆蔻粉），也可以不撒。

蚱蜢是绿薄荷奶油利口酒、可可奶油利口酒和高脂浓奶油的组合，很多的奶油，因而晚饭后享用蚱蜢比饭前要更合适——这可以说是一种含酒精的液体甜点。这两种利口酒实际上不含奶油；所有的奶油利口酒，无论是用水果和浆果调味（最常见的是香蕉和黑醋栗，即黑醋栗奶油利口酒），还是用鲜花或香草（薄荷）或坚果（可可）调味，因为口感甜腻类似于奶油而得名，但实际上并没有奶制品，所以不要担心这些利口酒必须冷藏。

使用植物精华来增加酒的风味制成的利口酒，并不是最近的发明，尽管所有风味伏特加看起来像是当今的一种新奇的创新。酒精浸渍（Alcohol infusions）是13世纪由一位名为阿尔瑙·德·维拉诺瓦（Arnáu de Vilanova）的加泰罗尼亚化学家开创，并由整个修道士群体在中世纪给予完善（想想修士甜酒和查特酒）的一种工艺。蚱蜢鸡尾酒充分展示了两种经典奶油利口酒的甜美浓郁风味。但是，与其他此类口味甜腻的饮品一样，不要将其作为派对主题。套用舍费尔啤酒（Schaefer beer）旧日的一句广告语来说：当你只想喝一杯时，蚱蜢可能就是你要喝的那一杯。

报丧女妖 BANSHEE

蚱蜢已通过多种方式进行了改造：咖啡蚱蜢用如甘露咖啡利口酒之类的咖啡味利口酒代替可可奶油利口酒；伏特加蚱蜢和飞行蚱蜢使用伏特加，没有奶油，而且各种成分比例也不同。但有一种蚱蜢变化款是一种真正不同的饮品：报丧女妖。

蚱蜢尝起来像巧克力薄荷奶昔，报丧女妖却是一种成熟的香蕉船。其名字来自爱尔兰神话，指的是一个来自异世界的仙女，她那可怕的哀号是即将死亡的预兆。（如果你听到哀号，就还好；要完蛋的是那些没有听到其哀号的人。）但我不知道这名字与这款香蕉巧克力味的鸡尾酒有什么关系。

配方

- 30毫升香蕉奶油利口酒（crème de banane）
- 30毫升白可可奶油利口酒（white crème de cacao）
- 59毫升高脂浓奶油

 把香蕉奶油利口酒、可可奶油利口酒和浓奶油倒入加冰的调酒杯中，以与制作蚱蜢鸡尾酒相同的方式大力摇匀。滤入冰镇过的鸡尾酒杯中。

成分说明

奶油利口酒

不要在奶油利口酒上省钱。对各种烈酒来说，经济品牌和高端品牌之间都有显著差异，但在利口酒这个品种上，这一差异之大却是无与伦比；建议你选加拿大海勒姆·沃克（Hiram Walker）集团[也是加拿大俱乐部（Canadian Club）威士忌的制造商]的利口酒、法国波尔多（Bordeaux）的玛丽·布里扎德或者荷兰的波尔斯（Bols）利口酒。波尔斯的历史可以追溯到1575年如今鹿特丹所在的位置，很可能是世界上最古老的商业酿酒公司。我希望有一天我们在美国能轻易买到法国卡特龙（Cartron）的高酒精度优质甜酒和奶油利口酒。

技术说明

巧克力杯沿

在特殊场合，蚱蜢和报丧女妖鸡尾酒都可以在杯沿涂上巧克力。用巧克力涂抹杯沿，最简单的方法是随便买一种不加糖的可可粉涂在杯沿即可。更费力（而且某种程度上更为有趣）的技术是购买不加糖的可可粒，然后用研钵和研杵将其磨成均匀的粉末。用一块橙子或者单糖浆将杯沿润湿，然后将杯沿在可可粉中旋转一圈。要确保可可粉是不加糖的，这些鸡尾酒已经够甜了，不再需要杯沿上的糖分了。

柠檬斯格罗皮诺
SGROPPINO AL LIMONE

配方

473毫升柠檬冰淇淋（lemon sorbetto）
2汤匙伏特加（vodka）
4汤匙高脂浓奶油
1杯普罗塞克起泡酒（Prosecco）

☞在冰箱中冷却4~6个长笛杯。一些配方建议把冰淇淋软化，但我发现用大刀和砧板，可以把整块冰淇淋连同包装对半切开，然后进一步切成小立方块，这样用起来更容易混合，我建议你采纳我的做法。配方中所有的材料可以用手持搅拌器在饮品罐中用手工搅拌混合，也可以在搅拌机中混合，我喜欢手工的方式。先把伏特加和浓奶油加入冰淇淋中，然后加入适量普罗塞克使混合物变得松软，搅拌起来就容易些，最后，把剩余的普罗塞克添加进去，继续搅拌几秒钟，变得黏稠起泡即可，搅拌时间不要太长，以免泡泡中的碳酸逃逸。立马均分到冰镇过的长笛杯中。

4~6人份

这款超棒的意大利甜饮非常适合在家招待一群客人，需要购买的原材料不多，且都很容易买到，做法也很简单，几乎不可能出错，每473毫升冰淇淋可以完美做出6份饮品——很适合做晚宴的结束饮品。基本上，就是混合473毫升冰淇淋与普罗塞克和少量伏特加——这里的2汤匙的比例是正确的，要避免忍不住添加更多伏特加，一旦加入过多伏特加整个饮品就毁了。

条条大路通向威尼斯，这个以柠檬冰淇淋闻名的地方，也是斯格罗皮诺的起源地。1528年，在威尼斯的贵族阶层中，上菜间隙一直就是饮用这种饮品来清洁口腔转换味觉的。显然自那时起威尼斯就一直在制作某种版本的斯格罗皮诺了——在法国王后、著名的意大利贵族凯瑟琳·德·美第奇（Catherine de Médicis）的时代，这一做法曾风靡一时。加入气泡葡萄酒的做法出现得稍晚一些，但是，我敢肯定，并没有晚到500年以后，也不是出现在葡萄牙，尽管最近有报道称，加入气泡葡萄酒的做法是里斯本的一名调酒师在为女演员朱莉娅·罗伯茨（Julia Roberts）调制斯格罗皮诺以后的发明。

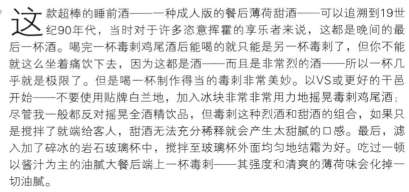

毒刺 STINGER

配方

30毫升VS干邑白兰地（VS Cognac）
（或更好的品牌）

30毫升白薄荷奶油利口酒（white crème de menthe）

☞将VS干邑白兰地和奶油利口酒倒入加冰的调酒杯中，非常非常用力地摇晃。滤入加满碎冰的古典玻璃杯，搅拌至玻璃杯外面结霜。

这款超棒的睡前酒——一种成人版的餐后薄荷甜酒——可以追溯到19世纪90年代，当时对于许多恣意挥霍的享乐者来说，这都是晚间的最后一杯酒。喝完一杯毒刺鸡尾酒后能喝的就只能是另一杯毒刺了，但你不能就这么坐着痛饮下去，因为这都是酒——而且是非常烈的酒——所以一杯几乎就是极限了。但是喝一杯制作得当的毒刺非常美妙。以VS或更好的干邑开始——不要使用贴牌白兰地，加入冰块非常非常用力地摇晃毒刺鸡尾酒；尽管我一般都反对摇晃全酒精饮品，但毒刺这种烈酒和甜酒的组合，如果只是搅拌了就端给客人，甜酒无法充分稀释就会产生太甜腻的口感。最后，滤入加了碎冰的岩石玻璃杯中，搅拌至玻璃杯外面均匀地结霜为好。吃过一顿以酱汁为主的油腻大餐后端上一杯毒刺——其强度和清爽的薄荷味会化掉一切油腻。

20世纪70年代后期，酱汁浓郁的大餐——也就是说精美法国菜——不再成为美国上层阶级的用餐首选，与此同时，毒刺鸡尾酒便也失宠了。然而，我的任务是让晚餐后喝烈酒的传统得以复活，如餐后来一杯毒刺，或者哪怕只是来一小高脚杯加冰的高度白兰地。记得我大约19岁那年，在四季饭店（Four Seasons）吃过晚餐后，看到推出来的小推车上装满冰冻的威廉梨白兰地和其他利口酒的瓶子，瓶子外面都结霜了，伴随推出的是一排排的小玻璃杯。我拿了一杯，看名字，我以为威廉梨白兰地会是某种甜的、稍微带点梨味的利口酒。所以我一口饮进了整杯酒——然后我感觉鼻孔好像被喷灯点燃了。经过这次教训，下次再喝这样的餐后酒时，我就学会了正确的啜饮方式，并喜欢上了这种以水果为原料的干型烈酒直接化掉餐食中油腻的感觉，饮下一杯后便顿时精神焕发和无比满足。一杯好的毒刺可以达到同样的效果。

这酒的配方虽然看起来会非常甜——烈酒和甜酒1：1的比例——如果制作得当，实际上可以非常完美地混合在一起。如果你觉得不能忍受这种甜度，可以把烈酒和甜酒比例改为2：1，但这样一来制作出来的将会是一款非常浓烈的鸡尾酒，所以手边要备好某种类型的灭火器了。

白蜘蛛 WHITE SPIDER

早在20世纪60年代末和70年代初，美国人几乎开始用伏特加代替各种鸡尾酒配方中的所有其他烈酒，这款毒刺的衍生品于是就火了起来。它的制作方式与原版毒刺完全相同。

配方

30毫升伏特加(vodka)
30毫升白薄荷奶油利口酒(white crème de menthe)

将伏特加和白薄荷奶油利口酒倒入加冰的调酒杯中，非常用力地摇晃。滤入装满碎冰的古典玻璃杯，搅拌至玻璃杯外面结霜。

国际毒刺 INTERNATIONAL STINGER*

这是一种类似的变化款，由一种特别的名为梅塔莎（Metaxa）的希腊白兰地制成，风味独特，带有其他白兰地中不常见的植物香味，与加利安奴的草药香味完美搭配。

配方

30毫升梅塔莎（Metaxa）
30毫升加利安奴（Galliano）

将梅塔莎和加利安奴倒入加冰的调酒杯中，非常用力地摇晃。滤入装满碎冰的古典玻璃杯，搅拌至玻璃杯外面结霜。

蝎子毒刺 SCORPION STINGER*

这款鸡尾酒是一种完全不同的蝎子类鸡尾酒，我称它为毒刺，因为它是由一种烈酒加上利口酒经过摇晃制成，而且非常冰冷。这款酒可以很好地展示梅斯卡尔（Mezcal）龙舌兰酒的风味，也是一种有趣的方式，使得梅斯卡尔这种很难让人接受的烈酒能让更多人适应。就像格拉巴酒一样，梅斯卡尔酒是一个口感较差的品种——风格独特，龙舌兰味道重，味道浓郁且酒精度高。

配方

不加糖的可可粉，涂抹玻璃杯沿用
干安裘(ancho)辣椒粉，涂抹玻璃杯沿用
细砂糖，涂抹玻璃杯沿用
橙片，涂抹玻璃杯沿用
22毫升蝎子银樽梅斯卡尔(Scorpion Silver Mezcal)
22毫升甘露咖啡利口酒特别版(35度版)[Kahlúa Especial
 (70-proof version)]

在一个浅盘子里，将等量的可可粉、干安裘辣椒粉和细砂糖混合。按照第137页的技术说明，将两个小烈酒杯的杯沿用橙皮润湿后涂上一层混合粉末。在鸡尾酒摇酒器中，将梅斯卡尔酒和甘露咖啡利口酒加冰块摇匀。滤入准备好的烈酒杯。（你也可以将其做成啜饮鸡尾酒，而不是小杯烈酒；只需按照蝎子鸡尾酒的做法摇一摇即可。）

2小烈酒杯或1鸡尾酒杯的量

基本创新鸡尾酒

挥金如土 BIG SPENDER · 香槟柯布勒 CHAMPAGNE COBBLER · 月光鸡尾酒CHIARO DI LUNA · 绿杯 COPA VERDE · 绿色梦想 GREEN DREAM · 传奇鸡尾酒 LEGENDS COCKTAIL · 百万富翁的曼哈顿 MILLIONAIRE'S MANHATTAN · 塞维利亚 SEVILLA · 草莓之舞 STRAWBERRY JIVE

自从鸡尾酒发明以来，调酒师一直在发明新的鸡尾酒，加上一点这个，浇上一点那个，不断地进行替代和调配。有过富于伟大创造力的时期，也有停滞不前的阶段。20世纪70年代我入行时，鸡尾酒业处于低潮期，但今天我很高兴地说，我们正处于鸡尾酒行业的顶峰时期。世界各地的调酒师都踊跃使用新鲜水果和果汁以及高品质的原料，非常注重精细的调酒技巧，并愿意对鸡尾酒进行适当的讲解与介绍。

我们也处于大胆创新的时期。从20世纪90年代开始，烹饪界开始接受分子美食学自由畅快的进步。还有年轻一代的有远见的伦敦调酒师发明了一种被称为时尚酒吧的新式酒吧，并提供新型鸡尾酒。这种转变很大一部分是因为食品和饮品趋向融合，调酒师们开始进入厨房，反之亦然。我们现今在鸡尾酒中使用烹饪原料——像迷迭香和鼠尾草这样的香料，黑胡椒和肉豆蔻、辣椒这样的调料，还有水果和蔬菜。我们在创造飘逸的泡沫和黏稠的果泥，也在玩质地和温度。

现如今是激动人心的时代，我们处于鸡尾酒突变进化的风口浪尖。很多传统主义者可能会厌恶这些变化，但对我来说，鸡尾酒中加上一丝迷迭香，或者将质地光滑的牛油果搭配上龙舌兰酒都挺令人兴奋。本章介绍了一些代表我这类创新的鸡尾酒品种，我希望有一天采用的原材料和技术的种类会在精致的酒吧里变得司空见惯。但这并不意味着我不会在有心情时想喝上一杯老式的金酒马提尼。♛

挥金如土 BIG SPENDER*

玛格丽塔酒是太过完美的鸡尾酒，对新手来说难度太大，所以调酒师就在寻求新的龙舌兰酒饮品时面临巨大挑战，但是我们一直在尝试。这款鸡尾酒是2005年我为百年盛典龙舌兰酒（Gran Centenario Tequila）工作期间，为百老汇音乐剧《生命的旋律》（Sweet Charity）重新上演而进行的创作。剧本里写了这款酒，舞台上也展示了这款酒，甚至这款酒在剧院里也有出售。其中重要的成分是血橙汁，以前仅在夏末和初秋的季节可以买到西西里岛出产的品种，但现在从圣诞节到夏天都可以买到加利福尼亚出产的品种，很多地方都可以买到。许多大的果泥生产商如纳帕完美果泥公司也都生产血橙果泥，用这种血橙果泥制作挥金如土鸡尾酒是完全可以接受的。克里奥尔利口酒以朗姆酒为基酒，有橙子风味，也被称为克里奥甜果酒（Créole Shrub），由朗姆酒生产商克雷芒（Clément）公司生产，产自马提尼克岛（Martinique）。这种酒是我于20世纪70年代在贝尔艾尔酒店工作期间第一次发现的品种，20世纪80年代这种酒从市场上消失了，但现在又可以买到了，尽管供应还有点不稳定。最后，挥金如土中用的起泡葡萄酒，不需要使用顶级的水晶香槟——嘿，虽然这酒叫挥金如土——但应该使用某种类型的起泡桃红葡萄酒，如沙龙贝尔干型桃红香槟（Billecart Salmon Brut Rosé）。

配方

30毫升百年盛典阿乃卓龙舌兰酒（Gran Centenario añejo tequila）
30毫升克里奥尔利口酒（Liqueur Créole）
30毫升血橙汁
水晶玫瑰香槟（Cristal Rosé Champagne）
火焰橙皮，装饰用
螺旋橙皮，装饰用

☛ 把龙舌兰酒、克里奥尔利口酒和血橙汁倒入加冰的调酒玻璃杯中搅拌冷却。滤入冰镇过的长笛杯，顶部浇上起泡葡萄酒。在饮料上方点燃橙皮并将烧过的橙皮丢弃，然后用螺旋橙皮装饰。

香槟柯布勒 CHAMPAGNE COBBLER*

配方

2块楔形橙块
2块新鲜菠萝，每块约1.9厘米见方
2块楔形柠檬块
22毫升路萨朵马拉斯奇诺樱桃利口酒
（Luxardo Maraschino liqueur）
118毫升香槟（Champagne）
长螺旋橙皮，装饰用

☛将楔形橙块、菠萝块、楔形柠檬块放到调酒玻璃杯底部，添加樱桃利口酒，用捣棒把水果块捣碎。加入冰块和香槟，极轻搅拌。滤入香槟长笛杯，用橙皮装饰。

很多人认为柯布勒是第一种摇制的饮品，柯布勒摇酒器（译者注：cobbler shaker中文目前常用译法为"英式摇酒壶"，但考虑到书中cobbler这种鸡尾酒的名称，故没有采用常用译法，而是译为柯布勒摇酒器）这个名字就是这个理论的理所当然的支持，就是那种在大多数家庭酒吧中都能找到的标准的三件式摇酒器。最初的柯布勒摇酒器是一个小玻璃杯放置在大一号的玻璃杯中（而波士顿摇酒器则是一个大玻璃杯拧进更大号的金属杯中）。关于柯布勒的记载最早见于1862年出版的杰瑞·托马斯的《如何调制鸡尾酒》一书，这本书是出版的第一本鸡尾酒配方书籍。柯布勒是19世纪真正的宠儿，哈里·约翰逊曾说在当时的美国，柯布勒"毫无疑问是风靡全国的饮品，男人女人都喜欢。这是一款老少皆宜的提神鸡尾酒"（引自大卫·埃姆伯里《调酒的精细艺术》，1949年）。柯布勒并未真正从禁酒令时期脱颖而出，成为一种受欢迎的鸡尾酒品类，但用烈酒加水果摇制鸡尾酒的创意开启了各种可能性。于是，我开始以这种爷爷级的传统品种为基础尝试创作，使用香槟、波特酒、雪利酒和其他葡萄酒、烈酒，搭配橙子、菠萝和柠檬。水果捣碎，摇晃饮品（使用起泡酒的情况下例外，不要摇晃它，不然会爆炸），添加利口酒增甜，但不要用糖浆。此处的这款夏日版香槟柯布勒是我自己的发明，算是在21世纪对19世纪经典品种所做的创新。

变化款

波特柯布勒 PORT COBBLER*

这是我自己发明的另一款当代柯布勒，比香槟柯布勒浓重一点——也许适合在码头上度过的凉爽的夏日夜晚。

配方

1/2个橙子，切成四等份，外加1片橙子，装饰用
2块新鲜菠萝，一个带皮，一个不带皮
1/2个柠檬，切成四等份，外加1块楔形块，用于装饰
22毫升橙色库拉索（orange Curaçao）
30毫升蒸馏水
118毫升红宝石波特酒（ruby port）

☛将橙子块、去皮的菠萝块和柠檬块放到调酒玻璃杯底部，添加库拉索、蒸馏水，用捣棒把水果块捣碎。加入波特酒和冰块摇匀。滤入装满碎冰的双倍古典玻璃杯。饰以橙片、带皮的菠萝块和楔形柠檬块。

月光鸡尾酒 CHIARO DI LUNA*

配方

3块2.5厘米厚的楔形菠萝块
1枝迷迭香，切成两半
1汤匙奥格特杏仁糖浆（orgeat）
118毫升极干型普罗塞克起泡酒
　　（Prosecco brut）

☞将2块菠萝块、一半迷迭香枝与杏仁糖浆一起放入调酒玻璃杯中，用捣棒捣碎。加冰。一手持吧匙，用另一只手慢慢倒入普罗塞克，同时用吧匙轻轻将底部的成分提拉到上面。滤入冰镇过的长笛杯。用剩下的楔形菠萝块和另一半迷迭香小枝装饰杯沿。

这款鸡尾酒——其名字是意大利语的"月光"——是鸡尾酒进化发展的一个很好的例子，其创意从贝利尼中汲取了一些线索：一种植物药草，一种不同的水果基础——此处配以菠萝汁，外加杏仁糖浆中的杏仁这第三种风味元素，创造出一种三重奏（杏仁、菠萝和迷迭香）的感觉。这三种成分的组合自古希腊时代以来就被采用，可以产生令人愉悦的效果。

梨子起泡酒 PERO FRIZZANTE*

这是我为意大利餐厅莫兰迪调制的饮品，其主厨乔迪·威廉姆斯（Jody Williams）坚持禁止在他们的普罗塞克鸡尾酒菜单上用高度酒，以避免破坏食物的精致味道。起初我很怀疑这种方法是否奏效，但事实证明，如果我们打开思路使用烹饪元素来调制鸡尾酒，会发现很多很棒的鸡尾酒都能很好地与食物搭配。

配方

1个安茹梨（anjou pear），洗净
楔形柠檬块
3片新鲜鼠尾草叶
1个去核西梅干
1茶匙蜂蜜糖浆（honey syrup）
118毫升普罗塞克微气泡酒（frizzante Prosecco），冰镇

首先，将梨子切成梨形轮廓片：将梨子大头朝下、柄朝上竖立放置，从顶部向下纵向切成1.3厘米厚的长片；将梨核去掉。用楔形柠檬块挤汁涂在梨片上以防梨片变成褐色。

现在，开始制作饮品：在波士顿摇酒器的玻璃杯件中，将1片梨与2片鼠尾草叶子、西梅干和蜂蜜糖浆混合，用捣棒轻轻捣碎。一手拿吧匙，另一只手慢慢倒入普罗塞克，同时用吧匙轻轻将杯子底部的成分提拉到上面。用滤茶器滤入冰镇过的长笛杯。

最后，进行装饰：根据玻璃杯的大小选择梨片。水果片以看起来比例协调为宜。比如说，你用的是小玻璃杯，就使用最小的梨片。在大小合适的切片上切一条缝，塞入剩下的鼠尾草叶，将梨片切缝卡在玻璃杯沿上，一定要让梨片浸在饮品中，而不是挂在玻璃杯外面，这样可以很好地为饮品增加风味。如果梨片挂在玻璃杯外面，除了等待落在某人的衣服上，别无他用了。

注意：如果梨是提前切好的，请将梨片保存在柠檬汁与水的混合物中，以避免梨片变色。

绿杯 COPA VERDE*

配方

辣椒粉,涂抹杯沿用,可选
粗盐,涂抹杯沿用,可选
青柠片,涂抹杯沿用,可选
118毫升百年银樽龙舌兰酒(Gran Centenario Plata tequila)
1/2个牛油果,成熟的但不要成糊状,去皮,切成大块
89毫升龙舌兰糖浆(agave syrup)
59毫升鲜榨柠檬或青柠汁
89毫升瓶装水或经过滤的水

☛ 如果你想用辣椒和盐的组合(或者对于胆小的,只用盐)涂抹杯沿,请按第87页技术说明操作,使用青柠片将10个小酒杯的杯沿润湿。在搅拌机中,把龙舌兰酒、牛油果、龙舌兰糖浆、柑橘汁和水进行搅拌混合,不加冰搅拌至完全光滑为好。混合物彻底打成泥后,倒入罐中冷藏备用。准备端给客人时,将泥状的混合物倒入加冰的鸡尾酒摇酒器中摇匀。滤入准备好的小酒杯,立即端给客人。

做10小杯,每杯约44毫升

对我们许多去餐厅用餐的人来说,我们第一次在晚餐中喝鸡尾酒的经历都是在墨西哥餐厅;欧洲文化中没有用烈酒搭配食物的传统。但在墨西哥的餐馆中,以龙舌兰酒为基酒的鸡尾酒常常伴随整个用餐过程,这便促使我创作了这款奇异的玛格丽塔酒的衍生品。这些小杯鸡尾酒——牛油果完全液化创造出的"绿杯"——非常适合搭配西班牙或墨西哥餐前小吃。尽管这种饮品非常美味——不仅是很好的佐餐酒,自身就是很棒的餐前小吃——但还是不要尝试按正常鸡尾酒杯满杯的量来饮用,因为那样量就太大了。这个配方非常适合招待一群人。

绿色梦想 GREEN DREAM

科林·考伊（Colin Cowie）在举办派对方面的能力无人能够企及，从他那里我了解到一款叫作斯特里切佩（Strepe Chepe）的鸡尾酒，这款酒是从莫吉托衍生出来的。我又添加了生姜、清酒、蜂蜜和龙舌兰，但保留了其中伏特加、柠檬和薄荷的基调。而且，我保留了将其作为冰镇的、酒精含量相对较低的小杯酒的做法，冰凉又清爽，既可以作为餐中过渡饮品（上菜间隙的饮品），也可以作为舞场饮品，跳舞的客人可以一次喝完一杯，而无须惦记在舞池里找自己的杯子。因其对人群产生的影响，科林将这种饮品称为火箭燃料（Rocket Fuel）。（想到这款酒，就觉得这是个很好的名字和创意。）这种带有清酒的饮品具有东方风味，如果你愿意的话，再加入一点挂钩一号大佛手工伏特加（Hanger One Buddha's Hand Vodka）的风味，也是一种极好的选择。（大佛手工伏特加很难找到，可以用普通伏特加代替，但不要柑橘味的。）一定要把这种混合物搅拌足够长的时间，直到各种成分尤其是薄荷叶完全液化为止。

配方

177毫升伏特加（vodka）
1把薄荷叶
118毫升龙舌兰糖浆（agave syrup），
　　用118毫升水稀释
59毫升三重糖浆（triple syrup）
59毫升姜糖浆（ginger sryup）
59毫升清酒（sake）
59毫升鲜榨柠檬汁
59毫升鲜榨青柠汁

☞将伏特加、薄荷、龙舌兰糖浆、三重糖浆、姜糖浆、清酒、柠檬汁和青柠汁加入搅拌机中，添加3/4杯冰块，高速搅拌至完全液化，直至看不到漂浮的薄荷叶碎粒。将混合物倒入18个小酒杯中，一杯杯传到舞池中跳舞的客人们手中，保证他们的舞步不会错过一个节拍。

可制作6大杯或18小杯

传奇鸡尾酒 LEGENDS COCKTAIL*

配方

糖，涂抹杯沿用
磨碎的姜，涂抹杯沿用
橙片，涂抹杯沿用
1小片鲜姜根
15毫升君度（Cointreau）
15毫升圣哲曼接骨木花利口酒（St. Germain elderflower liqueur）
44毫升伏特加（vodka）
15毫升白蔓越莓汁
22毫升鲜榨青柠汁
柠檬皮，最好是螺旋柠檬皮，装饰用

☛按照第137页技术说明，将糖与磨碎的姜按4:1的比例混合。用橙片润湿杯沿，并涂抹上述糖姜混合物。把姜片放到调酒玻璃杯底部，添加君度和接骨木花利口酒，用捣棒把姜片捣碎。加入伏特加、蔓越莓汁、青柠汁和冰块摇匀。滤入准备好的玻璃杯，并用柠檬皮装饰。

2005年5月13日至15日的长周末，美国著名脱口秀主持人奥普拉·温弗瑞（Oprah Winfrey）主持了一场名为传奇（Legends）的盛大活动，向过去半个世纪中一些传奇的黑人女性人物致敬。那两天在圣巴巴拉（Santa Barbara）举行的鸡尾酒会由我设计并监督，酒会中就包括这款以圣哲曼（St. Germain）接骨木花利口酒的细腻风味为特色的招牌鸡尾酒。我非常相信客人之前不会喝过接骨木花利口酒，除非是经常出入伦敦时尚酒吧的人，因为我只有在伦敦的时尚酒吧中才真正见过这种利口酒。因此接骨木花的风味对所有人来说都会是一种新奇的风味，当然新奇原创性是为这种场合创作饮品的重点。圣哲曼装在一个漂亮的瓶子里——烈酒产品世界中最引人注目的产品设计之一——而且用这种甜酒进行的有趣尝试非常值得。（甜酒这个词是旧时对利口酒的一种称呼，尤其是放在接骨木花这样的词旁边通常听起来更好。）甜酒就像半个世纪前在启蒙运动前夕由意大利修道院制作的修士甜酒和查特酒一样，是最早的一批蒸馏酒品种。发明这些甜酒可能是为了药用，其配方随僧侣传遍欧洲，尤其在13世纪（当一个僧侣代表团教沙皇制作伏特加时）传到了波兰和俄罗斯，也传到了意大利贵族凯瑟琳·德·美第奇那里，而她（后来成了法国皇后）又把利口酒——有人说，是文明——带到了法国。

君度

19世纪，最初由荷兰的波尔斯公司生产的库拉索利口酒是美式鸡尾酒首选的甜味剂。多年来这个品牌除了我们现今还能买到的橙色和蓝色品种外，还有过红色、绿色和白色的品种。橙色库拉索一直是首选品种之一。正如威廉·施密特在他1891年的著作《这一大杯酒：喝什么以及何时喝》中所指出的：

这种著名的利口酒最好的品种出自阿姆斯特丹，是用库拉索果皮浸入加了糖浆的优质白兰地中酿造而成。库拉索水果是一种苦橙的种类，主要生长在委内瑞拉以北的小安的列斯群岛（Lesser Antilles）中

的一个名为库拉索（Curaçao）的岛上——库拉索岛是荷兰在西印度群岛的最大殖民地。

19世纪中叶，君度兄弟（Cointreau brothers）接受了库拉索酒的创意，并将其改良成了一种清澈的高酒精度亮橙色利口酒，淡淡的苦涩中透出一种甜味。他们将这种产品称为三重浓缩橙皮利口酒，或三重干型（triple dry）橙皮利口酒，以区别于更甜型的库拉索酒。许多制造商试图复制君度的成功，生产出了一些低劣的近似产品，也标记为三重浓缩。于是，君度为了将自己与那些模仿者区分开来，最终将三重浓缩的字样从库拉索橙皮利口酒的标签中

删除了，三重浓缩这个词于是被降级为其余的众多低级同类产品的代名词。我不明白为什么美国公司不能制造出可以媲美玛丽·布里扎德和卡特龙那样的法国优质利口酒（在众多优质法国利口酒品种中，美国市场可以买到的只有两个品种）。但尽管顶级基础烈酒无处不在——超优质奢侈品牌的伏特加、金酒、龙舌兰酒和朗姆酒也几乎无处不在——我们却继续将这些优质的烈酒与价廉的人工调味糖水进行搭配，在美国的每一个酒吧吧台里都堆满了标签上带有三重浓缩字样的廉价利口酒品种。唉！

百万富翁的曼哈顿
MILLIONAIRE'S MANHATTAN

配方

橙片，涂抹杯沿用
食用金箔，涂抹杯沿用
44毫升伍德福德珍藏波本威士忌
　　（Woodford Reserve Bourbon）
15毫升柑曼怡100周年版（Grand
　　Marnier Centenaire）
30毫升无糖菠萝汁
7.4毫升奥格特杏仁糖浆（orgeat）

☛按照第137页技术说明，使用橙片和金箔涂抹好杯沿后，将杯子放入冰箱冷藏。将波本威士忌、柑曼怡、菠萝汁和奥格特杏仁糖浆倒入加冰的调酒杯中摇匀，滤入准备好的玻璃杯。除了刚才做的华丽杯沿以外，无须再做其他装饰。

坦白地讲，我将这款酒命名为曼哈顿是在扩展命名法的合理范围，但我不得不承认事实上我只是喜欢这个头韵（译者注：英文修辞技巧，即相连单词的开头使用同样的字母或语音）。其实，这是一款高档威士忌鸡尾酒，所以传统主义者和纯粹主义者可能会因为我对曼哈顿的自由使用而生气，但我必须这么将就了。此外，传统主义者和纯粹主义者可能不会用到可食用的金箔，除非他们碰巧是专门为高价婚礼制作华丽物品的蛋糕烘焙师，而我用其装饰杯沿。这当然是可选成分，但它的效果很美，金箔并不像你想象的那么难找，也没有你想象的那么贵。（但它毕竟是黄金，所以也不要指望它便宜。）

塞维利亚 SEVILLA*

橙子和西班牙雪利酒（Spanish sherry）都很棒，所以，只要有机会，我就会一起使用这两个元素。这种口味组合曾经在制作爱之火焰及其"表亲"瓦伦西亚中发挥了巨大的作用。但在这里我已经超越了传统的鸡尾酒领域，用到了在厨房里比在吧台后面更常见的食材。首先是肉桂，用于涂抹杯沿；橙子和肉桂的组合是北非美食的经典搭配，对雪利酒的产地伊比利亚半岛有着巨大的影响，所以所有这些口味都与当地的传统密切相关。第二种更不寻常的成分是胡椒果冻（pepper jelly），更是大大出乎人们的意料。胡椒果冻有很多种——有些偏辣，有些偏甜——要找到自己喜欢的品种，唯一的方法就是每种都进行少量尝试。对于制作塞维利亚鸡尾酒来说，果冻不仅要提供香料调味，还要提供甜味，因为其中唯一的其他甜味成分橙汁并不是那么甜。如果你要省掉胡椒果冻，可能会想加一点糖浆来补充甜味。但是请一定要尝试使用胡椒果冻，它会带来一种独特的提神的甜味，给饮品增色不少。

配方

橙片，涂抹杯沿用
肉桂粉，不加糖，涂抹杯沿用
30毫升阿普尔顿白朗姆酒（Appleton white rum）
15毫升缇欧佩佩菲诺雪利酒（Tio Pepe Fino sherry）
22毫升鲜榨橙汁
7.4毫升鲜榨青柠汁
1茶匙胡椒果冻
火焰橙皮，用于装饰

准备一个古典玻璃杯，用橙片和不加糖的肉桂粉涂抹杯沿（按照第137页技术说明）。将朗姆酒、雪利酒、橙汁、青柠汁和果冻倒入加冰的调酒杯中摇匀。用细滤网滤入准备好的、加冰的古典玻璃杯，并用火焰橙皮装饰。

草莓之舞 STRAWBERRY JIVE*

配方

2个草莓
4片薄荷叶和1根薄荷枝
2片罗勒叶
22毫升三重糖浆 (triple syrup)
44毫升亨利爵士金酒 (Hendrick's gin)
30毫升鲜榨橙汁
2抖鲜榨柠檬汁

将草莓、4片薄荷叶、罗勒叶和糖浆放入调酒杯底部，用捣棒捣碎。加入金酒、橙汁、柠檬汁和冰块摇匀。滤入装满冰块的岩石玻璃杯，并用薄荷枝装饰。

成分说明

亨利爵士金酒

这种独特的苏格兰产品，有着玫瑰和黄瓜的风味，自几年前首发以来，已经吸引了相当多的追随者。亨利爵士是一款新浪潮的金酒，意思是它并不遵循传统的伦敦干金酒（杜松为最主要的风味特色）或荷兰金酒（麦芽酿制，像玉米酒之类的东西）的酿制工艺。亨利爵士倒是的确和其他金酒一样使用了一些相同的植物，像芫荽，但配方并不相同。它是小批量蒸馏而成，这对于金酒来说很不寻常，但它也不遵守英国对金酒生产工艺的一些明确的规定。而且，不同于传统的英国金酒，我不会在马提尼酒中使用亨利爵士金酒。但对于蓬勃发展的鸡尾酒与烹饪融合进化的品种来说，这种酒简直就是天然适用了。

意大利人将草莓和罗勒叶一起用——这是一种天堂的风味搭配——这一做法在他们的厨房里已经有几十年历史了，但这个组合并没有广泛用于鸡尾酒。至少在伦敦西区的时尚调酒师们融合烹饪与鸡尾酒调制技术自创出各种令人惊讶的搭配之前，还没有见到这种搭配。这种水果与草药的组合搭配以新浪潮亨利爵士金酒的玫瑰和黄瓜风味——花园中的许多元素——打造出一种层次丰富、复杂的鸡尾酒饮品。不要用伦敦干金酒或荷兰金酒来制作草莓之舞，因为正是亨利爵士独特的风味，才真正创造出了草莓和薄荷口味的完美平衡。

传记作者詹姆斯·博斯韦尔（James Boswell）指出，"喝酒是令很多人花费相当多时间的一种职业，以最合理和令人愉快的方式来喝酒，是一门伟大的生活艺术。"

一位名叫库尔特·A.博施（Kurt A. Boesch）的绅士曾写了一封信告诉我，他是多么喜欢读我的第一本书《鸡尾酒工艺》，信中他还向我叙述了为何鸡尾酒是一种承载历史、充满美感和富于表现力的东西，以及对他来说为自己的家庭小酒吧收集制作鸡尾酒所需原料、工具、水果、玻璃器皿等是多么有趣的旅程。他写道："我创造了一件了不起的东西，然后我为这简单而惊人的乐趣而满心感激。"

干杯！
离开时请关灯！

基础配方

单糖浆 · 蜂蜜糖浆 · 龙舌兰糖浆 · 三重糖浆 · 柠檬水 · 姜糖浆 ·
菠萝糖浆 · 唐恩汁1号 · 肉桂糖浆 · 火焰橙皮 · 泡沫

单糖浆
SIMPLE SYRUP

从其名字就可以猜到，制作单糖浆并不是火箭科学。不过虽然很容易但并不意味着不重要：事实上没有单糖浆，就不可能调制出质量稳定、口感顺滑、口味平衡的鸡尾酒。尤其是当我们用鲜榨柠檬汁和青柠汁制作鸡尾酒时更是如此。不幸的是，糖在烈酒中不能很好地溶解，不论什么时候，最可怕的感觉就是在啜饮鸡尾酒时发现舌头上全是糖粒。所以，糖一定要先与水混合。可以简单地将糖搅拌到水中，或在密闭容器中使劲将糖与水摇匀，不过可能需要摇晃一两分钟。水越冷，糖越粗，糖的量越多，摇匀所需的时间将越长，但如果只是一两升的量，就并不是很难。尤其是如果你使用的是超细糖，也就是我们圈子里称为酒吧糖的东西，这在杂货店可以很容易买到。或者可以把糖和水的混合物放到炉灶上加热，如果量大，我会采取这种加热的方式。无论哪种方式，如果你近期不打算使用的话，糖浆做好后，一定要冷藏。如果不冷藏，糖水就会发酵。我不建议一次做超过一周用量的糖浆——这个东西既简单，又便宜，无须批量处理。而且在冰箱存放超过一周，就会串味。如果你非要一次做很多糖浆，每946毫升糖浆中加入30毫升伏特加会是个不错的办法，能较好地杀死微生物。

下面的配方是许多鸡尾酒的基础，而其中的主要成分之一就是水。除非你对自来水的纯度和中性味道异常自信，不然，就请使用过滤的或瓶装的水。你不会希望水为饮品增加某种风味——尤其是氯和其他化学物质——你当然不想要因为懒得去买几瓶水而毁掉一个派对。

接下来，尽管做糖浆很简单，但还有一些关键的东西值得注意：糖与水的比例（顺便说一句，应该使用量杯来进行配比）。我今天使用的比例，以及本书中所列配方使用的糖浆都采用的是1:1的糖水比例。以前的浓缩糖浆一般是2:1的糖水配比，与之相比我的糖浆浓度没有那么高。那是因为在过去，鸡尾酒饮品的量要小很多，一般是用标准的小酒杯装，也就30毫升的量，而过去的鸡尾酒杯通常是89毫升的量。以前的杯子容量小，就需要用更高的甜度。几十年后的今天，人们倾向于较大杯的饮品，一般是59毫升的小酒杯和满杯至少104毫升的鸡尾酒杯，有时甚至量更大。玻璃器皿的容量也相应地增长了，鸡尾酒杯可以装到237、296甚至355毫升。你得把这些杯子装满，不然就会显得吝啬；但是你不能给客人灌太多酒，那你作为主人就显得太不负责任了。解决方案——如果你能忽略其双关用法（译者注：英文solution，有溶液与解决方案的双重含义）的话就是用更加稀释的单糖浆。但是，如果你是按旧书中

的配方调制鸡尾酒，或者你想提供较小份的饮品，你可以用糖与水2:1的比例，在炉灶上加热制作浓度更高的糖浆，也就是我们所说的浓稠糖浆。

最后，还有一个问题：糖。如上所述，你可以使用超细糖进行快速混合，或是就用你食品柜中现有的普通精白糖。但是其他的糖——其他质地的白糖和各种色调的棕色糖、天然粗粒糖、浅色和深色砂糖以及（我最喜欢的）德梅拉拉糖无法快速混合，尤其是与朗姆酒搭配时。有时我也会做一种用于爱尔兰咖啡鸡尾酒或浓朗姆酒潘趣的红糖糖浆，但对于普通鸡尾酒不能用红糖糖浆，因为红糖中的高糖蜜含量会压掉大多数其他成分的口感。糖浆不是主角，但却是出色的配角，能把其他角色衬托得更好。

配方

1份瓶装水或过滤水
1份糖

☛如果是不到2升或更少的用量，可能最简单的就是直接在将要用来存放糖浆的容器里制作糖浆，加入水和糖搅拌至完全溶化即可。如果容器有密封盖子，尽量还是拧上盖子摇晃几下，糖会溶化得更彻底。

如果量大，就还是用炉灶加热的方法来制作。把水加热沸腾，立即关火，然后加入糖，持续搅拌至完全溶化，这可能需要几秒。（除了用量大小，所用糖的品种也会影响所选用的方法。如果使用超细糖，搅拌或者摇晃都可；如果是德梅拉拉大砂糖或者粗糖，最好还是用加热的方法；中等颗粒的精制糖，则两种方法都可以。糖浆完全冷却下来后，再倒进有盖子的容器放进冰箱，冷藏——最好是密封——可以存放几天。

蜂蜜糖浆
HONEY SYRUP

蜂蜜可以为一些鸡尾酒增添绝佳的风味——在我看来特别适合与威士忌搭配，调制出美妙的酸味威士忌鸡尾酒。但是蜂蜜本身太过浓稠，因而无法直接使用，所以你需要把它稀释成糖浆。我通常将蜂蜜糖浆与另一种甜味剂一起使用，避免蜂蜜味太重，除非鸡尾酒中有非常浓的葡萄柚或其他特别酸的成分无须这样处理。在鸡尾酒中使用的蜂蜜，我建议坚持使用三叶草（clover honey）这种老牌优质蜂蜜，远离那些风味浓郁的品种。但野花蜂蜜是例外，如果用野花蜜搭配以植物风味为主的鸡尾酒就真的很让人喜爱，用当地的蜂蜜搭配其他当地成分，不仅能创造出当地风味的饮品，还可能有助于对抗过敏。

配方

1份瓶装水或过滤水
1份蜂蜜

☛在平底锅中将水加热至温热后熄火。加入蜂蜜，搅拌至蜂蜜与水完全融合。可以存在冰箱里，盖好，最多可以保存1周。或者就放在厨房的台子上，就会发酵成蜂蜜酒，那就是完全不同的一种东西了。

龙舌兰糖浆
AGAVE SYRUP

龙舌兰花蜜（agave nectar），来自龙舌兰植物的心脏，这种"蜂蜜水"是一种浓郁的、温暖的、略带植物香味的甜味剂，很适合搭配已经包括龙舌兰风味（即龙舌兰酒）的鸡尾酒品种，尤其是加入玛格丽塔鸡尾酒会产生一种真正的甜酸效果。但是，对于戴吉利酒这样的口感清新的鸡尾酒来说，添加龙舌兰糖浆却不是好主意，因为龙舌兰糖浆的植物风味会与柑橘味冲突，还会压住朗姆酒的味道。在商店里（有机食品店、健康食品店、美食店、线上商店等任何包括蜂蜜的店家）能找到的龙舌兰产品通常被称为花蜜。要制作鸡尾酒糖浆，就用等量的水进行稀释。

配方

1份瓶装水或过滤水，室温
1份龙舌兰花蜜

☛将水和花蜜混合，然后不断搅拌直到完全融合。这种糖浆可以冷藏保存1周。

德梅拉拉糖

德梅拉拉糖主要在圭亚那生产，其加工程度比白糖要低。制糖是通过煮甘蔗并提取结晶体来完成；当甘蔗煮到所有的棕色都脱掉了，产出物就是白糖，深棕色的糖蜜是剩余产品。但是如果你减少煮沸时间，留下更多的晶体，就会得到一种带有较大颗粒的颜色较深的糖，这种糖称为粗糖或德梅拉拉糖，风味更浓郁，带有奶油糖果和香草的味道以及预期的糖蜜的味道。正是这些风味将德梅拉拉糖与普通红糖区分开来，普通红糖就只有糖蜜的味道，其风味体验绝不相同。还有一个德梅拉拉朗姆酒，我喜欢将它与由相同糖制成的糖浆混合使用。（要制作这种糖浆，请务必使用炉灶加热法，因为你需要溶解其较大的晶体。）我也喜欢在带有像菠萝和芒果之类的浓郁水果风味的鸡尾酒中使用德梅拉拉糖浆，因为糖的浓郁味道完全可以驾驭味道鲜明的水果。它还可以与朗姆潘趣、热托迪和一般的朗姆鸡尾酒完美搭配，偶尔搭配个别品种的威士忌鸡尾酒也可以。但我建议不要将德梅拉拉糖浆用于伏特加或金酒鸡尾酒，不然的话，其独特的植物风味就会被浓郁的糖味所掩盖。

三重糖浆
TRIPLE SYRUP

一些餐桌上饮用的鸡尾酒，需要的不仅仅是单糖浆来增加甜味。我在夏威夷的哈勒库拉尼酒店为鸡尾酒晚餐准备鸡尾酒时，想出了用不止一种糖来制作出多层次的甜味剂的主意。我制作的日本柚子味吉姆雷特鸡尾酒有三种酸味，我便想使用不同的甜味来平衡每种不同的酸味。

配方

2份龙舌兰糖浆（agave syrup）
2份单糖浆（simple syrup）
1/2份蜂蜜糖浆（honey syrup）

☞将各种甜味剂混合搅拌至充分融合。

柠檬水
LEMONADE

柠檬水是本书中介绍的多种鸡尾酒的一种成分。与作为夏季清凉饮品的柠檬水相比，用于制作鸡尾酒的柠檬水的甜度应该略低。

配方

30毫升鲜榨柠檬汁
44毫升单糖浆（simple syrup）
118毫升水

☞加冰摇匀，端给客人前加入冰块和一个楔形柠檬块。

1人份

591毫升鲜榨柠檬汁
1 064毫升单糖浆（simple syrup）
2 130毫升水

☞将所有原料放入一个大容器并加冰搅拌3分钟。滤出冰块将柠檬水冷藏。

可制作3 785毫升多一些

姜糖浆
GINGER SYRUP

这些日子生姜很受欢迎，反映了人们对广泛使用生姜根的太平洋风味的兴趣的日益增加。我认为向一些包含朗姆酒、威士忌（尤其是烟熏苏格兰威士忌）的鸡尾酒配方中加入生姜是个很棒的主意，尤其是伏特加本身就是适合添加浓郁风味的绝佳基酒。和其他特色甜味剂一样，我喜欢将这种糖浆与另一种糖浆混合使用——通常以1:1的比例——以免压倒配方中的其他成分。姜味本就很重，这种糖浆的姜味相当浓郁。但奇怪的是，5天后姜味就会损失很多。

配方

118毫升新鲜生姜根，去皮
710毫升瓶装水或过滤水
1/2个青柠，榨汁，加2条青柠皮
3/4杯（约178毫升）糖，最好是德梅拉拉糖，按口味可以加入更多的量

☞将生姜切成薄片，然后切成细条。在一个大平底锅里，把水烧到基本沸腾。倒出1/4杯水加入搅拌机，把姜倒入搅拌5秒成姜末。将剩余的水继续煮沸，然后把火调小，加入打碎的姜末、青柠汁和青柠皮（只要绿色部分，不要绿皮下面的白色苦味部分）。小火炖一个半小时，偶尔搅拌一下。注意不要过于沸腾。加入糖，搅拌至溶解。按口味添加更多的糖，如果需要制作非常甜的糖浆的话——记住，你制作的是甜味剂，而不是汤。用细网筛过滤，放凉，然后盖上盖子放入冰箱，最多可保存5天。

可制作3杯饮品（1杯237毫升）

菠萝糖浆
PINEAPPLE SYRUP

菠萝糖浆是一种美妙的甜味剂，用于朗姆酒和其他热带风味饮品，尤其适合包含捣碎水果的饮品，对皮斯科潘趣来说必不可少。因为菠萝汁味道浓郁而丰富，使用德梅拉拉糖来制作糖浆是个好主意；这两种特色鲜明的成分合二为一，创造出了一种梦幻般的复合甜味剂。注意：必须提前一天制作这种糖浆。

配方

473毫升瓶装水或过滤水
946毫升糖
1个成熟的菠萝，切成楔形块
1个脐橙的汁，加上1/2个橙子的皮
如果糖浆用于皮斯科潘趣，则加3瓣丁香；否则，不要使用丁香

☞在一个大平底锅中，将水倒入煮沸。关火，加入糖，搅拌至完全溶解，做成浓稠的单糖浆。稍微冷却一下。在一个大搅拌碗中，将菠萝块与1/4杯（约59毫升）糖浆一起捣碎。加入橙汁和橙皮——只要橙色的部分，不要苦味的白色部分——连同剩下的糖浆和丁香（如果使用的话）。盖上盖子放入冰箱过夜，偶尔搅拌。次日，滤出固体，然后将剩余的混合物用细网筛过滤，使其更加细腻光滑。将糖浆倒入储存容器中，可冷藏保存长达1周。

可制作2杯饮品（1杯237毫升）

唐恩汁 1号
DONN'S MIX #1

这是唐恩·比奇的秘密混合汁中的一种，是他的秘方热带鸡尾酒的基础，而他的秘方热带鸡尾酒又是他那非常成功的主题公园餐厅海滩流浪汉唐恩的基础。这种混合汁其实并没有什么特别神秘之处，但是即使是最普通的商业秘密也各有故弄玄虚的招数。

配方
2份鲜榨葡萄柚汁
1份肉桂糖浆（cinnamon syrup，配方如下）

☞将葡萄柚汁与糖浆混合摇匀。立即使用，或存放在冰箱最多保存2天，以备不时之需

肉桂糖浆
CINNAMON SYRUP

配方
5根肉桂棒，每根长约5厘米出头
591毫升瓶装水或过滤水
946毫升糖

☞将肉桂棒瓣成碎片，以便有更多的截面。将肉桂、水和糖放在一个大锅中，用小火炖。搅拌至糖全部溶解，将火关得更小，炖30分钟。完全冷却，然后装瓶；在冰箱里盖上盖子最多存放1周。

可制作2杯饮品（1杯237毫升）

火焰橙皮
FLAMED ORANGE PEEL

火焰橙皮这个名字可能会让你认为其重点是视觉效果。你的看法部分是正确的——这种可以用橙子或者柠檬来实现的具有节庆氛围的烟火，肯定是加分项，但火焰果皮的主要意义在于通过点燃柑橘的精油获得芳香味道，这算是将橙皮的功能拓展到了一个新的深度。

配方
1小块橙皮卷

☞你燃烧的橙皮应该是经典的椭圆形，大约3.8厘米长；椭圆橙皮的中心部分下面可能有一些白瓤，但其余部分应该是无白瓤的果皮（参见第251页了解制作这种椭圆形橙皮卷的详情）。

现在，准备好你的鸡尾酒，然后点燃火柴。一手捏住点燃的火柴，另一只手拇指和食指捏住橙皮，黄色橙皮一面朝下，保持在饮品上方约10厘米处；捏住橙皮卷两侧，而不是两头。不要捏太紧——不能挤压，否则会把所有的精油都挤出来了。现在，把火柴放在饮品和橙皮卷之间，离橙皮比离饮品表面更近一点。用手指猛烈折弯橙皮，精油通过空气飞进火焰中，然后会在燃烧时落入饮品中。不能太过靠近饮品表面，否则会出现冒烟现象。然后，大多数情况下，燃烧的果皮也会掉进饮品中。

泡沫 FOAM

西班牙埃尔布利餐厅（El Bulli Restaurant）的费兰·阿德里亚（Ferran Adrià）是一个厨房奇才，在他的带领下，调酒师们将一些尖端的烹饪技巧用到了酒吧中。阿德里亚的创新中，最广泛应用于酒吧的是用来增强菜肴中某种风味的风味泡沫。这名西班牙大师的诸多创新中受到最多嘲笑的也恰好是泡沫，人们认为泡沫只是装饰，没有太多实质内容（从泡沫的字面意思来看，这当然没错）。从用餐带来的满意度层面看，泡沫与新潮菜式一直偏爱的彩绘盘子其实是异曲同工。但对于鸡尾酒来说，泡沫可以是一种有效的风味增强剂；毕竟不像在食物中那样，人们并不期待固体的实质的东西。这就是简单的在风味液体表面的风味泡沫，是在如爱尔兰咖啡这样的鸡尾酒以及更广泛类别的酸味气泡饮品和水果饮品中都非常受欢迎的一种搭配。

要制作泡沫，就需要一个合适的发泡罐，我推荐ISI's的冷热两用1/2升不锈钢保温真空奶油泡沫罐。

还需要奶油发泡气囊（不是二氧化碳气囊），在买泡沫罐的地方可以同时买到这个发泡气囊，另外还需要明胶片。明胶片可以在烘焙用品店买到。最后，需要的就是一个好的成分组合配方了。在这本书中，你可以在半打不同的鸡尾酒配方（鲍比伯恩斯、布朗克斯、东印度、粉红佳人、皮斯科潘趣和萨泽拉克）中找到不同泡沫的成分配方。

制作泡沫时，一定要注意：(1)罐中装的液体不得超过473毫升；(2)在装上发泡气囊以前，确保明胶完全溶解；(3)在装上发泡气囊以前，把混合物仔细过滤好；(4)在装上发泡气囊以前，把罐子连同液体一起冷却；(5)严格密封好；(6)每次使用之前摇匀。

装 饰

如果想有一杯制作精良、外观悦目的鸡尾酒，那么装饰是一个重要的组成部分。但装饰并不意味着随便把一片不新鲜的柑橘类水果放入饮品中。首先，装饰品必须保证新鲜——如果不新鲜，添加装饰的口感和视觉效果就都没有了。一块干巴的柠檬皮，边缘呈褐色，这就是我所说的打脸装饰了，不仅无法增加风味，还会破坏视觉效果。其次装饰应该丰盛，否则你同样还是不得要领。装饰应该干净而且有吸引力——把水果仔细清洗并擦干，上面不可以有各种贴签，要用刀刮去各种印记；接触饮品的全部装饰必须彻底清洗。装饰也必须冷藏过，否则，就相当于往饮品中添加与冰块效果相反的东西。想想往冰冷的马提尼中加三大颗室温橄榄或者往曼哈顿杯中加入温暖的樱桃是什么效果。装饰的大小比例也必须得当——在一个小玻璃杯上插一大片橙子就很可笑，就像一个大份肮脏马提尼中放一小颗的皮肖林青油榄（picholine olive）一样不合适。

最后，装饰应该与饮品的成分搭配合适。与鸡尾酒完全无关的装饰就是非常糟糕的炫耀，当然用某些罕见的花作装饰除外[例如，用索尼娅兰花（Sonya orchid）来装饰迈泰、其他热带饮品或者以茶为基础的饮品的情形]。另一方面，衬托鸡尾酒成分的装饰可以带来美感、风味，而且往往既能增添美感又能提升风味。有时使用多重装饰既有趣又合适，尤其是皮姆杯这种鸡尾酒，看似一整个菜园子的品种都用上了。最常见的多重装饰就是经典旗帜（classic flag）装饰了——一片橙子（或者柠檬，如果饮品中的柑橘类水果是柠檬）搭配马拉斯奇诺樱桃，对比鲜明的颜色类似于一面旗帜。在国际调酒比赛上和个别过分热情的酒吧里，你有时会发现饮品采用像切割成鸟或花的形状的装饰或者其他像折纸般的装饰。我自己认为这种做法既愚蠢又没有抓住重点，因为装饰的重点在于获取最佳的饮用体验，而不是为了炫耀调酒师的刀功。所以，我的建议是遵循基础知识，用装饰提升饮品中的一种成分，并做好。这就够了。

果皮装饰

最常见的装饰是柑橘类螺旋装饰或果皮，能为鸡尾酒增添颜色，而且更重要的是其中的柑橘精油味道是一种很好的风味。所以，切削果皮时应尽量突出果皮中的精油细胞并最大限度地减少味道发苦的白瓤部分。我非常喜欢把皮削得很薄，而且尽可能在使用前现削，这样果皮中的精油会更新鲜且味道更足，如果一定要提前削皮，就要用保鲜膜盖好。饮品做好端给客人前，千万不要只是把果皮放进饮品中或卡在杯沿，否则就只能有视觉效果了。为了也能获得柑橘的风味，就需要以某种方式——通过扭转、折断或点燃果皮——把果皮中的精油释放到鸡尾酒中。请注意，青柠皮因为不够厚，无法释放太多精油，效果不是特别好。如果需要往饮品中添加额外的青柠皮精油，最好把青柠皮磨碎——只要绿色部分，不要白色部分——撒在鸡尾酒上。

如果你刀功好，按下面的方法可以用槽刀切削出适当的螺旋果皮装饰：牢牢抓住水果下半部分，空出水果顶部进行切削。从水果最顶端开始，小心地将刀朝自己的方向拉，果皮尽可能削得薄，按椭圆形轨迹削出约 3.8 厘米长果皮；椭圆形果皮的中心部分可以带上一点白瓤，但其余部分应该只是不带白瓤的果皮。刀绕水果从上向下削，把水果朝自己的方向旋转，请记住始终从水果顶部开始削皮。从水果顶部削到底部，应该能削出10～12块果皮装饰，这些装饰很适合释放精油。

果汁与装饰

并非所有的水果都是生而平等的，但各种成熟的新鲜水果都有同样重要的用途：果汁和装饰。例如，迈耶柠檬（Meyer lemon）看起来非常漂亮，而且果皮厚而有光泽，含有大量芬芳精油。但是迈耶柠檬的汁液非常少。所以，如果你所需要的是一个很棒的果皮装饰，那迈耶就是你需要的柠檬品种。但是，如果你需要的是果汁，或者想要捣碎用，就请忽略漂亮、昂贵的迈耶柠檬，去找那种价钱更便宜、果皮薄、样子丑的柠檬品种，它们才会有更多的果汁（但千万不可以将其挂在玻璃杯沿上）。榨汁时，确保水果要处于室温；如果是从冰箱里拿出来的水果，要先浸泡在热水里10～15分钟，再榨汁。而且把柠檬来回滚动搓揉几次也是个不错的办法，滚动时用手掌施加压力，可以压碎果肉表面的膜从而能充分榨出果汁。

长螺旋柠檬皮装饰
LONG LEMON TWIST

火焰柠檬皮用果皮
LEMON TWIST FOR FLAMING

短而宽的橙皮装饰
SHORT, FAT ORANGE TWIST

如果你对自己的刀功没有信心，还有一个更安全的方法。从水果两头各切掉约1.3厘米的厚度，在水果两端各切出一个平面，这样就可以把水果立放在砧板上。这时，再用削皮刀向下削，每次都削出一块椭圆形果皮，一定要小心让自己的手指远离刀刃。

长螺旋果皮装饰
这种长螺旋果皮装饰适用于装在长笛杯或任何玻璃杯中的香槟饮品（尽管用长笛杯装香槟饮品才是最恰当的方式），通常用柠檬来制作。

短而宽的果皮装饰
这种接近长方形的果皮装饰非常适合用来做火焰果皮。

马颈和长螺旋果皮
像削苹果一样削即可，具体请参见第154和第162页的说明。

楔形水果块
柑橘类切成的瓣应该能看出原来水果的形状，切得好的水果块就是整个水果上切出来的一瓣。不要切太多刀，让人们看不出其原来水果的整体形状，而只是将水果两头（两头的果皮皱褶里污垢多）切掉约0.3厘米厚，然后从两头将水果纵向切成两半。将每一半放在砧板上，各均匀地切分成三四瓣。用刀尖去掉果核，然后裹上保鲜膜，备用。切好包裹好的柠檬块相当耐放，能保存好几天。但青柠块则会很快氧化，变得很不好看，所以直到使用前的最后一刻再切青柠块。而且一次切好的水果，要在一天内用完。做装饰用的菠萝块，需要稍微偏生一点的菠萝。不要去皮，但切掉两端，然后将菠萝切成大约2.5厘米厚的圆片，然后将每个圆片均匀切成八瓣。

用捣棒捣碎的水果
我尝试用捣棒捣碎过很多种水果——捣碎的新鲜水果是我的招牌，几乎令我痴迷——从中我也掌握了一些窍门。捣碎用的水果必须成熟甜美，新鲜多汁，就是饮品中的成分，而且作为配方的一部分，它们必须能够贡献预期的味道，无论是酸味还是甜味，或者是为饮品赋予有特色的芳香味道。用于捣碎的柠檬和青柠应切成八瓣：中间拦腰一刀切成两半，然后每半个果子再切四瓣，这样果肉的表面积较大。橙子应该简单地切成片。菠萝应该去皮去芯，切成厚片，然后每一厚片再切成八瓣。

马颈装饰
HORSE'S NECK GARNISH

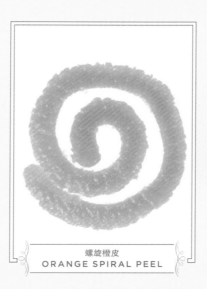

螺旋橙皮
ORANGE SPIRAL PEEL

楔形柠檬块
LEMON WEDGE

楔形青柠块
LIME WEDGE

楔形菠萝块
PINEAPPLE WEDGE

捣碎用柠檬块
LEMON FOR MUDDLING

捣碎用青柠块
LIME FOR MUDDLING

捣碎用菠萝块
PINEAPPLE FOR MUDDLING

捣碎用芒果块
MANGO FOR MUDDLING

嫩枝装饰

　　芳香药草的嫩枝，尤其是薄荷嫩枝，偶尔会用作鸡尾酒的成分。用作装饰时，要从最顶端选择嫩枝，带上最顶端的最小的叶子；顶部5厘米的嫩枝是装饰在饮品表面的最合适的选择。健康的小枝应该有2片漂亮的小叶子。如果可以选择，留兰香这个品种的薄荷更适合各种装饰饮品。在供装饰用的最顶端的嫩枝摘下之后，简单地撸掉薄荷茎上剩下的叶子，冷藏储存起来，在需要用捣碎的薄荷叶时，可以拿出来使用。我会把装饰用的药草枝放在水里面备用，但用于存储的叶子则要控干水，用塑料袋包好放进冰箱。

嫩薄荷枝装饰
MINT GARNISH

马拉斯奇诺酒浸樱桃

　　今天的马拉斯奇诺酒浸樱桃是过去的一种特色食品的"穷亲戚"。在过去，马拉斯奇诺酒浸樱桃是将马拉斯卡樱桃用自身酿制的利口酒腌制而成，但这种产品却从未能真正进入20世纪。后工业革命时代的美国公司找到了一种方法，用人造材料模仿出类似过去的马拉斯卡樱桃中的那种杏仁味道。我们只能是找到什么用什么，在现代这就意味着同时找到路萨朵公司制造的利口酒和马拉斯卡樱桃，或者干脆就满足于使用超市里卖的那种亮红色的樱桃。更多关于马拉斯奇诺酒浸樱桃的信息，参见第101页。

马拉斯奇诺酒浸樱桃
MARASCHINO CHERRIES

橄榄

　　橄榄对于喝马提尼酒的人非常重要，所以应该总是为他们提供充足的供应。而且将橄榄的大小与玻璃杯的型号相匹配并不是坏主意。长期以来，经典的马提尼橄榄一直对标被称为曼赞尼拉的那种去核的西班牙品种，里面没有甜椒。但很遗憾，现如今巨型马提尼酒杯逐渐趋于流行，再使用个头小的曼赞尼拉橄榄搭配看起来就很可笑了。所以如果你或你的客人坚持要那种巨大的玻璃杯，就请找到一些中等大小的皇后油橄榄（queen olives）来搭配。无论你使用哪种大小的橄榄，请记住橄榄要冰镇过，否则就会毁掉整杯马提尼酒。

鸡尾酒洋葱

　　珍珠洋葱（pearl onions），像泡在盐水中的完美的小月亮，是为特定爱好者提供终极马提尼酒的关键。对这些爱好者来说，无论烈酒用的是金酒还是伏特加，没有洋葱就相当于是另一种饮品。如果你把这些吉布森的信徒作为朋友，只要你在冰箱里保存一罐克罗斯（Crosse）与布莱克威尔（Blackwell）牌的鸡尾酒洋葱，你就等着他们来定期拜访你吧。跟橄榄的使用规则一样：一个杯子里一次不要加超过三个洋葱，如果还有人需要添加，可以额外用个小装饰盘装上，但记得请冰镇上。

玻璃器皿和工具

玻璃器皿

过去几百年来玻璃器皿发生了显著的变化。20世纪初，鸡尾酒是装在小玻璃杯中。然后20世纪中叶人们见证了用非玻璃容器装鸡尾酒的爆炸性流行，这种流行趋势始于维克多·伯杰龙和唐恩·比奇，他们用椰子和竹子制成的容器、微型朗姆酒小桶和老式糖罐、金属和陶瓷等各种容器来装鸡尾酒。到了当代，这些噱头容器大多已经成了新奇收藏品，现今我们已回归酒吧全用玻璃杯的时代。但是酒吧用的很多玻璃杯却都变得大多了，而经典的V形鸡尾酒杯——也被称为马提尼酒杯——曾经只是大约89毫升的容量，如今最大型号的容量为414毫升。在1949年出版的《调酒的精细艺术》一书中，大卫·埃姆伯里提到鸡尾酒杯时说："所用杯子的容量有从59毫升到104毫升等不同型号。用大号的杯子——不少于89毫升。"如果你在今天的酒吧里遇到一个89毫升鸡尾酒杯，"大号"这个描述绝对不会浮现在你的脑海中。

不管是什么玻璃杯，必须清洗干净。从橱柜里拿出的玻璃杯，至少必须洗净擦干；虽然现代的洗碗机可能会洗出闪闪发光的玻璃器皿，但只要有一条或是一片污渍就会毁掉客人的饮酒兴致。所以请用无绒布将杯子擦亮，或者，必要时使用纸巾擦一下。

对大多数鸡尾酒来说，所用玻璃杯都需要冰镇，特别是装在鸡尾酒杯中的饮品，更需要冰镇过的杯子，尤其是比较大号的玻璃杯绝对要冰镇过；因为鸡尾酒杯中的饮品从来是不加冰块的。那么，冰镇玻璃杯是你让鸡尾酒在客人手中保持冰凉的唯一方法。如果你的冰箱不能容纳你所有需要冰镇的玻璃杯，

你可以在柜台上冰镇杯子，将每个玻璃杯装满冰块和水，几分钟内杯子就会很好地冷却下来，虽然不会像从寒气笼罩的冷冻室刚出来的杯子那样全身带一层霜。

最后，使用合适的鸡尾酒玻璃杯至关重要，而杯子是否恰当最重要的方面就是大小尺寸（尽管杯子的形状或材质可能对于能否调制好如普施咖啡和薄荷朱丽普之类的一些鸡尾酒也至关重要）。杯子的大小的确很重要，但并不是越大越好。在我看来，今天的巨型玻璃杯不仅可恶，更是彻头彻尾的危险。马提尼酒并不适合做成237毫升一杯的鸡尾酒——这个量对于这种高强度烈酒来说过大了。大多数鸡尾酒杯本来都是89毫升，也许是118毫升的量，这个量保证客人12~15口内可以喝完且饮品仍然保持冷爽。但是如果你用一个296毫升的玻璃杯来装这些饮品，看上去就会很小气。而如果你把一个296毫升的玻璃杯装满马提尼之类的东西，很快就会有人喝醉。要解决这个296毫升大玻璃杯的难题其实也很简单：不要使用296毫升的玻璃杯。

鸡尾酒杯

传统上被称为鸡尾酒杯的有三种形状，可以互换使用，人们有时将这些杯子称为马提尼杯，就像人们把几乎任何一种盛在V形玻璃杯中的鸡尾酒都称为马提尼一样。马提尼这种鸡尾酒从某种具体的品种演变成了一个大的鸡尾酒品类，与此同时，马提尼这个名字也逐渐具有了不同的意思。不过，我依然喜欢将某鸡尾酒称为某鸡尾酒，将某鸡尾酒杯称为某鸡尾酒杯。以下就是各种鸡尾酒杯。

V形杯
V-SHAPED

尼克和诺拉
NICK AND NORA

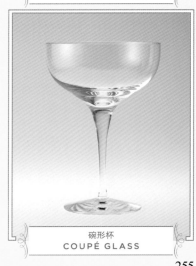

碗形杯
COUPÉ GLASS

255

V形鸡尾酒杯V-SHAPED COCKTAIL GLASS

这是马提尼和曼哈顿酒的标志性酒杯形状。V形玻璃杯是在1925年的巴黎博览会中首次亮相的，巴黎那次名为现代装饰和工业艺术国际博览会的大型展览会日后被称为艺术装饰展。但直到二战之后，这种风格的玻璃杯才真正流行开来，到20世纪50年代和60年代，V形霓虹灯形状成为鸡尾酒的通用标志。虽然现在这种V形的玻璃杯最大容量可以达到355毫升，但我认为使用任何一种大于163毫升的型号都是错误的。

尼克和诺拉鸡尾酒杯 NICK AND NORA COCKTAIL GLASS

如果我正要给客人制作如布朗克斯之类的复古风格鸡尾酒，我喜欢用这种杯子来表达对历史的追思[如果你需要了解的话，其中的历史是：尼克（Nick）和诺拉（Nora）是《瘦长鬼影》（*Thin Man*）系列电影中著名的私家侦探查尔斯夫妇（Charles couple），由威廉·鲍威尔（William Powell）和玛娜·洛伊（Myrna Loy）主演，两人大多时候都是鸡尾酒杯不离手]。这种杯子是20世纪初标准的鸡尾酒玻璃杯。这种玻璃杯盛饮品的部分呈碗形，不是V形。

碗形杯COUPÉ GLASS

碗形杯是纯粹的戴吉利酒、总统酒、玛格丽塔酒和非传统类别的鸡尾酒的绝佳玻璃杯造型。（我的马提尼总是要盛在V形杯中。）碗形杯最初被称为玛丽·安托瓦内特（Marie Antoinette）（法国国王路易十六的王后）玻璃杯，因为其碗形的造型设计应该是源于用来盛放她的乳房——如果不是指实际的肉体，至少是一种创意吧。和V形玻璃杯一样，杯子容量不应大于177毫升。

嗨棒杯
HIGHBALL

烟囱/柯林斯杯
CHIMNEY/COLLINS

古典杯
OLD-FASHIONED

嗨棒杯

这些高大的直壁玻璃杯应该是296~355毫升的容量。

嗨棒杯HIGHBALL

标准的嗨棒杯应该是296~355毫升的容量，适用于几乎所有加苏打水的嗨棒鸡尾酒，也适用于啤酒。

烟囱或柯林斯杯CHIMNEY/COLLINS

这些又高又瘦的嗨棒杯今天有点难以找到，但它们很优雅，为如汤姆柯林斯或酸味鸡尾酒之类的夏季饮品塑造出非常美丽的线条，尤其是配上非常细的吸管和精致的装饰更为出挑。烟囱玻璃杯可以是296~414毫升之间的型号；其设计宽度（杯子口径）刚好可以容纳一个冰块，所以立方体的冰块可以一个个摞起来装满玻璃杯。

德尔莫尼科或菲士玻璃杯DELMONICO OR FIZZ GLASS

这种杯子也有点难找，但如果你在果汁杯这个品类下寻找会更容易找到。这些237~296毫升的玻璃杯很适合像拉莫斯菲士或黄金菲士这样的菲士饮品，加冰摇晃调好后，滤出冰块端给客人。

冰茶杯ICED TEA GLASS

这些大玻璃杯的容量从414到473毫升，所有鸡尾酒几乎都不适合，只有僵尸和长岛冰茶除外，但是即便这些鸡尾酒盛在柯林斯或烟囱杯中也非常合适。在我看来，冰茶杯的最佳用途就是用来盛放经典的优质冰茶。

岩石杯或古典杯

对于喜欢烈酒加冰的人，像苏格兰威士忌加冰块，岩石玻璃杯是最基本的配备了。其关键是底厚，增加了不少重量，又装不了太多液体。用这些杯子永远不可以装超过1/4的量，或最多装三成满。我喜欢的是超大号的岩石玻璃杯的感觉——237~355毫升的型号，而不是仅仅177~237

毫升的型号——这与我正常情况下偏好较小型号的杯子不太一致。但是这种杯子即使里面盛的液体很少，而且即使没有冰，但漂亮的大玻璃杯就有一种大气的感觉。岩石杯有几种变化款：

古典杯OLD-FASHIONED
这是标准的矮玻璃杯，有177~237毫升的型号。

双倍古典杯，迈泰杯DOUBLE OLD-FASHIONED, MAI TAI
这种容量为296~355毫升的玻璃杯——真的是一个巨大容器——有时被称为玻璃桶，但其形状通常是喇叭口，底部更薄，口部更宽。适用于迈泰和更大量的加冰饮品。

甜酒杯和其他小玻璃杯

不加冰块饮用的酸酒杯UP-SOUR
适用于威士忌酸酒、皮斯科酸酒和其他类似的饮品。今天看不到这种小号老式玻璃杯了，现在这些鸡尾酒经常装在V形玻璃杯里，在我看来很不合适。不过，可以用伦敦码头杯或波特杯。

伦敦码头杯LONDON DOCKS
这种带有短颈的小玻璃杯——有点像矮的葡萄酒杯——尺寸非常适合少量饮用强化葡萄酒，如波特酒或苏特恩白葡萄酒之类的甜葡萄酒。这种杯子也适用于纯利口酒、甜酒，甚至也适用于直接饮用的不加冰的烈酒，偶尔也可用于不加冰的酸味鸡尾酒，如皮斯科酸酒。许多人更喜欢用这样的玻璃杯来喝干邑白兰地或者白兰地，法国人就喜欢用这样的杯子，而不是用那种一口杯来喝白兰地；这种杯子的形状允许酒精蒸发逸出，同时却保留了大部分香气。长期以来英国一直是波特酒、马德拉酒（Madeira）、雪利酒、白兰地等所有的增甜强化葡萄酒产品的主要市场，而且这些产品大部分由英国公司制造。所以很多这种酒最终会以桶装的形式来到伦敦码头。为了检验交付的酒，买家或其代理会拔

迈泰杯
MAI TAI

伦敦码头杯
LONDON DOCKS

烈酒杯
SHOT GLASS

出塞子，倒出一点酒到随身携带的玻璃杯中，然后进行品尝，以确保货物达到其满意的标准才会付钱。这也是伦敦码头杯名字的由来。

波尼杯和科皮塔杯PONY AND COPITA
这两种微型版本的伦敦码头杯或波特杯非常适合雪利酒；波尼杯是30毫升左右，而科皮塔杯是44或59毫升左右。刚好我觉得菲诺雪利酒几乎是一种完美的饮品，很适合搭配食物，尤其与各种奶油汤很搭配。这两种玻璃杯的形状很适合碰杯，大小又很适合少量分享饮用。

烈酒杯SHOT GLASS
一个烈酒杯实际上是一个度量杯，而不仅仅是一个玻璃杯；容量是44毫升。但统称为烈酒杯的各种小号玻璃杯还是一个类别，应该是根据各种具体品种的烈酒来选用。如果是用于盛纯粹烈酒成分的子弹酒（shooters），我觉得应该是22毫升或最多30毫升，因为子弹酒还有其他含义——它是配菜，不是主菜——因而，不能整整倒满44毫升，那酒就太多了。如果是调制一杯普通的鸡尾酒，将其分成几小烈酒杯，实际上一份酒中总共可能只有7~15毫升烈性酒，那么用最大号的烈酒杯可能会很完美。但对于那些已经无可救药的人来说，往往会在已经喝过一杯鸡尾酒后又说，"哦，伙计，给我几杯吧"，这时你该怎么做？给他一个漂亮的、厚底的22毫升的小酒杯即可。就是这样。

葡萄酒和啤酒杯

**万能普通酒杯ALL-PURPOSE
WINEGLASS**

　　这种风格的酒杯，既不固定用
于红葡萄酒（可以是矮墩墩的球状
气球玻璃杯或者是高点的勃艮第酒
杯），也不明确用于白葡萄酒（比红
酒杯的侧壁更直），但无论是红葡萄
酒、白葡萄酒还是汽水、冰镇果酒饮
品、桑格利亚汽酒等都适用。

皮尔森杯PILSNER

　　如果你很能喝啤酒，这种杯
子——轻微的V形，顶部稍宽，底部
有个圆盘保持平衡——是啤酒的完
美容器。

长笛杯FLUTE

　　很多很棒的鸡尾酒都是用香槟
杯，包括最基本的香槟鸡尾酒以及
提神酒和我自己研发的非常美味的
香槟柯布勒都适用香槟杯。在现
代，如果想要保存鸡尾酒的气泡，就
应该使用上部倒锥形的细长的长笛
杯。

特种玻璃杯

飓风杯HURRICANE

　　这种喇叭形玻璃杯的名字是取
自其像飓风灯的外形，并不是因为
里面的饮品可能会造成飓风般的破
坏。

博卡格兰德杯BOCA GRANDE

　　类似于飓风杯，但顶部和底部
的喇叭口更明显。

**爱尔兰咖啡杯IRISH COFFEE
GLASS**

　　调制有些鸡尾酒时，需要通过
使用正确的玻璃杯来引导调酒师配
制出适当的比例，爱尔兰咖啡就是
这样一种鸡尾酒。爱尔兰咖啡杯只
能装207或237毫升的液体；一小烈
酒杯的利口酒和糖倒进去以后，剩
下的空间就仅可容纳适量的咖啡了，
这样可以防止调酒师加入过多咖啡
冲淡了烈酒。如果你没有爱尔兰咖
啡杯，请使用较小的237毫升的杯子

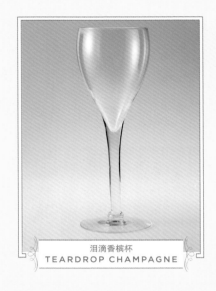

泪滴香槟杯
TEARDROP CHAMPAGNE

爱尔兰咖啡杯
IRISH COFFEE

长笛杯
FLUTE

热托迪杯
HOT TODDY MUG

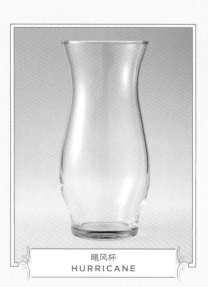

飓风杯
HURRICANE

普施咖啡杯
POUSSE CAFÉ

或小号白葡萄酒杯调制爱尔兰咖啡。

热托迪杯HOT TODDY MUG

这种杯子底座宽，向上逐渐变细，能较好地保留香气和热度，另外有个把手，可以防止烫手。

威士忌品酒杯WHISKEY TASTER

如果你喜欢威士忌，那就买一套这样的89毫升容量范围内的杯子。这种杯子可以较好地留住香气而不影响浓烈酒精的挥发。

普施咖啡杯POUSSE CAFÉ

波尼杯和科皮塔杯的变化款，但普施咖啡玻璃杯更高些，侧壁更直些。最重要的区别是其顶部散开呈阔口，而不是收口，这样就可以将吧匙放入杯中，方便调制分层的鸡尾酒。

潘趣碗和潘趣杯PUNCH BOWL AND GLASSES

我是潘趣的忠实粉丝，喜欢将潘趣盛在一个合适的碗里，配上一些177毫升的杯子。但这是一笔巨大的投资——并且占用大量空间。如果你不用的话，就不要将其列到购物清单的优先位置。

白兰地杯BRANDY SNIFTERS

你可能需要在手边备一些这样的杯子，这样你的玻璃器皿储备才算比较齐全；白兰地杯很适合干邑白兰地或基于干邑的甜酒。某些晚餐后鸡尾酒，如白色俄罗斯，有时需要用到超大号的白兰地杯。

苦艾酒杯ABSINTHE GLASS

19世纪人们最喜爱的是敦实的V形玻璃杯，几乎没有颈，通常饰有雕琢的侧壁。现在不容易找到这些杯子，因为苦艾酒也不容易找到了。

玛格丽塔酒杯MARGARITA GLASS

这是传统的不加冰直接饮用或冷冻饮用的玛格丽塔酒杯，是墨西哥餐厅的标配。这形状说的就是玛格丽塔酒，不应该用这种杯子装任何其他饮品。

曼哈顿杯 MANHATTAN GLASS

在今天的许多酒吧里，曼哈顿杯是盛在V形鸡尾酒杯中的。但在20世纪50年代，曼哈顿鸡尾酒总是有自己专用的杯子，在全国各地的经典鸡尾酒吧中还能找到这样的杯子。

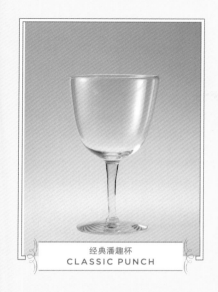

经典潘趣杯
CLASSIC PUNCH

白兰地杯
BRANDY SNIFTER

两段式苦艾酒杯
ABSINTHE TWO-PART

玛格丽塔酒杯
MARGARITA

曼哈顿杯
MANHATTAN

工具

鸡尾酒摇酒器和过滤器

零售市场有丰富的鸡尾酒摇酒器品种，但各个品种之间几乎所有的差别都只关乎装饰和美学方面，而并不关乎功能。过去和现在一直都只有两种类别的摇酒器：波士顿摇酒器是两件式（一个玻璃杯和一个金属杯）的典范，柯布勒摇酒器是三件式（一个大杯子、一个顶盖和一个旋开盖，通常都是金属材质）。柯布勒摇酒器是一种更加复杂和更艺术化的设计——如果你能想象出一个形状，可能有人就是依据这个形状创造出来的柯布勒摇酒器。但波士顿摇酒器用途更广泛，更容易使用，是大多数专业人士的选择。它的玻璃杯件容量通常是473毫升，刚好能拧进769毫升或者更大的金属杯件中；再用一个单独的过滤器，将摇好的液体倒入饮品杯中。波士顿和柯布勒有同样的缺点：因为压力增加，摇动冰冷的液体时会产生一种密封效果，很难将上下部件分开。但波士顿摇酒器的密封更容易打破：使玻璃杯件居上，紧握上下两个杯子，用手掌根猛烈敲击金属杯件边缘部分即可。波士顿摇酒器的一个重要优势是其具有两个用途——摇晃和搅拌——而柯布勒则真的只是适合摇晃，因为你不会想在金属容器中搅拌。搅拌是一种仪式，也是一种展示，人们应该能够看到动作——冰块在玻璃棒或吧匙的带领下作为一个整体不断旋转，听着它们在30次旋转中撞击玻璃所产生的具有催眠效果的令人平静的叮当声，随着等待饮品变冷并充分稀释的过程，人们对其味道的期待值也逐渐加大，急于将饮品送到嘴边。将这整个过程用金属容器遮盖掩藏起来简直是罪过。所以，无论如何，用柯布勒摇匀饮品——用两只手使劲摇，摇出一种让人联想起打机关枪的声音，但手边还是要备一个波士顿摇酒器用来搅拌。

使用波士顿摇酒器时，你还会需要一个过滤器。过滤器也有两种

基本类型：霍桑过滤器（大部分专业酒吧都有）周围有一圈弹簧；朱丽普过滤器看起来像一个加了短柄的烹饪用撇渣器或过滤器。两者都很好——霍桑过滤器更适合（嵌入）摇酒器的金属杯件，而朱丽普更适合玻璃杯件（其碗形的侧面形成一个小桶可以接住冰和其他固体）。过滤时最好沿玻璃杯件侧壁往外倾倒，避免洒出来，这里是展示技巧的好机会，绕圆圈倾倒，然后最后一挥把摇酒器拿离饮品杯。如果你过滤掉的饮品中有捣碎的水果和药草，就从摇酒器的金属杯件倾倒过滤，然后用朱丽普过滤器进行二次过滤直接滤入端给客人的饮品杯。确实，有时候需要第三个过滤器，因为在当今烹饪风格的鸡尾酒配方中，各种浆果和香料最终都在摇酒器中。对于这些细碎的渣渣，需要在玻璃杯上放一个滤茶器来过滤；V形滤茶器是这一操作的首选过滤器，因为滤茶器可以让液体直接流入玻璃杯中。

计量杯和吧匙

计量杯是小量具，两端有两个不同大小的杯子，要获得适当的比例，这东西是必不可少的。如果你有两个计量杯——一个22毫升加44毫升，另一个29.6毫升加14.8毫升——就能覆盖调制鸡尾酒所需要的90%的计量用途。吧匙应该能满足其他10%的计量需求：把常见的有扭曲匙柄的吧匙装满两次，就可以得到7.5毫升的量（参见第7页"本书计量说明"）。

摇晃与搅拌

什么时候摇晃？什么时候搅拌？答案是：如果成品鸡尾酒因为摇晃产生的泡沫而得到提升，你就摇晃。尤其是对于酸味或果味饮品，效果更是明显，可以让口腔中充满数以百万计的小气泡来平衡糖的甜度和口感。另一方面，对于马提尼和曼哈顿之类的不加果汁的纯烈酒就需要搅拌。液体的质地和重量是最重要的——你希望鸡尾酒冰爽、浓郁而且柔滑，那么就需要靠搅拌获得，而非摇晃产生。摇晃产生的是轻盈的泡腾所能产生的效果。当你端起一杯马提尼酒时，你想要一眼看到杯底；当你啜饮玛格丽塔酒或戴吉利酒，就会希望有轻盈起泡的口感。这就是搅拌和摇晃的区别。

还有介于两者之间的品种：对于血腥玛丽来说，搅拌是不够的，但是摇晃会破坏番茄汁的完整性，产生没有重量的泡沫和液体，最终的结果会令人非常不满意。这时你会想到采用那种可能是最古老的调酒技术：来回倾倒混合，即把原料从一个容器倒进另一个容器，来回重复，直到充分混合。

波士顿摇酒器套装
BOSTON SHAKER SET

现代霍桑过滤器
MODERN HAWTHORN STRAINER

古典霍桑过滤器
VINTAGE HAWTHORN STRAINER

朱丽普过滤器
JULEP STRAINER

滤茶器
TEA STRAINER

计量杯
JIGGERS

鸡尾酒吧匙
COCKTAIL SPOONS

三德刀&削皮刀
SANTOKU & PARING KNIFE

槽刀
CHANNEL KNIFE

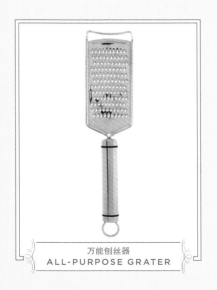

万能刨丝器
ALL-PURPOSE GRATER

削皮器
PEELER

肉豆蔻磨碎器
NUTMEG GRATER

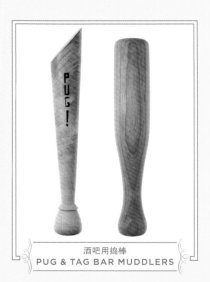

酒吧用捣棒
PUG & TAG BAR MUDDLERS

手动榨汁器
HAND JUICER

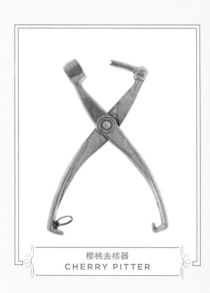

樱桃去核器
CHERRY PITTER

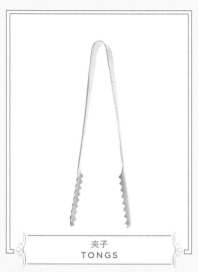

夹子
TONGS

厨房剪刀
KITCHEN SHEARS

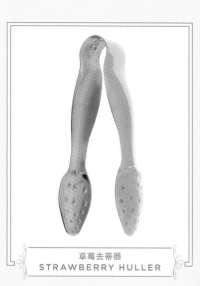

草莓去蒂器
STRAWBERRY HULLER

刀具和其他尖利器具

你需要一把20或25厘米长的厨师刀来切菠萝等较大的水果，但除此之外，一把10厘米长的削皮刀应该能满足几乎所有的装饰需求了。例外的是用来削马颈装饰的情况，这的确需要有一把用于柑橘类水果的削皮刀（也称为槽刀）；槽刀可以快速切削柑橘果皮。我有一把从网上买的小木柄槽刀，能比普通槽刀切得稍微深一点，用它削出来的螺旋果皮稍微厚一点、更结实些。你也可以用蔬菜削皮器来削那种宽而薄的不带白瓤的柑橘皮（我有一个OXO型的，非常好用），另外还可以用来切削普通老皮。如果你需要做很多切片和削皮的工作，但对刀功不太自信，买一双耐切割手套可能是个好主意。我经常使用刨丝器来磨碎柑橘皮（尤其是青柠）和香料，撒在饮品上面作装饰：带小把手的扁平刨丝器可以擦柑橘甚至是辣根，一个小小的锉刀用来磨肉豆蔻非常完美，就是平常可以放在装肉豆蔻的罐子里的那种。

捣棒

捣棒是现代酒吧中的一个重要工具，可以很好地释放新鲜水果和香草的风味；我喜欢莫吉托先生（Mister Mojito brand）这个品牌或克利斯·加乐哈（Chris Gallagher）的捣棒。捣棒应该由硬木制成，并且不应有任何涂漆（清漆总会剥落——并进入饮品中）。需要时，也可以用木勺，最好是很厚的那种木勺，或者一个捣杵也可以。我觉得你手头上应该有两三根捣棒，因为越来越多鸡尾酒会上大家更愿意亲自动手去实践操作，而不再停留在过去那种被动的纯粹的闲聊了。

榨汁器

有很多电动的榨汁器可供选择，它们当然自有用途，特别适合榨新鲜蔬菜汁或热带水果果汁（如木瓜和芒果）。但是对于普通的柑橘类水果而且量不算大的话，手动榨汁器就足可胜任了，而且最主要的是它不需要花大价钱，也不会占去很多吧台空间。

其他方便的工具

我有几个工具，只是季节性地使用，或者只是偶尔某个配方需要的时候才用到。它们不是说对每天的工作都至关重要，但我很高兴在需要的时候手边配备有它们。当夏天来临时，我就有机会让我的樱桃去核器展示一下身手，去制作樱桃卡比罗斯卡（Cherry Caipiroskas）和其他樱桃风味的鸡尾酒。给鸡尾酒添加冰块或橄榄时，夹子是一个受欢迎的工具。当我为提基酒吧饮品清理菠萝时，一把厨房剪刀就必不可少了；而且剪刀在把柠檬和橙皮按大小和形状加工成合适的花式装饰时也能派上用场。要把自制的糖浆灌进漂亮的装饰瓶中，用一个小的漏斗比试图把液体水流的宽度控制在2.5厘米以内并刚好浇进2.5厘米宽的瓶口容易得多。最后，我会使用草莓去蒂器来去除草莓根部的绿色部分，这样可以避免连同草莓的整个蒂部都切掉。

全书主要酒名、重要配方成分、相关人名等英汉对照